Teubner Studienbücher der Geographie

W. Gaebe
Verdichtungsräume

Teubner Studienbücher der Geographie

Herausgegeben von
Prof. Dr. Ch. Borchert, Stuttgart
Prof. Dr. H. Hagedorn, Würzburg
Prof. Dr. C. Rathjens, Saarbrücken
Prof. Dr. E. Wirth, Erlangen

Die Studienbücher der Geographie wollen wichtige Teilgebiete, Probleme und Methoden des Faches, insbesondere der Allgemeinen Geographie, zur Darstellung bringen. Dabei wird die herkömmliche Systematik der Geographischen Wissenschaft allenfalls als ordnendes Prinzip verstanden. Über Teildisziplinen hinweggreifende Fragestellungen sollen die vielseitigen Verknüpfungen der Problemkreise wenigstens andeutungsweise sichtbar machen. Je nach der Thematik oder dem Forschungsstand werden einige Sachgebiete in theoretischer Analyse oder in weltweiten Übersichten, andere hingegen in räumlicher Einschränkung behandelt. Der Umfang der Studienbücher schließt ein Streben nach Vollständigkeit bei der Behandlung der einzelnen Themen aus. Den Herausgebern liegt besonders daran, Problemstellungen und Denkansätze deutlich werden zu lassen. Großer Wert wird deshalb auf didaktische Verarbeitung sowie klare und verständliche Darstellung gelegt. Die Reihe dient den Studierenden der Geographie zum ergänzenden Eigenstudium, den Lehrern des Faches zur Fortbildung und den an Einzelthemen interessierten Angehörigen anderer Fächer zur Einführung in Teilgebiete der Geographie.

Verdichtungsräume

Strukturen und Prozesse
in weltweiten Vergleichen

Von Dr. rer. pol. Dipl.-Volksw. Wolf Gaebe
Professor an der Universität Mannheim

Mit 67 Abbildungen und 58 Tabellen

 B. G. Teubner Stuttgart 1987

Prof. Dr. rer. pol. Wolf Gaebe

Geboren 1940 in Remscheid, 1960–1964 Studium der Volkswirt-
schaftslehre, Wirtschafts- und Sozialgeographie an den Universitäten Frankfurt, München und Köln, 1964 Dipl. Volkswirt Universität
Köln, 1968 Promotion in Köln, 1976 Habilitation für Wirtschafts-
und Sozialgeographie in Karlsruhe, 1968 bis 1970 wiss. Angestellter
in der Bundesforschungsanstalt für Landeskunde und Raumordnung
Bonn-Bad Godesberg, 1970 bis 1977 wiss. Assistent im Geographischen Institut der Universität Karlsruhe, 1977–1978 Dozent am
Seminar für Geographie Universität/Gesamthochschule Duisburg,
seit 1978 Professor für Wirtschafts- und Sozialgeographie im Geographischen Institut Universität Mannheim.

CIP Kurztitelaufnahme der Deutschen Bibliothek

Gaebe, Wolf:
Verdichtungsräume : Strukturen u. Prozesse in
weltweiten Vergleichen / von Wolf Gaebe. –
Stuttgart : Teubner, 1987.
(Teubner-Studienbücher der Geographie)
ISBN 3-519-03416-6

© B. G. Teubner Stuttgart 1987

Printed in Germany
Gesamtherstellung: Präzis-Druck GmbH, Karlsruhe
Umschlaggestaltung: M. Koch, Reutlingen

Vorwort

Was sind Verdichtungsräume? Nicht die Definition eines Gegenstandes konstituiert bereits einen Forschungsbereich, doch ist ein möglichst allgemein anwendbares Klassifikationssystem notwendiges Instrument der Theoriebildung. In dieser Hinsicht ist die wissenschaftliche Beschäftigung mit Verdichtungsräumen noch wenig fortgeschritten. Daß es weltweit Räume hoher Verdichtung von Bevölkerung und Tätigkeiten gibt, über deren Struktur, Standortbindung und Entwicklung Wissen nützlich wäre, ist offensichtlich. Aussagen über diese Räume, über Urbanisierungs- und Suburbanisierungsprozesse bleiben jedoch singulär, solange diese Räume nicht vergleichbar abgegrenzt und gegliedert sind.

Der Versuch, Verdichtungsräume anhand von Struktur- und Verflechtungsmerkmalen zu beschreiben und zu vergleichen, machte deutlich, daß veröffentlichte Daten auf höchst unterschiedliche räumliche Einheiten bezogen und selten für vergleichbare Zeiträume erhoben sind. Dies erschwert die Überprüfung von Hypothesen über räumliche Strukturen, Prozesse und funktionale Beziehungen in Verdichtungsräumen. Dieses Studienbuch belegt solche Abgrenzungs- und Klassifikationsschwierigkeiten, um zu empirisch überprüfbaren Aussagen über die Veränderung von Standortstrukturen in Verdichtungsräumen in unterschiedlichen Wirtschafts- und Gesellschaftssystemen zu kommen. Die Analyse von Verdichtungsräumen als Funktionalregionen (der Arbeitsmarkt-, Versorgungs-, Wohnungsmarkt- und Verkehrsbeziehungen) sowie Konzepte und Maßnahmen der Stadt- und Regionalplanung zur Entwicklung dieser Räume sind einem zweiten Band vorbehalten.

Ohne die Hilfe Statistischer Ämter in der Bundesrepublik und im Ausland und ohne die Hilfe von Kollegen bei der Suche nach Daten und Abbildungen hätte der Band nicht entstehen können. Besonderen Dank schulde ich den Herausgebern der Teubner Studienbücher Geographie, Herrn Prof. Dr. Chr. Borcherdt und Herrn Prof. Dr. E. Wirth, für die sehr sorgfältige Durchsicht des Manuskriptes und vielfache Hinweise auf Verbesserungsmöglichkeiten.

Frau Jeanette Brodhag, Joanna Brozda und Jürgen Münch danke ich herzlich für die Reinschrift des Manuskripts und die Hilfe beim Entwurf der Tabellen und Abbildungen, Peter Oelmann für die Reinzeichnung der Abbildungen.

Mannheim, im August 1987   Wolf Gaebe

Inhalt

1 Einleitung 17

2 Urbanisierungsphase 22

2.1 Merkmale der Urbanisierung 22

    2.1.1 Zunehmender Anteil der Stadtbevölkerung 22
    2.1.2 Starke Bevölkerungszunahme der Städte 25
    2.1.3 Starke Zunahme der Zahl großer Städte,
          insbesondere Millionenstädte 30
    2.1.4 Ausbreitung städtischer Siedlungs-, Lebens- und
          Wirtschaftsformen 30
    2.1.5 Innerstädtische Veränderungen 31

2.2 Erklärungen der Urbanisierung 32

    2.2.1 Zusammenhang von Urbanisierung und wirtschaftlicher
          Entwicklung 32
    2.2.2 Zusammenhang von Urbanisierung und demographischer
          Entwicklung 38

        2.2.2.1 Bevölkerungszunahme der Städte im 19. Jahrhundert
               durch starke Zuwanderung 39
        2.2.2.2 Bevölkerungszunahme der Städte in Schwellen- und
               Entwicklungsländern durch Zuwanderungen und
               hohe natürliche Zunahme 40
        2.2.2.3 Internationale Wanderungen in Städte 43

3 Suburbanisierungsphase 45

3.1 Abgrenzungsprobleme 45

    3.1.1 Zum Begriff Suburbanisierung 45
    3.1.2 Der Einfluß von Flächenänderungen auf die Größe
          des suburbanen Raumes 48

        3.1.2.1 Flächenausweitung der Kernstadt durch
               Eingemeindungen 48
        3.1.2.2 Flächenausweitung der Verdichtungsräume durch
               Neuabgrenzung und Neulandgewinnung 58

3.2 Bevölkerungssuburbanisierung 60

    3.2.1 Merkmale der Bevölkerungssuburbanisierung 61
    3.2.2 Gründe der Bevölkerungssuburbanisierung 63

3.2.2.1 Gründe für Fortzüge aus der Kernstadt   65
3.2.2.2 Gründe für Zuzüge in den suburbanen Raum   66
3.2.2.3 Gründe für Zuzüge in die Kernstadt   67

3.2.3 Bevölkerungssuburbanisierung in Industrieländern   68
3.2.4 Bevölkerungssuburbanisierung
       in sozialistischen Ländern   88
3.2.5 Bevölkerungssuburbanisierung in Schwellen-
       und Entwicklungsländern   90

3.3 Industriesuburbanisierung   95

3.3.1 Merkmale der Industriesuburbanisierung   95
3.3.2 Gründe der Industriesuburbanisierung   96

       3.3.2.1 Gründe der Stillegungen und Verlagerungen
                aus den Kernstädten   98
       3.3.2.2 Gründe der Zuzüge und Ansiedlungen
                im suburbanen Raum   99

3.3.3 Industriesuburbanisierung in den Industrieländern   99
3.3.4 Industriesuburbanisierung
       in sozialistischen Ländern   111
3.3.5 Industriesuburbanisierung in Schwellen-
       und Entwicklungsländern   111

3.4 Suburbanisierung des tertiären Sektors   112

3.4.1 Merkmale der Suburbanisierung des tertiären Sektors   114
3.4.2 Gründe der Suburbanisierung des tertiären Sektors   117

       3.4.2.1 Gründe der Stillegungen und Verlagerungen
                aus der Kernstadt   117
       3.4.2.2 Gründe der Ansiedlungen im suburbanen Raum   119
       3.4.2.3 Gründe der Konzentration in der Kernstadt   120

3.4.3 Suburbanisierung des tertiären Sektors
       in Industrieländern   120
3.4.4 Suburbanisierung des tertiären Sektors
       in sozialistischen Ländern   136
3.4.5 Suburbanisierung des tertiären Sektors
       in Schwellen- und Entwicklungsländern   138

4 Desurbanisierungsphase   141

4.1 Merkmale der Desurbanisierung   141
4.2 Gründe der Desurbanisierung   143
4.3 Desurbanisierung in Industrieländern   144

8   Inhalt

5 Reurbanisierungsphase 153

5.1 Merkmale der Reurbanisierung 153
5.2 Gründe der Reurbanisierung 154
5.3 Beispiele der Reurbanisierung 155

6 Zusammenfassende Betrachtung der Entwicklungs-
   phasen der Verdichtungsräume 159

6.1 Beschreibungsmodell der Bevölkerungs- und Beschäftigungs-
     entwicklung in Verdichtungsräumen 159
6.2 Beispiele der Bevölkerungs- und Beschäftigungsentwicklung 163
6.3 Beispiele der Siedlungs- und Bebauungsentwicklung 163
6.4 Beispiele der unterschiedlichen Bevölkerungsdichte
     in Verdichtungsräumen 169

7 Abgrenzung und Gliederung der Verdichtungsräume 176

7.1 Abgrenzung und Gliederung in Deutschland 177
7.2 Abgrenzung und Gliederung im Ausland 188
7.3 Kritik an Abgrenzung und Gliederung der Verdichtungsräume 192
7.4 Daten für Verdichtungsräume 192

8 Erklärungen der Agglomerationsprozesse 194

8.1 Faktoren der Siedlungsentwicklung 194

8.1.1 Räumliche Faktoren der Siedlungsentwicklung 194
8.1.2 Ökonomische Faktoren der Siedlungsentwicklung 195
8.1.3 Politische Faktoren der Siedlungsentwicklung 197

8.2 Agglomerationswirkungen (Vorteile, Nachteile) 199

8.2.1 Operationalisierung der Agglomerationswirkungen 200
8.2.2 Die Bedeutung der Agglomerationswirkungen
       für Standortentscheidungen 201
8.2.3 Beispiele für Agglomerationswirkungen 203

8.2.3.1 Wirkungen der räumlichen Konzentration gleich-
         artiger Nutzungen (Standortwirkungen) 203
8.2.3.2 Wirkungen der räumlichen Konzentration verschieden-
         artiger Nutzungen (Urbanisierungswirkungen) 203
8.2.3.3 Urbanisierungsvorteile für die Wohnbevölkerung 209

8.2.3.4   Urbanisierungsnachteile für Wirtschaft
          und Bevölkerung   210
8.2.3.5   Urbanisierungswirkungen in den Räumen
          Frankfurt und London   214

9   Erklärungen interregionaler Entwicklungsunterschiede   217

9.1   Sektorale Polarisation   217
9.2   Räumliche Polarisation   218
9.3   Weiterentwicklung der Wachstumspolmodelle   219

Literaturverzeichnis   222

Sachregister   237

Abbildungen

1 Anteil der Stadtbevölkerung (in Städten mit 20 000 und mehr Einwohnern) 1800—1980 in ausgewählten Ländern   S. 23
2 Anteil der Stadtbevölkerung (in Städten mit 20 000 und mehr Einwohnern) 1950—1980 in Teilräumen der Erde   S. 24
3 Bevölkerungsentwicklung in den acht größten deutschen Städten (1939) 1800—1980 (jeweilige Fläche)   S. 26
4 Bevölkerungsentwicklung in sechs Ruhrgebietsstädten 1816/1818—1980 (jeweilige Fläche)   S. 27
5 Bevölkerungsentwicklung in den sieben größten Städten der USA (1980) 1800—1980 (jeweilige Fläche)   S. 28
6 Bevölkerungsentwicklung in vier Städten der sozialistischen Länder 1800—1980 (jeweilige Fläche)   S. 28
7 Bevölkerungsentwicklung in vier großen Städten der Schwellen- und Entwicklungsländer (jeweilige Fläche)   S. 29
8 Gliederung der Verdichtungsräume   S. 46
9 Entwicklung der Gemarkungsfläche von Leipzig 1830—1938   S. 49
10 Entwicklung der Gemarkungsfläche von Berlin 1841—1920   S. 50
11 Entwicklung der Gemarkungsfläche von Köln etwa 50 n. Chr. — 1977   S. 50
12 Entwicklung der Gemarkungsflächen der Ruhrgebietsstädte Duisburg, Oberhausen, Mülheim/Ruhr, Essen, Bochum und Dortmund bis 1980   S. 52
13 Entwicklung der Gemarkungsfläche von Wien 1831—1954   S. 55
14 Entwicklung der Gemarkungsfläche von Los Angeles 1850—1972   S. 57
15 Abgrenzung von Beijing shi (Stadt)   S. 58
16 Gründe der Bevölkerungssuburbanisierung   S. 64
17 Bevölkerungsentwicklung in der Innenstadt und in der Altstadt von Frankfurt 1871—1982   S. 74
18 Veränderung der Wanderungssalden in Südostengland 1851—1951   S. 77
19 Abgrenzung der Region South East   S. 79
20 Abgrenzung der Ile-de-France   S. 80
21 Relative Bevölkerungsveränderung im Raum Tokyo 1920—1980   S. 86
22 Abgrenzung der Nationalen Hauptstadtregion in Japan   S. 88
23 Abgrenzung des Raumes Moskau   S. 88
24 Abgrenzung der Agglomeration Budapest   S. 89
25 Abgrenzung des Raumes Istanbul   S. 93
26 Abgrenzung des Raumes Bombay   S. 94
27 Gründe der Industriesuburbanisierung   S. 97
28 Verlagerung von Arbeitsplätzen des produzierenden Gewerbes zwischen den Mittelbereichen im Umlandverband Frankfurt 1970—1977/78   S. 102
29 Abgrenzung der Region Mittlerer Neckar   S. 103
30 Industrieverlagerungen in der Region South East 1945—1968   S. 105

31 Beschäftigungsentwicklung der Industrie in der Agglomération Parisienne 1962—1977   S. 107

32 Beschäftigungsentwicklung der Industrie in fünf Verdichtungsräumen der Industrieländer   S. 110

33 Industrieansiedlungen im Verdichtungsraum Manila 1960—1975   S. 112

34 Zentrenbildung im 19. Jahrhundert in Nordamerika   S. 113

35 Gründe der Suburbanisierung des tertiären Sektors   S. 118

36 Ausweitung der Frankfurter City   S. 121

37 Verlagerung von Arbeitsplätzen im Dienstleistungsbereich zwischen den Mittelbereichen im Umlandverband Frankfurt 1970—1977/78   S. 123

38 Versorgungsangebot in Märkten und Läden im Londoner Westend im 19. Jahrhundert   S. 124

39 Dezentralisierung von privatwirtschaftlichen Bürobetrieben und -arbeitsplätzen aus Greater London 1963—1973   S. 127

40 Einkaufszentren mit mehr als 40 000 m² Fläche in der Agglomération Parisienne 1977   S. 129

41 Einkaufszentren in der Atlanta SMSA 1985   S. 131

42 Einkaufszentren und Büroflächen in Metropolitan Toronto 1974   S. 134

43 Zentrensystem in der Innenstadt Tokyo   S. 135

44 Kommerzielle Ansiedlungen im Verdichtungsraum Manila 1960—1975   S. 139

45 Beschäftigungsentwicklung des tertiären Sektors in drei Verdichtungsräumen der Industrieländer   S. 140

46 Bevölkerungsentwicklung und Wanderungssaldo im Verdichtungsraum Kopenhagen   S. 142

47 Bevölkerungsentwicklung im Gebiet des Kommunalverbandes Ruhrgebiet 1820—1984   S. 145

48 Bevölkerungsveränderung in der Region South East 1971—1981   S. 148

49 Abgrenzung der New York PMSA   S. 149

50 „Gentrification" in Manhattan   S. 156

51 Beschreibungsmodell der Bevölkerungs- und Beschäftigungsentwicklung in Verdichtungsräumen   S. 161

52 Bevölkerungsentwicklung in neun Verdichtungsräumen der Industrie-, Schwellen- und Entwicklungsländer   S. 165

53 Beschäftigungsentwicklung in vier Verdichtungsräumen der Industrieländer S. 166

54 Siedlungsausweitung in Guatemala 1800—1980   S. 167

55 Siedlungsausweitung in Bogotá 1538—1976   S. 168

56 Siedlungsausweitung in Bagdad 1916—1975   S. 168

57 Zentrifugale Verschiebung der Zone höchster Bevölkerungsdichte in Paris 1936—1968   S. 170

58 Bevölkerungsdichte in der Präfektur Tokyo 1980   S. 171

59 Veränderung der Bevölkerungsdichtegradienten in vier Verdichtungsräumen S. 172

60 Veränderung der Bevölkerungsdichte in Bombay Island 1881—1981   S. 175

61 Bevölkerungsdichtefeld in verschiedenen Phasen der Stadtentwicklung   S. 175

12   Abbildungen

62 „Großstädtische Agglomerationen" in Deutschland 1910   S. 178
63 Abgrenzung von „Stadtregionen" und „Verdichtungsräumen" in der Bundesre-
    publik Deutschland   S. 181
64 „Stadtregionen" im „Verdichtungsraum" Rhein-Ruhr 1970   S. 182
65 Gliederung des Raumes Hamburg   S. 185
66 Abgrenzung der „Metropolitan Statistical Areas" (MSA) in den USA   S. 188
67 Temperaturunterschiede im Raum Johannesburg   S. 212

Tabellen

1 Die zehn größten Verdichtungsräume der Erde um 1980   S. 19
2 Zunahme der Millionenstädte von 1850—1980   S. 30
3 Verstädterungsgrad und Entwicklungsstand in ausgewählten Ländern 1960—1980   S. 33
4 Dauer der Strukturverschiebung zum tertiären Sektor (Länderbeispiele)   S. 35
5 Demographische und ökonomische Entwicklungsphasen in europäischen Städten (Beispiele)   S. 37
6 Anteil der demographischen Faktoren an der Bevölkerungszunahme der Städte in Preußen 1875—1905   S. 39
7 Herkunft der Bevölkerung in deutschen Städten 1907 (Beispiele)   S. 40
8 Anteil der demographischen Faktoren an der Bevölkerungszunahme der Städte (Beispiele)   S. 41
9 Herkunft der Bevölkerung in Nairobi 1969 und 1979   S. 42
10 Bevölkerungsanteil außerhalb der größten Kernstadt in ausgewählten Verdichtungsräumen um 1980 (Beispiele)   S. 47
11 Gemarkungsflächen ausgewählter Verdichtungsräume   S. 59
12 Entwicklung der Gemarkungsfläche der 48 deutschen Großstädte 1910, 1871—1910   S. 69
13 Entwicklung der Bevölkerungsdichte 1871—1910 in den sechs größten Städten des Deutschen Reiches 1910   S. 69
14 Bevölkerungsanteil im Umland ausgewählter Agglomerationen des Deutschen Reiches 1871 und 1910   S. 70
15 Bevölkerungsentwicklung in Berlin 1830—1910   S. 72
16 Demographische und sozioökonomische Segregation im Gebiet des Umlandverbandes Frankfurt (Beispiele)   S. 73
17 Bevölkerungsentwicklung in der Region South East 1891—1981   S. 75
18 Demographische und sozioökonomische Segregation in Greater London 1981 (Beispiele)   S. 76
19 Bevölkerungsentwicklung in der Ile-de-France 1876— 1982   S. 81
20 Bevölkerungsverschiebung im Raum New York 1910—1930   S. 82
21 Bevölkerungsentwicklung in den größten Verdichtungsräumen der USA 1950—1984   S. 83
22 Ethnische, demographische und sozioökonomische Segregation in vier Verdichtungsräumen der USA 1980   S. 84
23 Wohlstandsunterschiede innerhalb von New York City 1969 und 1979   S. 85
24 Bevölkerungsentwicklung im Raum Tokyo 1920—1980   S. 87
25 Bevölkerungsentwicklung im Raum Moskau 1959—1984   S. 89
26 Bevölkerungsentwicklung im Raum Budapest 1869—1980   S. 90
27 Bevölkerungsentwicklung im Raum Istanbul 1945—1980   S. 93
28 Bevölkerungsentwicklung im Raum Bombay 1901—1981   S. 94

29 Bevölkerung und Beschäftigte im Umlandverband Frankfurt 1970 und 1980 bzw. 1977/78   S. 101

30 Beschäftigungsentwicklung der Industrie in der Region Mittlerer Neckar 1964–1982   S. 103

31 Beschäftigungsentwicklung der Industrie in der Region South East 1955–1983   S. 104

32 Beschäftigungsentwicklung der Industrie in Greater London 1966–1974   S. 106

33 Beschäftigungsentwicklung der Industrie in der Ile-de-France 1968–1982   S. 107

34 Beschäftigungsentwicklung der Industrie in den Räumen Philadelphia und Pittsburgh 1960–1980   S. 108

35 Beschäftigungsentwicklung der Industrie in der Tokyo Metropolitan Region 1955–1980   S. 109

36 Beschäftigungsentwicklung in Frankfurt 1961–1977   S. 122

37 Beschäftigungsentwicklung des tertiären Sektors im Gebiet des Umlandverbandes Frankfurt 1970 und 1977   S. 123

38 Beschäftigungsentwicklung des tertiären Sektors in der Region South East 1961–1978   S. 125

39 Dezentralisierung von Büroarbeitsplätzen aus „Central London" 1963–1979   S. 126

40 Beschäftigungsentwicklung des tertiären Sektors in der Ile-de-France 1968–1982   S. 128

41 Beschäftigungsentwicklung des tertiären Sektors in der New York SMSA 1954–1981   S. 132

42 Umsatzentwicklung im Einzelhandel der Atlanta SMSA 1954–1982   S. 132

43 Entwicklung der Bruttobürofläche in ausgewählten CBDs der USA 1960–1975   S. 133

44 Anteil der Büros außerhalb des Stadtzentrums von Toronto etwa 1978–1981   S. 134

45 Anteil der demographischen Faktoren an der Bevölkerungsabnahme in sieben großen Städten der Bundesrepublik 1984   S. 146

46 Bevölkerungsentwicklung in den Stadtregionen der Bundesrepublik 1950–1970   S. 146

47 Bevölkerungsentwicklung im Raum New York 1790–1984   S. 149

48 Industriebeschäftigung in den USA 1969 und 1978   S. 151

49 Demographische Faktoren der Bevölkerungsentwicklung in den Verdichtungsräumen   S. 161

50 Bevölkerungsdichte in Verdichtungsräumen (Beispiele)   S. 169

51 Vorschlag für eine neue Abgrenzung von „Agglomerationsräumen"   S. 186

52 Wohnbevölkerung im Raum New York   S. 190

53 Beispiele günstig gelegener Verdichtungsräume   S. 196

54 Hauptverwaltungen der größten Unternehmen der Bundesrepublik Deutschland 1982   S. 206

55 Hauptverwaltungen der größten Unternehmen der USA 1981   S. 207

56 Räumliche Unterschiede der Einkommen und Baulandpreise in der Bundesrepublik Deutschland   S. 210

57 Urbanisierungsvorteile und -nachteile in Verdichtungsräumen (Beispiele) S. 212

58 Preis- und Lohnniveau in 49 großen Städten der Industrie-, Schwellen- und Entwicklungsländer 1985   S. 213

1 Einleitung

Immer mehr Menschen leben in Städten, die Zahl der großen Städte nimmt zu. Es sind Räume verwirrender Vielfalt, geballter Aktivität und Dynamik, nationale und internationale Innovationszentren. Die bedeutendsten Zentren sind nicht nur intensiv mit ihrem weiten Umland verflochten, sondern bilden auch die Knotenpunkte in einem weltweiten Kommunikations- und Austauschnetz. Sie werden auch Weltstädte genannt, wie New York, London und Tokyo. In diesen Räumen wird viel verdient und ausgegeben. Luxus, Hochhäuser, technische und kulturelle Höchstleistungen kennzeichnen sie ebenso wie Armut und Not, Verfall, Kriminalität und Vereinsamung. Sie faszinieren und stoßen gleichzeitig ab.

In dem Studienbuch soll versucht werden, die demographischen, sozialen und ökonomischen Veränderungen in diesen Räumen seit Beginn der Urbanisierung Ende des 18. Jahrhunderts systematisch zu beschreiben und zu erklären und an Beispielen zu erläutern. Eine Gliederung nach Stadtentwicklungsphasen ermöglicht es, die ungemein komplexen innerstädtischen und innerregionalen Veränderungen der Raumstruktur und der räumlichen Verflechtungen zu analysieren. Der vorgegebene Umfang zwingt zu einer Beschränkung auf die weltweiten Standortveränderungen in den Verdichtungsräumen. Die ebenso wichtigen Stadt-Umland-Beziehungen (Arbeitsmarkt-, Versorgungs-, Wohnungsmarkt-, Verkehrsbeziehungen) und die Maßnahmen der Stadt- und Regionalplanung zur Steuerung der Standortveränderungen konnten nicht aufgenommen werden. Diese Zusammenhänge sollen in einem zweiten Band dargestellt werden.

Es gibt keine eindeutige, alle Merkmale einschließende Bezeichnung für den hier angesprochenen Raumtyp. In der deutschsprachigen Literatur genannt werden Begriffe wie „Verdichtungsraum", „Stadtregion", „Ballungsgebiet", „städtische Agglomeration", „Agglomerationsraum" (in der englischsprachigen Literatur „metropolitan area", „conurbation"), die alle Räume starker Konzentration von Menschen und Tätigkeiten, Nutzungsvielfalt und Kontaktdichte bezeichnen, häufig synonym gebraucht. Präziser werden die Begriffe bestimmt, allerdings nach sehr unterschiedlichen Merkmalen, wo sie zur Grundlage räumlicher Abgrenzung in Wissenschaft oder Politik gemacht werden. Sie sind dann aber mit den Definitionen und dem Vorverständnis verbunden, das einem bestimmten wissenschaftlichen oder politischen Abgrenzungsversuch zugrunde liegt, z.B. „Ballungsgebiet" in der Abgrenzung von G. ISENBERG (1957), „Verdichtungsraum" in der Abgrenzung durch die MINISTER-KONFERENZ für RAUMORDNUNG (MKRO) 1968 oder „Stadtregion" in der Abgrenzung der AKADEMIE für RAUMFORSCHUNG und LANDESPLANUNG nach Vorarbeiten durch O. BOUSTEDT, vgl. Kap. 7.

Da sich der Titel des Studienbuches nicht auf ein bestimmtes Abgrenzungs- und Gliederungskonzept bezieht und beziehen soll, also nicht auf die Abgrenzung der „Verdichtungsräume" in der Bundesrepublik Deutschland etwa durch die MINISTER-KONFERENZ für RAUMORDNUNG, kommt ihm keine taxonomische Bedeutung zu.

Der hier behandelte Raumtyp hätte deshalb ebenso Agglomerationsraum genannt werden können. Verdichtungsraum erscheint jedoch allgemeinverständlicher. Konkrete Abgrenzungen der Stadt- und Regionalforschung und amtlicher Stellen und Vorschläge für eine Neuabgrenzung der „Verdichtungsräume" und „Stadtregionen" in der Bundesrepublik Deutschland werden in Kap. 7 eingehend erläutert.

Mit „Verdichtungsraum" soll hier allgemein ein städtischer Raum mit mindestens einer halben Million Einwohnern bezeichnet werden, der aus mehreren politisch-administrativen Raumeinheiten gebildet wird, also stets über die Fläche einer Stadt im administrativen Sinn, selbst einer sehr großen Stadt wie New York City, hinausgeht. Dieser städtische Raum kann, je nach den verwendeten Merkmalen, als Struktur- oder Funktionalregion definiert und untergliedert werden mit einer oder mehreren Kernstädten (größeren Städten) und dem zugehörigen, wie auch immer abgegrenzten Umland. Vergleiche von Verdichtungsräumen folgen meist den amtlichen Abgrenzungen von Kernstadt und Umland, für die Daten ausgewiesen sind.

Im Statistischen Jahrbuch für die Bundesrepublik Deutschland werden beispielsweise die zehn größten Verdichtungsräume der Erde („Millionenstädte") in der Reihenfolge ihrer Bevölkerungszahl insgesamt und untergliedert nach Stadtgebiet und Umland zusammengestellt (vgl. Tab. 1). Grundlage dieser Zusammenstellung sind nationale Statistiken mit unterschiedlichen Abgrenzungen des Gesamtraumes wie der Teilräume. Die ausgewiesenen Bevölkerungszahlen erlauben keinerlei Rückschlüsse auf eine vergleichbare Bevölkerungsdichte und erst recht nicht auf vergleichbare Raumbeziehungen. Vielmehr sind Art und Intensität der Raumbeziehungen z.b. in Beijing und New York aufgrund des unterschiedlichen ökonomischen Entwicklungsstandes und der unterschiedlichen ideologischen Ausrichtung von Wirtschaft, Politik und Gesellschaft höchst unterschiedlich.

Trotz der unterschiedlichen Abgrenzungsmerkmale, -verfahren und -ergebnisse weisen all diese Räume bezogen auf das nationale Siedlungs- und Wirtschaftssystem eine überdurchschnittliche Größe und Dichte der Bevölkerung, der Tätigkeiten und der Infrastruktur auf wie auch der internen und externen Beziehungen in funktional zusammengehörigen, strukturell aber unterschiedlich zusammengesetzten Räumen. Ähnliche Schwierigkeiten des Vergleiches ergeben sich, wenn Hypothesen zu Struktur- und Standortveränderungen wie auch zu Veränderungen der funktionalen Beziehungen in städtischen Räumen überprüft werden sollen. Es müßten dafür Daten für vergleichbare Raumeinheiten zu verschiedenen Erhebungszeitpunkten vorhanden sein.

Die Untersuchung der Strukturen, Funktionen und Prozesse von Verdichtungsräumen ist Gegenstand der Stadt- und Regionalforschung, zu der auch Arbeiten der Anthropogeographie, der Wirtschafts- wie auch der Klimageographie (Stadtklima) beitragen. Die Stadtgeographie befaßt sich z.B. mit der weltweiten Urbanisierung und Stadtentwicklung in verschiedenen Epochen, die Bevölkerungsgeographie mit Stadt-Umland- und Wohnumfeldwanderungen, die Industriegeographie mit der Standortwahl für spezifische Unternehmensfunktionen (u.a. Hauptverwaltungen, Forschung und Entwicklung, Vertrieb, Produktion), die Geographie des tertiären Sektors mit

Standorten für Verbrauchermärkte, die Verkehrsgeographie mit der Entscheidung für öffentliche oder private Verkehrsmittel. Die Forschungsfelder der Geographie, der Geschichte, der Bevölkerungs-, Sozial- und Wirtschaftswissenschaften (Demographie, Stadtsoziologie, Stadtökonomie), der Kommunalwissenschaften, des Städtebaus und der Architektur überschneiden sich stark; sind aber auch so eng verbunden, daß die Verdichtungsraumforschung als ein interdisziplinäres theorie- und anwendungsbezogenes Wissens- und Arbeitsgebiet anzusehen ist: Sie sucht Erklärungen für Veränderungen in Verdichtungsräumen, die auch die Entscheidungsgrundlagen für politische Steuerungsmaßnahmen verbessern können (z.b. Stadterneuerung und -sanierung).

Tab. 1   Die zehn größten Verdichtungsräume der Erde um 1980

Verdichtungsraum	Land	Jahr	Stadt-gebiet	Bevölkerungszahl	
				Umland	Verdichtungsraum (= „städtische Agglomeration")
			(1)	1 000	(2)
1. Kairo	Ägypten	1980	5 500	8 700	14 200
2. Mexiko Stadt	Mexiko	1980	.	.	13 437
3. São Paulo	Brasilien	1980	8 491	4 087	12 578
4. Schanghai	VR China	1982	5 540	6 320	11 860
5. Buenos Aires	Argentinien	1980	2 985	7 085	10 070
6. Beijing	VR China	1982	3 630	5 600	9 230
7. Kalkutta	Indien	1981	3 292	5 874	9 166
8. New York	USA	1980	7 071	2 049	9 120
9. Rio de Janeiro	Brasilien	1980	5 093	3 998	9 091
10. Paris	Frankreich	1982	2 183	6 327	8 510

(1) Innerhalb der Gemeindegrenzen
(2) Stadtgebiet einschließlich Umlandgemeinden (nationale Abgrenzung)

Quelle: STATISTISCHES BUNDESAMT

Verdichtungsräume werden in Lehrbüchern der Stadtgeographie mitbehandelt, zumal Stadtmodelle über den engeren städtischen Raum hinausgreifen, z.B. das BURGESS-Modell. Die Veränderungen in Stadt und Umland treten jedoch hinter der Darstellung der innerstädtischen Struktur und der innerstädtischen Raumbeziehungen zurück, vgl. B. HOFMEISTER (1980) und E. LICHTENBERGER (1986). Eine Reihe von Aufsatzsammlungen enthalten grundlegende Arbeiten zu den Entwicklungsphasen der Verdichtungsräume und empirische Fallstudien, z.B. die von J. S. ADAMS (1976), B. J. L. BERRY (1976), C. L. LEVEN (1978), H. JÄGER (1978), H. J. TEUTEBERG (1983), J. FRIEDRICHS (1985a) herausgegebenen Bände; es sind jedoch nicht eigentlich Lehr- und Studienbücher über Verdichtungsräume.

Das Studienbuch ist in zwei Teile gegliedert: Der erste Teil (Kap. 2–6) versucht, Veränderungen in Verdichtungsräumen in einem Phasenmodell der Entwicklung dieser Räume zu beschreiben und soweit möglich zu erklären. Das von niederländischen und britischen Regionalwissenschaftlern deduktiv entwickelte Modell gliedert die Entwicklung der Verdichtungsräume nach der Veränderung von Bevölkerung und Beschäftigung in der Kernstadt und im Umland in vier Phasen (Abb. 56):

Urbanisierung (starkes Bevölkerungswachstum in der Kernstadt)

Suburbanisierung (relativ stärkere Bevölkerungszunahme im Umland)

Desurbanisierung (Bevölkerungssabnahme im gesamten Verdichtungsraum)

Reurbanisierung (relative Bevölkerungszunahme in der Kernstadt).

Zwar lassen sich Verstädterungsprozesse ebensowenig wie komplexere Entwicklungsprozesse in anderen Bereichen durch ein oder zwei Merkmale zureichend erfassen, doch können die Bevölkerungsveränderung durch natürliche Veränderungen und Wanderungen einschließlich der sie auslösenden Faktoren und die Beschäftigung als Schlüsselindikatoren behauptet werden. Die Entwicklungsphasen der Verdichtungsräume werden hier als ein Gliederungsprinzip der Darstellung übernommen. Zur Beschreibung der Phasen werden jedoch jeweils weitere Merkmale herangezogen.

Wenn auch weltweit wie innerhalb eines Landes gleichzeitig verstädterte Gebiete unterschiedlichen Entwicklungsstandes anzutreffen sind, besteht doch ein offensichtlicher Zusammenhang zwischen wirtschaftlicher und städtischer Entwicklung: Die großen Städte der Schwellen- und Entwicklungsländer befinden sich überwiegend in der Urbanisierungsphase zunehmender Bevölkerungs- und Beschäftigungskonzentration in der Kernstadt, die Städte der Industrieländer in der Suburbanisierungsphase starker Bevölkerungs- und Beschäftigungszunahme im Umland. Suburbanisierungsprozesse, die gegenwärtig in den Industrieländern am stärksten und nachhaltigsten die Entwicklung der Verdichtungsräume bestimmen, erhalten auch in dieser Darstellung (Kap. 3) den breitesten Raum; unterschieden wird nach Bevölkerungssuburbanisierung (3.2), Industriesuburbanisierung (3.3) und Suburbanisierung des tertiären Sektors (3.4). Kap. 2 bezieht sich ausschließlich auf die Entwicklung der Kernstädte (Urbanisierung), Kap. 4 auf die Phase des Bevölkerungsrückgangs in Kernstadt und Umland (Desurbanisierung) und Kap. 5 auf neuerliche Zuzüge in die Kernstädte (Reurbanisierung).

Die einzelnen Kapitel sind so aufgebaut, daß auf die Beschreibung einer Stadtentwicklungsphase und die Darstellung von Erklärungsansätzen Verdichtungsraumbeispiele folgen, an denen die verallgemeinernden Aussagen überprüft und ergänzt werden können. Entsprechend dem Forschungsstand werden Erklärungsvariablen oft nur genannt, aber nicht oder nur ansatzweise gewichtet. Es fehlen formalisierte und ausgearbeitete Erklärungsmodelle der Urbanisierung und Suburbanisierung. Dabei ist fraglich, ob überhaupt nomologische Aussagen zur Entwicklung der Verdichtungsräume der Erde möglich sind, oder ob es nur Quasi-Modelle und Quasi-Theorien, also räumlich und zeitlich differenzierte Erklärungen geben wird. Es scheint aber, als ob die Entstehungsgründe der Verstädterung (Kap. 8) heterogener sind als

die Gründe der späteren Wachstums- und Entwicklungsphasen der Verdichtungsräume (Kap. 2—5 und 9).

Im zweiten Teil (Kap. 7—9) werden zunächst (Kap. 7) an Beispielen Abgrenzungen
und Gliederungen von Verdichtungsräumen vorgestellt. Die Wahl der Merkmale ist
zumeist nicht theoriebezogen. Erklärungen der Strukturen, der Funktionen und der
Prozesse in Verdichtungsräumen gehen, wenn überhaupt, nur implizit ein. In den
Kap. 8 und 9 werden phasenübergreifende Gründe für Agglomerationsprozesse angesprochen, raumspezifische, ökonomische und politische Gründe der Siedlungsentwicklung, Gründe der Selbstverstärkung oder -schwächung (Agglomerationswirkungen) und wachstumsverstärkende oder -hemmende Impulse aus interregionalen
Entwicklungsunterschieden (räumlichen Disparitäten).

2 Urbanisierungsphase

Urbanisierung bezeichnet sowohl einen *Zustand der Siedlungsentwicklung* als auch einen *Wachstums- und Ausbreitungsprozeß*. Demographische Merkmale (Größe, Zusammensetzung und Verteilung der Bevölkerung), meist aus amtlichen Quellen, sind die wichtigste Grundlage zur Beschreibung der Urbanisierungsprozesse. Im Phasenmodell der Stadtentwicklung wird der Zeitraum, in dem die Bevölkerung der Kernstadt wächst, als Urbanisierungsphase bezeichnet. Je nach Fragestellung werden auch soziologische und ökonomische Merkmale (Produktions- und Versorgungsleistung), die Bausubstanz betreffende (Siedlungs- und Wohnformen) oder politisch-administrative Merkmale einbezogen.

Der *Zustand der Siedlungsentwicklung* kann z.B. durch den Anteil der Stadtbevölkerung an der Gesamtbevölkerung (= Verstädterungsgrad) (2.1.1) und die Zahl und Bevölkerung großer Städte (2.1.2, 2.1.3) beschrieben werden, der *Wachstumsprozeß* durch die Zunahme des Anteils der Stadtbevölkerung an der Gesamtbevölkerung (Verstädterungsrate (2.1.1); der Ausbreitungs- oder *Diffusionsprozeß* durch die Übernahme städtischer Lebensformen, Tätigkeiten und Verhaltensweisen (2.1.4). Im Unterschied zu „Urbanisierung" schließt der Begriff „Verstädterung" nur demographische Merkmale ein (Anteil der Stadtbevölkerung, Bevölkerungszunahme der Städte, Zahl großer Städte), nicht sozioökonomische Diffusionsprozesse (vgl. die Zusammenstellung bei H. HEINEBERG 1983a). Internationale Vergleiche der Urbanisierung werden durch die uneinheitliche Abgrenzung der Städte – z.B. 800 Einwohner in Irland, 1 000 in Australien, 1 500 in Kolumbien, 2 000 in den Niederlanden, 2 500 in Mexiko, 10 000 in Spanien – und durch unterschiedliche Erhebungszeitpunkte erschwert. Städtetabellen des Statistischen Bundesamtes, der Weltbank und der Vereinten Nationen enthalten deshalb meist Daten für unterschiedlich definierte Räume.

Urbanisierungsprozesse mit einer auffälligen Zunahme der Bevölkerung in Kernstädten hat es in verschiedenen Kulturen zu verschiedenen Zeiten gegeben. Nachstehend werden vor allem neuere Urbanisierungsprozesse, die im Zusammenhang mit der industriellen Entwicklung stehen, betrachtet und Unterschiede in den Voraussetzungen und Entwicklungsverläufen in Industrie- und Entwicklungsländern herausgearbeitet. Daran wird bereits deutlich, wie problematisch es ist, Erklärungen für Stadtentwicklung raum- und zeitunabhängig zu formulieren.

2.1 Merkmale der Urbanisierung

2.1.1 Zunehmender Anteil der Stadtbevölkerung

Vor 1800 war der Anteil der Stadtbevölkerung an der gesamten Erdbevölkerung (Verstädterungsgrad) gering. Nur etwa 2–3 % der etwa 900 Millionen Menschen lebten in Städten (mit 20 000 und mehr Einwohnern), 1900 etwa 15 %, 1980 55 %

der nun mehr als 4 Milliarden Menschen. Der Anteil der Stadtbevölkerung stieg in Großbritannien schon vor 1800 an, in Deutschland in der ersten Hälfte, in Nordamerika in der Mitte des 19. Jahrhunderts, in Rußland seit etwa 1900, in West- und Ostafrika seit den 60er Jahren dieses Jahrhunderts (Abb. 1).

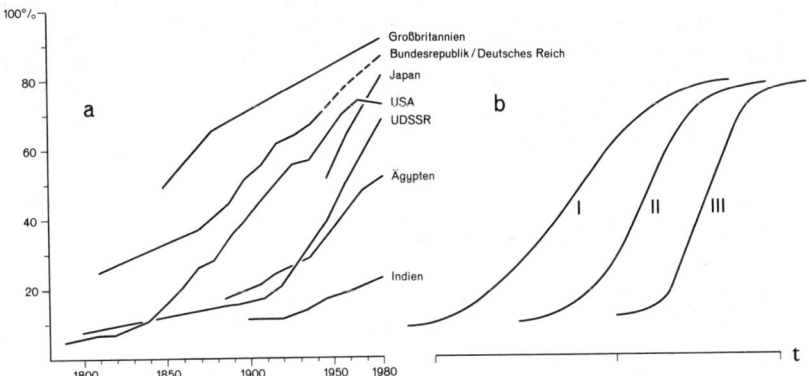

Abb. 1   Anteil der Stadtbevölkerung (in Städten mit 20 000 und mehr Einwohnern) 1800–1980 in ausgewählten Ländern
a. tatsächlicher Verlauf   b. typischer Verlauf (B. HAMM, 1982, S. 43)

In den sog. westlichen Industrieländern[1]) nahm vor allem in der 2. Hälfte des 19. Jahrhunderts der Anteil der Stadtbevölkerung stark zu; nach 1900 flacht die Zuwachsrate ab. Typisch für die Siedlungsentwicklung dieser Länder ist die Verstädterungsrate in der Schweiz, sie ähnelt einer logistischen Kurve (I in Abb. 1–b). In den Entwicklungsländern stieg der Anteil der Stadtbevölkerung nicht nur weit später – in den meisten Ländern Lateinamerikas erst in den 30er Jahren dieses Jahrhunderts, in Mexiko, Venezuela, Kolumbien, Brasilien seit dem Zweiten Weltkrieg, in vielen Ländern Afrikas nach der Unabhängigkeit in den 60er Jahren –, sondern auch viel schneller. Typisch für diese Ländergruppe ist die Verstädterungsrate in Costa Rica. Sie entspricht der Kurve III in Abb. 1–b (vgl. P. HAGGETT 1983, S. 415). Die Phase schneller Zunahme der Stadtbevölkerung scheint umso kürzer zu sein, je später sie einsetzt. Der Verstädterungsgrad ist in Lateinamerika höher als in Afrika und Asien, die Wachstumsraten sind jedoch in Afrika am höchsten.

Der Verstädterungsgrad sagt nichts über die räumliche Verteilung der Bevölkerung aus. In Großbritannien wohnt z.B. die Bevölkerung in einem dichten Siedlungsnetz mit Städten unterschiedlicher Größe, in Australien bei etwa gleichem Verstädterungsgrad in wenigen Verdichtungsräumen und kleinen Siedlungen.

Nach dem Anteil der Stadtbevölkerung können vier *Verstädterungsphasen* unterschieden werden:

---

[1]) „Marktwirtschaftliche Industrieländer" nach der Klassifikation der Weltbank im WELTENTWICKLUNGSBERICHT (1986 21 OECD-Länder)

1. In der ersten und frühesten Verstädterungsphase mit einem *Anteil der Stadtbevölkerung* an der Gesamtbevölkerung *von weniger als 25 %* befinden sich heute (abgesehen von einigen kleinen Staaten) keine europäischen und amerikanischen Länder mehr, aber die meisten afrikanischen Länder südlich der Sahara, China, Indien und Indonesien (Abb. 2). Um 1815, zu Beginn des Verstädterungsprozesses, befanden sich noch alle Länder der Erde in dieser Phase. Den höchsten Verstädterungsgrad wiesen damals Großbritannien, die Niederlande und Belgien auf (bis etwa 25 %) vor Frankreich, Deutschland und Dänemark (bis 14 %). Zum Außenrand dieser frühen europäischen Verstädterungszone gehörten Irland, Skandinavien, Polen, Österreich-Ungarn und die Schweiz (bis 7 %).

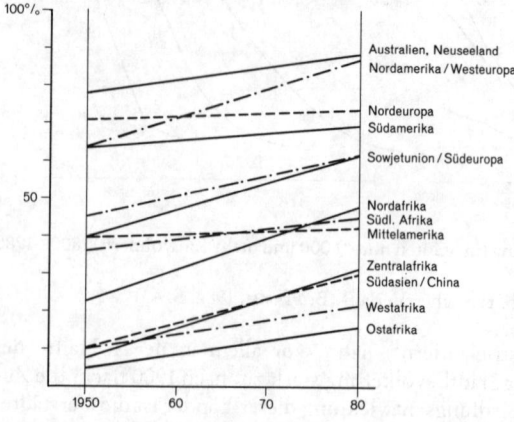

Abb. 2
Anteil der Stadtbevölkerung (in Städten mit 20 000 und mehr Einwohnern) 1950–1980 in Teilräumen der Erde (R. HAY JR., 1979, S. 90; WELTBANK)

2. In der folgenden Verstädterungsphase mit einem *Anteil der Stadtbevölkerung von 25 % bis 50 %* befinden sich heute in Europa Portugal, Jugoslawien, Rumänien und Albanien, in Afrika fast alle Länder sowie viele mittel- und südamerikanische und asiatische Entwicklungsländer.

3. Der dritten Verstädterungsphase mit einem *Anteil der Stadtbevölkerung zwischen 50 % und 75 %* können in Afrika Libyen und Tunesien zugeordnet werden, in Lateinamerika u.a. Mexiko und Brasilien, in Europa überwiegend randlich gelegene Staaten (Irland, Norwegen, Finnland, Polen, die Tschechoslowakei, Österreich, Ungarn, Bulgarien, Griechenland, Italien und Spanien), in Asien Süd- und Nordkorea, Iran und Irak.

4. Einen *Anteil der Stadtbevölkerung von mehr als 75 %* weisen die hoch entwickelten Industrieländer Nordamerikas und Europas auf, Japan und Australien sowie die von Europäern kolonisierten Länder Südamerikas (Argentinien, Chile, Uruguay und Venezuela), in Asien Hongkong, Singapur, der Libanon und Kuwait.

Strittig ist, ob diese Verstädterungsphasen weltweit ähnlich und nur zeitlich versetzt oder räumlich und zeitlich unterschiedlich ablaufen. Die These einer „multilinearen Konvergenz" vertrat u.a. A. H. HAWLEY (1971, S. 294–295), die These entwick-

lungs-, gesellschafts- und kulturabhängiger Urbanisierungsprozesse u.a. B. J. L.
BERRY (1973). Für die Annahme BERRYS spricht, daß sich die Verstädterungsraten
(d.h. die Zunahme der Stadtbevölkerung) und die Bedingungen und Wirkungen der
Verstädterung in Europa im 19. Jahrhundert völlig anders entwickelt haben als in den
Entwicklungsländern in den letzten Jahrzehnten.

2.1.2 Starke Bevölkerungszunahme der Städte

Nicht nur der Verstädterungsgrad beschreibt die Siedlungsentwicklung und Urbanisierung, sondern auch die Bevölkerungszunahme der Städte, insbesondere der Kernstädte.

Über die Einwohnerzahl *vorchristlicher Städte* liegen nur wenige und widersprüchliche Angaben vor; fast alle damals großen und bedeutenden Städte sind heute Ruinenfelder. Frühe Städtekulturen entstanden im Vorderen Orient, in Nordafrika, Indien, China, Mittel- und Südamerika, z.B.

- um 3000 v. Chr. in Mesopotamien die sumerischen Siedlungen Uruk (heute
  Warka) und Ur (Erech) sowie Lagasch und Babylon,
  in Ägypten Memphis und Theben am Nil und
  in Kreta die minoischen Städte;

- um 2500 v. Chr. Moenjo-Daro am Indus und Harappa am Nebenfluß Ravi;

- um 1300 v. Chr. in China Anyang am Hoangho;

- um 1200 v. Chr. Karthago.

In Amerika und Afrika entstanden große und bedeutende (einheimische) Siedlungen
weit später. Sie wurden entweder von Europäern zerstört und blieben Ruinenfelder
oder verloren stark an Bedeutung wie Ife, „die Mutter der Yoruba-Städte". Dazu
zählen z.B.

- um 500 n. Chr. die Maya-Siedlungen Palenque und Tikal auf der Halbinsel Yu-
  katan in Mittelamerika;

- um 1300 n. Chr. die Yoruba-Siedlung Ife im Nigertal;

- um 1400 n. Chr. die Azteken-Siedlung Tenochtitlan in Zentralmexiko;

- um 1500 n. Chr. die Inka-Siedlung Cuzco in Peru.

Diese Städte waren gemessen an der Bevölkerung und der damaligen Siedlungsgröße
sehr groß. Ur hatte um 2000 v. Chr. etwa 25 000 bis 30 000 Einwohner. Babylon war
unter Hammurabi 1700 v. Chr. mit etwa 30 000 Einwohnern die größte Stadt der
Welt, Theben um 1360 v. Chr. mit etwa 100 000 Einwohnern, Syracus im 4. Jahrhundert v. Chr. und Rom im 1. Jahrhundert v. Chr. mit etwa 650 000 Einwohnern
(D. T. HERBERT, C. J. THOMAS 1982, S. 61, nach anderen Quellen bis etwa eine Million). Bis ins 19. Jahrhundert erreichte keine Stadt die Größe dieser antiken Städte.
Einer Phase intensiver Städtegründung im Hoch- und Spätmittelalter folgte vom
14. bis 16. Jahrhundert eine Desurbanisierungsphase mit starkem Bevölkerungsrückgang, auch in den großen und bedeutenden Städten des Hochmittelalters wie Cor-

doba, Venedig und Neapel. Als größte Stadt Deutschlands hatte Köln im 16. Jahrhundert etwa 40 000 Einwohner, Paris 220 000, Antwerpen 90 000 und London nur etwa 30 000 Einwohner.

Zu Beginn der neueren Urbanisierungsphase Anfang des 19. Jahrhunderts waren London und Paris die größten europäischen Städte (knapp eine Million bzw. 550 000 Einwohner). Wien war die größte Stadt im deutschsprachigen Raum mit etwa 220 000 Einwohnern. Berlin hatte etwa 150 000, Hamburg 100 000, Königsberg, Breslau, Dresden 50 000 bis 100 000 Einwohner.

Anfang des 19. Jahrhunderts hatten viele *deutsche Städte* die Bevölkerung und Häuserzahl des Mittelalters noch nicht wieder erreicht. Abb. 3 zeigt, daß die damals größten Städte auch 1980 noch die größten Städte Deutschlands waren: Berlin, Hamburg, München, Köln, Frankfurt, Leipzig. Von diesen Städten nahm aber nur in München und Köln (hier allein aufgrund von Eingemeindungen) die Bevölkerung bis in die 70er Jahre dieses Jahrhunderts zu. Berlin (Stadtgebiet bis 1945), Breslau (Wroclaw), Leipzig und Dresden erreichten die Vorkriegsbevölkerung nicht wieder, obwohl die Bevölkerung in Ostberlin, Breslau (Wroclaw) und Dresden noch ansteigt.

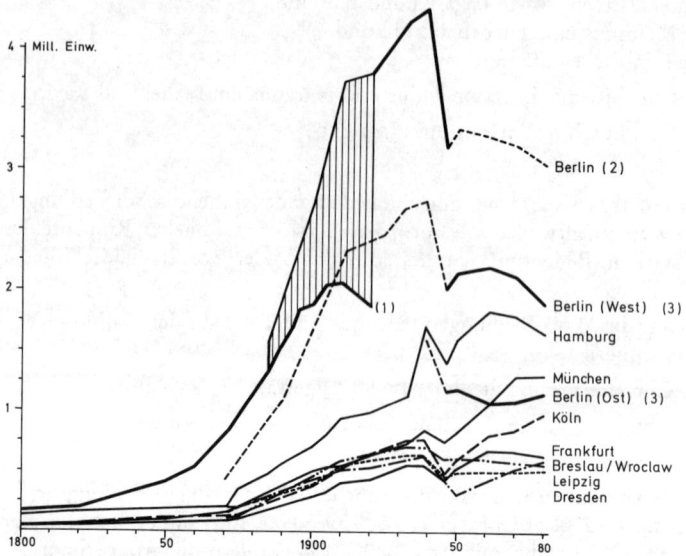

1) Bevölkerung im Stadtgebiet um 1920
(2) Bevölkerung im Stadtgebiet 1920 bis 1945
(3) Bevölkerung im Stadtgebiet nach 1945

Abb. 3   Bevölkerungsentwicklung in den acht größten deutschen Städten (1939) 1800—1980 (jeweilige Fläche) (STATISTISCHES REICHSAMT, STATISTISCHES BUNDESAMT)

Im Ruhrgebiet begann die Urbanisierung später als in den englischen Industriegebieten. Sie war im Vergleich zu anderen Teilräumen Deutschlands kürzer (nur etwa einhundert Jahre) und relativ stärker (da es kaum vorindustrielle Siedlungen gab) (Abb. 4). In den Kernstädten des Ruhrgebiets nimmt die Bevölkerung seit den 60er Jahren dieses Jahrhunderts ab. Der Wiederanstieg der Bevölkerungszahl in den 70er Jahren in Duisburg, Bochum und Mülheim/Ruhr geht allein auf Eingemeindungen zurück.

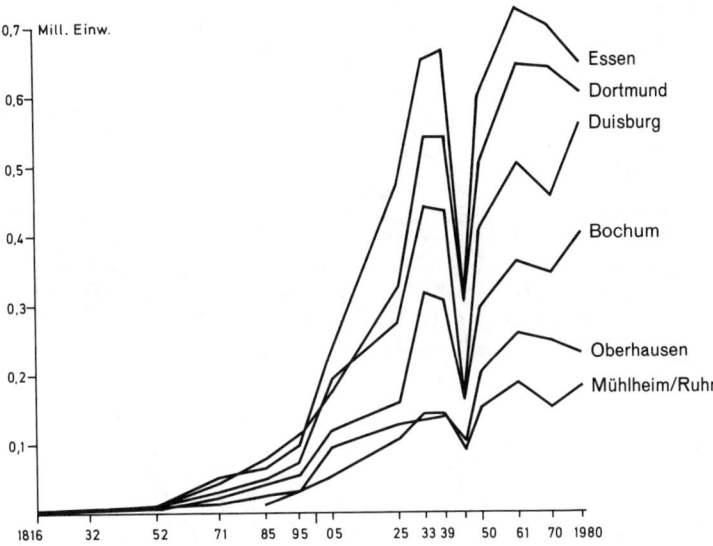

Abb. 4   Bevölkerungsentwicklung in sechs Ruhrgebietsstädten 1816/1818−1980 (jeweilige Fläche) (STATISTISCHES REICHSAMT, STATISTISCHES BUNDESAMT)

Anders als in Deutschland und in den meisten europäischen Industrieländern gibt es in den USA Teilräume früher Urbanisierung (mit New York, Philadelphia, Baltimore, Boston) und später Urbanisierung. Abb. 5 zeigt das unterschiedliche Bevölkerungswachstum: in New York und Philadelphia seit Anfang, in Chicago und Detroit seit der 2. Hälfte des 19. bis in die 40er Jahre dieses Jahrhunderts, in Los Angeles, Houston und Dallas seit Ende des 19. oder Anfang dieses Jahrhunderts bis heute.

In Sibirien ist die Bevölkerungsentwicklung ähnlich der im Westen und im Süden der USA. Die Bevölkerung nimmt jedoch nicht nur in den später entwickelten Teilräumen der Sowjetunion, z.B. in Novosibirsk (Abb. 6) noch zu, sondern auch in Moskau und Leningrad, allgemein in den größten Städten der sozialistischen Länder.

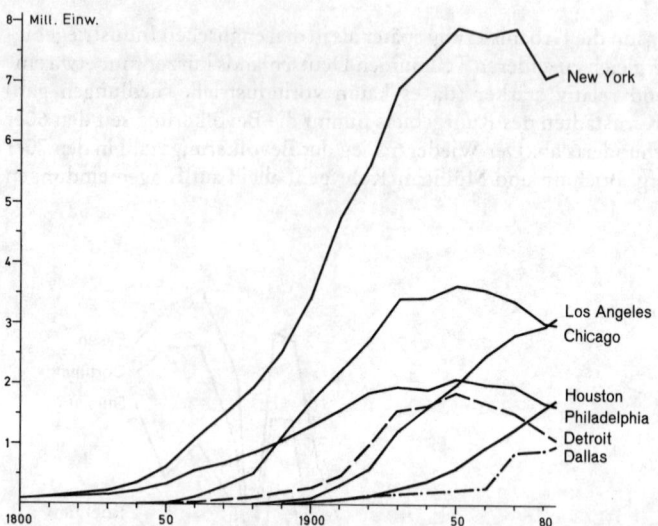

Abb. 5   Bevölkerungsentwicklung in den sieben größten Städten der USA (1980) 1800–1980
(jeweilige Fläche) (J. E. VANCE JR., 1976, S. 5–12, C. J. LARSON, S. R. NIKKEL, 1979,
S. 10–12, R. VOLLMAR, 1983, S. 156)

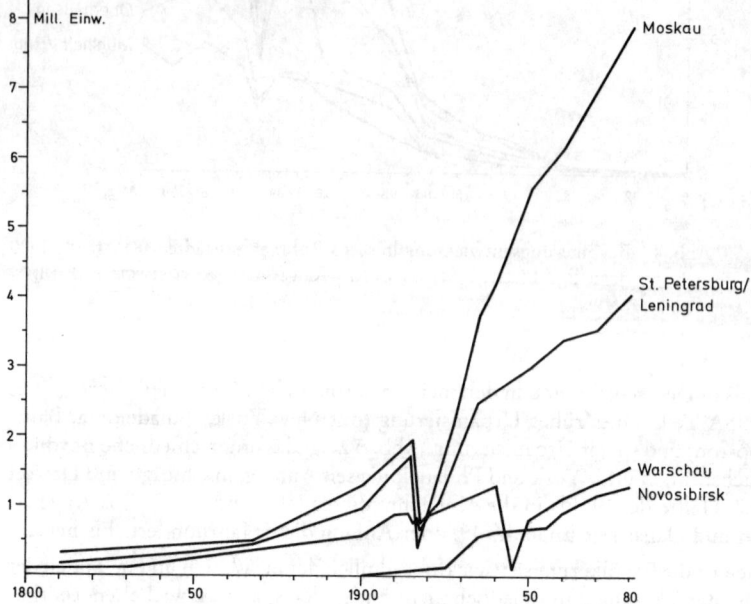

Abb. 6   Bevölkerungsentwicklung in vier Städten der sozialistischen Länder 1800–1980 (jeweilige Fläche)

Wesentlich später als in den Industrieländern nahm die Stadtbevölkerung in den meisten *Schwellen- und Entwicklungsländern* zu (Abb. 7). In Lateinamerika hatte um 1800 nur Mexiko Stadt mehr als 100 000 Einwohner. In Rio de Janeiro, Bahia (São Salvador), Puebla, Guanajuato, Havanna und Lima lebten damals 50 000 bis 100 000 Menschen (J. BÄHR, G. MERTINS 1981, S. 4). In Afrika südlich der Sahara erreichte erst um 1920 eine Stadt (Lagos) 100 000 Einwohner. Daressalam und Nairobi, Zentren der britischen Kolonialverwaltung, hatten zu dieser Zeit nur etwa 20 000 Einwohner.

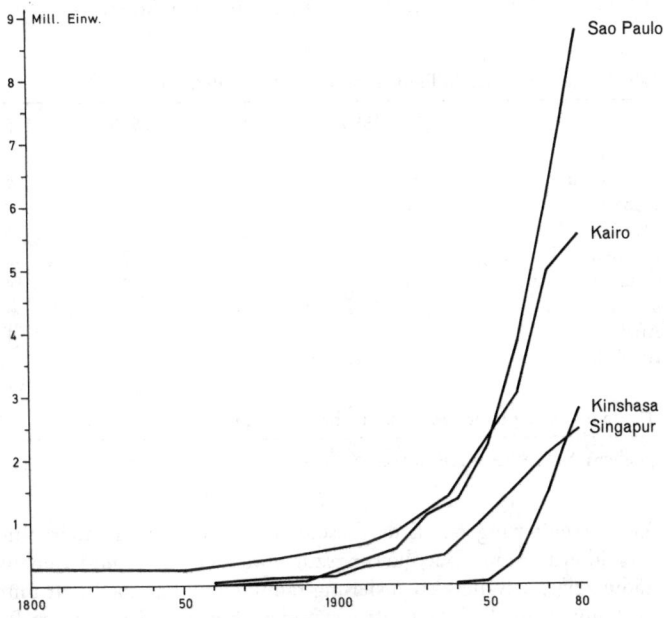

Abb. 7   Bevölkerungsentwicklung in vier großen Städten der Schwellen-
und Entwicklungsländer (jeweilige Fläche)

Die Bevölkerung der großen Städte der Schwellen- und Entwicklungsländer wächst heute im Durchschnitt weit stärker (jährlich 3 bis 6 %) als die Bevölkerung der großen Städte Europas im 19. Jahrhundert (etwa 1 bis 2 %), in Lateinamerika z.B. in Mexiko Stadt, Caracas, Bogotá, Lima und São Paulo um mehr als 5 % pro Jahr, in Quito, Santiago de Chile und Rio de Janeiro 2,5 bis 5 % (J. BÄHR, G. MERTINS 1981). Abb. 7 zeigt die sehr starke Bevölkerungszunahme in São Paulo, Kairo, Kinshasa und Singapur.

In vielen Schwellen- und Entwicklungsländern wächst seit der Unabhängigkeit vor allem die größte Stadt, meist zugleich Hauptstadt, überproportional (Primatstadt).

2.1.3 Starke Zunahme der Zahl großer Städte, insbesondere Millionenstädte

Ein weiteres Verstädterungsmerkmal ist die Zunahme großer Städte (Tab. 2) und die Zunahme der Zahl der Städte (Städteverdichtung). 1850 hatten nur London und Paris mehr als eine Million Einwohner, 1900 zehn Städte (zusätzlich Chicago, Philadelphia, New York, Berlin, Wien, St. Petersburg/Leningrad, Konstantinopel/Istanbul und Tokyo), 1950 51, 1980 151 Städte. Gleichzeitig hat sich räumlich der Schwerpunkt der Millionenstädte aus den Industrie- in die Schwellen- und Entwicklungsländer verlagert. 1920 war Bombay die einzige Millionenstadt in Äquatornähe (19 °N), 1980 waren 18 Millionenstädte nahe dem Äquator.

Tab. 2 Zunahme der Millionenstädte von 1850−1980 (1)

	1850	1900	1920	1950	1980
Europa einschl. Türkei	3	4	6	15	21
UdSSR		2	2	2	23
Nordamerika		3	3	6	9
Lateinamerika			2	5	21
Ostasien		1	2	14	32
übriges Asien			1	8	29
Afrika				1	13
Australien					3
	3	10	16	51	151

(1) Städte mit einer Million oder mehr Einwohnern

Quellen: STATISTISCHES REICHSAMT, STATISTISCHES BUNDESAMT

Die Verstädterung der Erde, beschrieben durch die demographischen Merkmale Verstädterungsrate, Bevölkerungszunahme der Städte und Zunahme der Zahl der Städte zeigt, daß die Urbanisierung räumlich und zeitlich sehr unterschiedlich einsetzt, unterschiedlich lange dauert und auch nach einer längeren Phase des Niedergangs und Verfalls ehemaliger Hochkulturen erneut einsetzen kann.

2.1.4 Ausbreitung städtischer Siedlungs-, Lebens- und Wirtschaftsformen

Auch die Übernahme und Ausbreitung städtischer Siedlungs-, Lebens- und Wirtschaftsformen im weiteren Umland der Städte ist ein Merkmal der Urbanisierung. Diese Veränderungen werden in der Literatur zur Unterscheidung zwischen Urbanisierung und Verstädterung genannt. Sie sind schwerer zu belegen als demographische Veränderungen. Indikatoren sind u.a. Veränderungen der Bevölkerungsdichte, der Berufsstruktur, des Wanderungsverhaltens, der Wohnformen (z.B. Slumbildung) und des sozialen Verhaltens. Wirtschaftliche, soziale, technologische und kulturelle Veränderungen sind aber keine Merkmale, die nur an die Urbanisierungsphase gebunden sind. Innovationen gibt es in allen Phasen der Stadtentwicklung, z.B. neue

Erwerbsformen in Industrie, Handel und Dienstleistungen, neue Berufe, neue Bauformen (Hochhäuser, Wohnblocks) und Konsummuster und auch Veränderungen des generativen Verhaltens. In den Industrieländern sind Marktorientierung, Produktionsspezialisierung, Arbeitsteilung, soziale Mobilität, Haushaltsgröße, Ernährungsgewohnheiten nicht mehr differenzierende Merkmale zwischen Städten und ländlichem Raum. In den Schwellen- und Entwicklungsländern ist dagegen das räumliche Ungleichgewicht in den Produktions-, Sozial-, Alters- und Haushaltsstrukturen immer noch groß. Zuwanderer aus dem ländlichen Raum übernehmen die Siedlungsformen, Verhaltensmuster und Wertordnungen der städtischen Gesellschaft, in Lateinamerika eher als in Afrika und Indien, wo ein großer Teil der in den Städten lebenden Bevölkerung an ländlichen Lebensformen festhält.

Die Rolle der großen Städte im räumlichen und sozioökonomischen Entwicklungsprozeß wird unterschiedlich beurteilt:

– als *Innovationszentren* und Mittler technischer, ökonomischer und soziokultureller Neuerungen (Ideen, Werte, Verhaltensweisen) in den ländlichen Raum, durch die hier ein gesellschaftlicher Wandel, eine „Modernisierung", eingeleitet wird,

– als *parasitäre* Siedlungs- und Organisationsformen, durch die Ressourcen aus dem ländlichen Raum, insbesondere in Schwellen- und Entwicklungsländern, abgezogen werden oder gar als „Glieder in der Kette eines urbanen Systems weltweiter Ausbeutungs- und Abhängigkeitsbeziehungen" (H.-G. BOHLE 1984, S. 462) und „Brückenkopf der Metropolen" (der Industrieländer) (K. VORLAUFER 1984, S. 230).

Die Rolle der Städte im räumlichen und sozioökonomischen Entwicklungsprozeß weist zudem kulturraumspezifische Unterschiede auf. SCHÖLLER (1966, S. 82) bezeichnete die japanischen Städte als „Wegbereiter des Kulturwandels", WIRTH (1969, S. 55) die orientalischen Städte bis ins frühe 20. Jahrhundert als „Ausgangspunkt von Innovationen". In den USA, einem Land ohne feudale Stadtentwicklungsphase, nahmen die neuen Städte im 18. und 19. Jahrhundert europäische Kulturelemente auf und gaben sie an den ländlichen Raum weiter. Die Städte Lateinamerikas sind dagegen weit weniger als nordamerikanische Städte Innovations- und Diffusionszentren.

2.1.5 Innerstädtische Veränderungen

Durch die genannten Merkmale (Anteil der Stadtbevölkerung, Bevölkerungszunahme der Städte, Zunahme der Zahl großer Städte, insbesondere Millionenstädte, und Ausbreitung städtischer Siedlungs-, Lebens- und Wirtschaftsformen) werden allgemein die Urbanisierungsprozesse beschrieben. Die räumliche und zeitliche Abgrenzung der Urbanisierungsphase erfolgt vor allem nach dem Bevölkerungswachstum. Die bisher genannten Merkmale beschreiben jedoch nicht die starken Veränderungen in den Städten selbst:

– die Zunahme der Nutzungs- und Funktionsmischung bei gleichzeitiger Tätigkeitsdifferenzierung (der Handels- und Dienstleistungstätigkeiten),

– die Zunahme der Bevölkerungs- und Arbeitsplatzdichte und

– die Ausweitung der Bebauung (innerhalb der Kernstadt). Sie ist zunächst noch relativ geringer als die Bevölkerungszunahme (anhaltend kompakte Bebauung).

Merkmale der frühen Urbanisierung in den Industrieländern sind auch

– ein zentral-peripherer Sozialgradient
(Wohnungen der Oberschicht sind nahe dem Stadtzentrum, der Unterschicht am Stadtrand) und

– räumlich eng begrenzte Stadt-Umland-Beziehungen.

Mit der Trennung der Wohnungen von den Arbeitsplätzen als Folge technischer und organisatorischer Veränderungen im Produktionsprozeß entstanden, zunächst noch nahe den Fabriken, erstmals reine Wohngebiete. Damit veränderte sich auch die Sozialstruktur und die räumliche Verteilung der sozialen Gruppen im Stadtgebiet (Arbeiter gingen mit der Industrie in die Vorstädte, Mittel- und Oberschicht blieben im Stadtkern).

2.2   Erklärungen der Urbanisierung

Es gibt kein ausgearbeitetes Erklärungsmodell der Urbanisierung, nur einige Überlegungen und empirische Belege zum Zusammenhang von Urbanisierung und wirtschaftlicher Entwicklung (2.2.1) und von Urbanisierung und demographischer Entwicklung (2.2.2). Weitere die Bevölkerungsentwicklung einer Stadt fördernde oder hemmende Faktoren, wie Lage, politische und gesellschaftliche Funktionen, Agglomerationsvorteile und -nachteile, werden im Zusammenhang mit Erklärungsversuchen der Bevölkerungs- und Arbeitsplatzentwicklung der Verdichtungsräume angesprochen (Kap. 8). Tatsächlich wirken aber alle Variablen, die räumlichen, die politischen, die demographischen und die wirtschaftlichen zusammen, ihr jeweiliger Anteil an der Urbanisierung läßt sich jedoch nicht angeben.

2.2.1   Zusammenhang von Urbanisierung und wirtschaftlicher Entwicklung

Die Vermutung eines engen Zusammenhangs von Urbanisierung und wirtschaftlichem Entwicklungsstand legen Abb. 1 (S. 23) und Tab. 3 nahe: In den Industrieländern sind Verstädterungsgrad und Bruttosozialprodukt pro Kopf (eine Kennziffer für den wirtschaftlichen Entwicklungsstand) erheblich höher als in den gering entwickelten Ländern, insbesondere in Afrika und Asien. Der durchschnittliche Verstädterungsgrad betrug in den marktwirtschaftlichen Industrieländern 1980 78 %, in den Ländern mit niedrigem Einkommen 17 %, das Bruttosozialprodukt pro Kopf betrug in den Industrieländern 1980 10 320 Dollar, in den Ländern mit niedrigem Einkommen 260 Dollar. Verstädterungsgrad und Bruttosozialprodukt pro Kopf haben auch in den höher entwickelten Ölexportländern und den Ländern mit mittleren Einkommen von 1960 bis 1980 deutlich stärker zugenommen als in den Ländern mit niedrigem Einkommen: der Verstädterungsgrad von 30 auf 66 % bzw. von 33 auf

45 %, das Bruttosozialprodukt pro Kopf im Jahresdurchschnitt um 6,3 bzw. 3,8 %.
Verstädterungsgrad und Bruttosozialprodukt pro Kopf 1980 korrelieren in den 115
Ländern der Erde, für die der „Weltentwicklungsbericht" der Weltbank Daten aus-
weist, hoch (r = 0,6466, Produkt-Moment-Korrelationskoeffizient).

Tab. 3   Verstädterungsgrad und Entwicklungsstand in ausgewählten Ländern 1960–1980

Länder	Verstädterungsgrad (Anteil der Stadtbevölkerung an der Gesamtbevölkerung)			Entwicklungsstand Bruttosozialprodukt pro Kopf (Dollar)	
	1960	1980	durchschnittliche Zuwachsrate 1970–1980	1980	durchschnittliche Zuwachsrate 1960–1980
	%	%	%	$	%
a. mit dem höchsten Verstädterungsgrad (a)					
1. Großbritannien	86	91	0,3	7 920	2,2 (4)
2. Australien	81	89	1,9	9 820	2,7 (4)
3. Israel	77	89	3,2	4 500	3,8 (2)
4. Kuwait	72	88	7,4	19 830	· (3)
5. Schweden	73	87	1,0	13 520	2,3 (4)
6. Bundesrepublik	77	85	0,4	13 590	3,3 (4)
7. Neuseeland	76	85	1,9	7 090	1,8 (4)
8. Dänemark	74	84	0,9	12 950	3,3 (4)
9. Uruguay	80	84	0,6	2 810	1,4 (2)
10. Venezuela	67	83	4,2	3 630	2,6 (2)
b. mit dem niedrigsten Verstädterungsgrad					
118. Malawi	4	10	7,0	230	2,9 (1)
119. Burkina Faso	5	10	5,9	210	0,1 (1)
120. Mosambik	4	9	8,3	230	−0,1 (1)
121. Nepal	3	5	4,9	140	0,2 (1)
122. Bhutan	3	4	4,4	80	−0 (1)
123. Ruanda	2	4	6,3	200	1,5 (1)
124. Burundi	2	2	2,5	200	2,5 (1)
Länder mit					
(1) niedrigem Einkommen	13	17	4,1	260	1,2
(2) mittlerem Einkommen	33	45	4,0	1 400	3,8
(3) Ölexportländer mit hohem Einkommen	30	66	8,5	12 630	6,3
(4) marktwirtschaftliche Industrieländer	68	78	1,4	10 320	3,6
(a) ohne Singapur und Hongkong					

Quelle: WELTBANK, WELTENTWICKLUNGSBERICHT 1982, S. 118–119, 156–157

Die Gründe für die Urbanisierung im 19. und Anfang des 20. Jahrhunderts in den Industrieländern und in diesem Jahrhundert, insbesondere seit den 50er und 60er Jah-

ren, in den Entwicklungsländern sind unterschiedlich. In den Industrieländern war die Urbanisierung mit wirtschaftlichem Wachstum verbunden, z.B. im Ruhrgebiet die Bevölkerungszunahme in den Gründerjahren 1871–1873 und 1895–1913. Mit nachlassender wirtschaftlicher Bedeutung Anfang der 30er Jahre nahm auch die Bevölkerung ab (H. G. STEINBERG 1985, S. 34, 49, 82, 101, G. ROJAHN u.a. 1984, S. 67). Daß Urbanisierung und Industrialisierung nicht ohne Brüche und Anpassungsprobleme verliefen, zeigen die Auswanderungsströme aus Europa in der 2. Hälfte des 19. Jahrhunderts.

In den Ländern mit niedrigem Einkommen fehlt dagegen der enge Zusammenhang von Urbanisierung und Industrialisierung bzw. wirtschaftlicher Entwicklung. Aber auch in südeuropäischen Städten setzte die Industrialisierung relativ spät ein; sie folgte hier der Urbanisierung (vgl. E. LICHTENBERGER 1986, S. 74).

Auch vor Beginn der neueren Urbanisierung im Zusammenhang mit Industrialisierung war eine stärkere Bevölkerungszunahme der Städte in der Regel mit wirtschaftlicher Entwicklung verbunden, z.B. im europäischen Mittelalter mit Gewerbe und Fernhandel, in der Kolonialzeit mit der Ressourcenerschließung oder Verarbeitung importierter Rohstoffe. In den Kolonialländern gab es kurzzeitig extreme Siedlungsentwicklungen: Potosí in Bolivien hatte z.B. um 1570 zur Zeit des Silberbergbaus etwa 120 000 Einwohner, mehr als damals London, Paris, Madrid oder Rom.

Wirtschaftlich bahnbrechende Innovationen waren schon Voraussetzung für die frühe Stadtentwicklung in den überschwemmungsgefährdeten Flußoasen von Euphrat, Tigris, Nil, Indus und Hoangho: der Übergang vom Regenfeldbau zur Bewässerungswirtschaft und die Arbeitsteilung zwischen Anbau, Wasserwirtschaft und Handel.

Seit Ende des 18. Jahrhunderts in Großbritannien, seit dem 19. Jahrhundert auch in Belgien, Frankreich, Deutschland und Nordamerika nahmen Arbeitsplätze, Produktivität und Raumbeziehungen in Bergbau und Industrie und, im Unterschied zur Urbanisierungsphase in den gering entwickelten Ländern heute, auch in der Landwirtschaft zu. Entwicklungsimpulse in der Landwirtschaft gingen der Industrialisierung voraus.

Eingeleitet und ermöglicht wurde die wirtschaftliche, soziale und räumliche Entwicklung u.a. durch

— *Erfindungen und Innovationen*
   (neue Produkte, Produktionsverfahren, Organisationsformen, politische und rechtliche Institutionen; eine Folge waren sinkende Transportkosten)
— *gesellschaftliche Reformen*
   (in Deutschland z.B. Gewerbe- und Niederlassungsfreiheit, Auflösung der Zunftordnung, Änderungen der Agrarbesitzstruktur und Agrarverfassung)
— Zunahme der *Arbeitsteilung, Tätigkeitsdifferenzierung und -spezialisierung*
   (innerhalb der Industrie, zwischen Industrie und Handwerk – Kleinhandel und Reparaturen industriell gefertigter Güter –, Entwicklung von Einzelhandel, Großhandel, Dienstleistungen, u.a. der Banken und Versicherungen)

- Ausbau der *Infrastruktur*
  (Verkehrswege, Bildungs- und Gesundheitseinrichtungen)
- *Ausweitung der nationalen und internationalen Handelsbeziehungen und*
- *liberale Wirtschafts- und Außenpolitik*

Um 1800 waren in Deutschland mehr als drei Fünftel der Erwerbstätigen im primären Sektor tätig, 1876 noch die Hälfte (Tab. 4); nur 4 % der Bevölkerung lebten in Gemeinden mit mehr als 20 000 Einwohnern (1980 85 %). Die Strukturverschiebung der Erwerbstätigkeit vom primären Sektor (50 % der Erwerbstätigen) zum tertiären Sektor (50 % der Erwerbstätigen) dauerte in Deutschland 105 Jahre (von 1876 bis 1981), auch in England und Wales mehr als 100 Jahre (zur genaueren Bestimmung fehlen weiter zurückliegende Angaben), in der UdSSR hält sie noch an.

Tab. 4   Dauer der Strukturverschiebung zum tertiären Sektor (Länderbeispiele)

	primärer Sektor	Erwerbstätige sekundärer Sektor %	tertiärer Sektor
Deutsches Reich/Bundesrepublik Deutschland			
1876	50	30	20
1981	6	44	50
England und Wales			
1841	22	48	30
1932	7	42	51
UdSSR			
1946	50	26	24
1980	21	39	40

Quelle: J. DANGSCHAT u.a., 1985, S. 84

Mit dem Übergang zur Fabrikproduktion und der Zunahme der Bezugs- und Absatzverflechtungen kehrte sich der bis dahin vorwiegend von den Städten in den ländlichen Raum gerichtete sozioökonomische Austauschprozeß um. Städte und unmittelbar angrenzende Gemeinden wurden bevorzugte Gewerbe- und Industriestandorte, insbesondere verkehrsgünstig gelegene Städte mit bereits entwickeltem Handwerk, Handelseinrichtungen (Messen), Kapital und Infrastruktur, z.B. Köln, Frankfurt, Nürnberg und Leipzig. Dadurch wurde das vorindustrielle Wirtschafts- und Zentrensystem verfestigt. Auch die Montanindustrie wählte bevorzugt ältere Siedlungskerne, z.B. am Hellweg (einem alten Handelsweg) Duisburg, Mülheim, Essen, Wattenscheid, Bochum, Dortmund.

Während der frühindustriellen Phase nahmen jedoch Bevölkerung und Beschäftigung zunächst in den primär industriell geprägten Städten stärker zu als in Städten mit breiter Erwerbsgrundlage und meist höherer Erwerbsquote, wie z.B. Hamburg,

Frankfurt und München. Überwiegend durch die Textilindustrie gewachsene Städte, wie z.b. Barmen und Elberfeld (Wuppertal), blieben später jedoch zunehmend hinter jünger industrialisierten Städten (mit den damaligen Wachstumsbranchen Schwerindustrie und Maschinenbau) zurück, wie z.b. Dortmund.

Auch in den von Europäern besiedelten Ländern Nord- und Lateinamerikas, in Südafrika, Australien und Neuseeland mit heute ähnlichem Verstädterungsgrad und Entwicklungsstand wie in Europa führten wirtschaftliche Impulse, verbunden mit starker Einwanderung, zu einer starken Bevölkerungszunahme. Die schnell wachsenden Hafenstädte an der Ostküste der USA, Ankunftsorte der Einwanderer, waren z.b. im 19. Jahrhundert Innovationszentren moderner Technologie und die ersten Handels- und Gewerbezentren der USA.

Der enge Zusammenhang von Urbanisierung und wirtschaftlicher Entwicklung gilt heute weit weniger als zu Beginn der Urbanisierung im 18. und 19. Jahrhundert. Die Bevölkerung der Städte nimmt vor allem in Ländern mit geringem Entwicklungsstand und zunehmender Ungleichheit in der Einkommens- und Wohlstandsverteilung zu. Die Zuwachsrate von Bruttosozialprodukt und Beschäftigung liegt nicht nur weit unter der Verstädterungsrate, sie ist z.t. sogar negativ (Tab. 3). Urbanisierung ist hier weder in den Städten noch im ländlichen Raum mit einer Beschäftigungs- und Produktionszunahme und mit technologischer Entwicklung verbunden (wie in den Industrieländern im 19. Jahrhundert).

In Lateinamerika begann die wirtschaftliche Modernisierung um 1880 in Brasilien, Uruguay und Argentinien, etwas später in Chile und Kuba, bis zum Ersten Weltkrieg in den übrigen Ländern (G. SANDNER, H.-A. STEGER 1973, S. 63). Europäische und nordamerikanische Investitionen in die Rohstoffproduktion verfestigten die externe Abhängigkeit der Länder und die Verwaltungs- und Handelsfunktionen der Städte. Vor allem in Lateinamerika und im Orient waren Städte Zentren des Rentenkapitalismus.

In São Paulo waren z.B. 1893 (etwa 70 000 Einwohner) nur etwa 7 % der Beschäftigten in der Industrie tätig. Handel und Dienstleistungen waren auch noch bis in die 50er Jahre dieses Jahrhunderts die überwiegende Erwerbsgrundlage. Seither nahm die Industrietätigkeit stark zu, u.a. durch Ansiedlung von Zweigbetrieben internationaler Fahrzeugkonzerne (VW, Ford, General Motors) und von Zulieferbetrieben. 1980 waren hier etwa 60 % der Industrieproduktion Brasiliens konzentriert (10 % der Bevölkerung).

Eine frühe Verbindung von Urbanisierung und Industrialisierung (in der 2. Hälfte des 19. Jahrhunderts) gab es in Bombay, einem Knotenpunkt im Fernhandel Europa – Asien. Indisches Kapital, britische Maschinen und eine liberale Einfuhrpolitik begünstigten die starke Ausweitung der Baumwollspinnereien. Den wirtschaftlichen Niedergang Bombays, verbunden mit einem zeitweisen Bevölkerungsrückgang, leitete dann die britische Schutzzollpolitik ein.

In einer neueren Untersuchung wurden die bevölkerungs- und wirtschaftswissenschaftlichen Modelle des demographischen und des ökonomischen Übergangs auf Städte übertragen und an Städten in West- und Osteuropa überprüft (J. DANGSCHAT

Tab. 5 Demographische und ökonomische Entwicklungsphasen in europäischen Städten (Beispiele)

a. Demographische Entwicklung

	Übergangsphase Beginn	%	Ende	%	Dauer der Übergangsphase Jahre
Hamburg					
Geburtenrate	1878	39	1932	13	54
Sterberate	1878	25	1932	11	
London					
Geburtenrate	1843	31	1930	16	87
Sterberate	1843	25	1930	11	
Paris					
Geburtenrate	1854	31	1939	10	85
Sterberate	1854	30	1939	12	
Moskau					
Geburtenrate	1888	34	1966	11	78
Sterberate	1888	33	1966	9	

Quelle:: J. DANGSCHAT u.a., 1985, S. 103

b. ökonomische Entwicklung

	primärer Sektor	sekundärer Sektor %	tertiärer Sektor %	
Hamburg				
1867	4	44	52	Tertiärisierung
1871	4	41	55	stationäre Entwicklung
1895	4	43	53	Tertiärisierung
1924	2	35	63	Industrialisierung
1939	3	44	53	Tertiärisierung
1946	4	40	56	stationäre Entwicklung
1961	1	44	55	Tertiärisierung
1980	1	30	69	Tertiärisierung
London			—	
1951	0	40	60	Tertiärisierung
1978	0	27	73	Tertiärisierung
Paris			—	
1866	1	63	36	Tertiärisierung
1936	0	32	68	Industrialisierung
1954	0	38	62	Tertiärisierung
1975	0	27	73	Tertiärisierung
Moskau			—	
1965	0	39	61	Tertiärisierung
1980	0	33	67	Tertiärisierung

Quelle: Zusammengestellt nach J. DANGSCHAT u.a., 1985, S. 107–109, 114, 123

u.a. 1985). Die Abgrenzung von drei Stadtentwicklungsphasen: eine vorindustrielle („prätransformative") Phase, eine Übergangsphase („transformative" Phase) und eine postindustrielle („posttransformative") Phase erfolgt anhand demographischer und ökonomischer Indikatoren: Geburten- und Sterberate und Erwerbstätigenanteil im sekundären und tertiären Sektor (bereits im 19. Jahrhundert war der Anteil der Erwerbstätigen im primären Sektor in den Städten sehr gering). Als Beginn der Übergangsphase zwischen der vorindustriellen und der industriellen Stadtentwicklungsphase definieren die Autoren die langfristige Abnahme der Sterberate und einen Erwerbstätigenanteil von 64 % im sekundären und 32 % im tertiären Sektor, als Beginn der postindustriellen Stadtentwicklungsphase konstante niedrige Geburten- und Sterberaten und einen Erwerbstätigenanteil von 32 % im sekundären und 64 % im tertiären Sektor (S. 46–47). Die postindustrielle Stadtentwicklungsphase erreichte Paris 1958, Hamburg und London 1970 und Moskau 1971, nachdem z.T. mehrere Wirtschaftsphasen mit unterschiedlicher und wechselnder Wachstumsdynamik im sekundären und tertiären Sektor (Tertiärisierung, stationäre Entwicklung, d.h. parallele Entwicklung von sekundärem und tertiärem Sektor, und Industrialisierung) durchlaufen wurden (Tab. 5).

2.2.2   Zusammenhang von Urbanisierung und demographischer Entwicklung

Ein zweiter Erklärungsfaktor der Urbanisierung sind demographische Faktoren, insbesondere das Wanderungs- und das generative Verhalten. Die Bevölkerung der Städte (2.1.2) wird durch drei miteinander verbundene Größen bestimmt:

1. die *natürliche Bevölkerungsentwicklung* (Geburten und Sterbefälle),

2. *Wanderungen* (Zuzüge und Fortzüge durch Binnenwanderungen, internationale Wanderungen und Arbeitskräftewanderungen) und

3. *Eingemeindungen* (Veränderungen der Stadtgrenze). Eingemeindungen bzw. Veränderungen der Gemarkungsfläche beeinflussen ihrerseits wieder die Größen von natürlicher Bevölkerungsentwicklung und Wanderungen.

Über den Zusammenhang zwischen den demographischen Faktoren und der Verstädterung wurde bisher kaum systematisch gearbeitet. Auch Daten über den Anteil der demographischen Faktoren an der Bevölkerungsveränderung sind spärlich. Hypothesen können deshalb nur unzureichend überprüft werden. Geburtenrate und Wanderungen sind zudem nicht unabhängig voneinander. Da in der Urbanisierungsphase überwiegend jüngere Menschen in die Städte ziehen, ist dadurch die Geburtenrate höher als die Geburtenrate der ortsgebürtigen Bevölkerung allein.

Den Verstädterungsgrad (den Anteil der Bevölkerung in Städten) bestimmen Wanderungen stärker als Geburten, die Bevölkerungszunahme der Städte dagegen Geburten stärker als Wanderungen. Beide Größen beeinflussen in unterschiedlichem Maße die Verstädterung. Der Verstädterungsgrad ist z.B. in Indien weit geringer (1960 18 %, 1980 22 %) als in der Sowjetunion (49 bzw. 62 %), die durchschnittliche Bevölkerungszunahme der Städte jedoch in Indien aufgrund der höheren Geburtenrate höher als in der Sowjetunion (in den 70er Jahren 2,1 % bzw. 0,9 %).

2.2.2.1 Bevölkerungszunahme der Städte im 19. Jahrhundert durch starke Zuwanderung

In vorindustrieller Zeit mit einem Sterbe- oder nur geringem Geburtenüberschuß waren Zuwanderungen nicht nur eine Voraussetzung für eine wachsende, sondern selbst für eine stationäre Bevölkerung der Städte.

Bis in die 2. Hälfte des 19. Jahrhunderts blieb aber, bei abnehmender Sterberate in diesem Jahrhundert, ein Geburtenüberschuß der wichtigste Wachstumsfaktor der Städte in den Industrieländern (A. F. WEBER 1899, S. 283). LAUX vermutet jedoch, daß der Beitrag der natürlichen Bevölkerungszunahme zum Bevölkerungswachstum der Städte damals überschätzt wird, da

– ein erheblicher Teil der Geburten in den Städten auf zugewanderte Bevölkerung entfällt und

– die Fortzüge berücksichtigt werden müßten.

Um diese These zu überprüfen, hat H.-D. LAUX (1984) für die preußischen Städte mit mehr als 20 000 Einwohnern die Relation von natürlicher Bevölkerungszunahme und Zuzügen im Zeitraum 1875 bis 1905 berechnet. Er fand, daß damals durch tertiäre Tätigkeiten geprägte Städte einen deutlich höheren Wanderungsanteil an der Bevölkerungszunahme aufwiesen als durch sekundäre Tätigkeiten geprägte Städte (Tab. 6).

Tab. 6 Anteil der demographischen Faktoren an der Bevölkerungszunahme der Städte in Preußen 1875–1905

Städtetypen	natürliche Zunahme	%	Wanderungen
Handels- und Dienstleistungsstädte	27		73
Verwaltungs- und Garnisonsstädte	30		70
Bergbau- und Schwerindustriestädte	41		59
Textilindustriestädte	75		25
Berlin	33		67

Quelle: H.-D. LAUX, 1984, S. 96

Nicht nur die Erwerbsgrundlage und die wirtschaftliche Dynamik (frühe Industrialisierung, z.B. in Barmen, späte Industrialisierung in Gelsenkirchen), sondern auch die Lage im Siedlungssystem beeinflußte die Bevölkerungszunahme durch Geburten oder Zuwanderung. So waren in Charlottenburg, zum Erhebungszeitpunkt 1907 noch selbständige Gemeinde, strukturell aber Vor- und Teilstadt der Agglomeration Berlin, mehr als vier Fünftel der Bewohner zugezogen, in Barmen jedoch nur zwei Fünftel (Tab. 7).

Tab. 7   Herkunft der Bevölkerung in deutschen Städten 1907 (Beispiele)

	Berlin	Charlotten-burg	Gelsen-kirchen %	Barmen	München
Ortsgebürtige	41	19	39	62	41
Nahwanderer (1)	18	33	28	27	32
Fernwanderer	39	45	31	10	23
Ausländer	2	3	2	1	4
	100	100	100	100	100

(1) Zugezogene aus der gleichen Provinz oder dem gleichen Land, in Berlin aus der Provinz Brandenburg

Quelle: W. KÖLLMANN, 1974, S. 117−119

2.2.2.2 Bevölkerungszunahme der Städte in Schwellen- und Entwicklungsländern durch Zuwanderungen und hohe natürliche Zunahme

Die Urbanisierungsphase in den Schwellen- und Entwicklungsländern heute unterscheidet sich demographisch deutlich von der Urbanisierungsphase in den Industrieländern im 19. Jahrhundert:

1. durch die höheren Wachstumsraten der Bevölkerung
(4 bis 5 % gegenüber etwa 2 % in den europäischen Ländern in der Zeit ihres stärksten Wachstums)

2. durch die geringeren Unterschiede der natürlichen Bevölkerungszunahme zwischen städtischen und ländlichen Räumen

3. durch die niedrigeren Sterberaten und

4. durch den geringeren Wanderungsanteil der Bevölkerungszunahme.

In den Industrieländern war im 19. Jahrhundert die Geburtenrate relativ niedriger, die Sterberate relativ höher als in den Entwicklungsländern heute. Das Bevölkerungswachstum war dadurch vor allem von Zuwanderungen abhängig. Heute trägt dagegen in den Schwellen- und Entwicklungsländern die natürliche Bevölkerungszunahme stark zur Netto-Zuwanderung bei und erklärt die außerordentliche Zunahme von mehr als einer Million Menschen in einem Jahrzehnt in großen Städten wie z.B. in Mexiko Stadt, São Paulo, Kairo und Lagos.

In Lateinamerika sind die Wachstumsraten städtischer Bevölkerung (bis mehr als 5 % pro Jahr) weit höher als in Europa im 19. Jahrhundert. Auch der Geburtenüberschuß ist höher, da die Geburtenraten höher sind und die Sterberaten niedriger und stärker abnehmend. Der Geburtenanteil an der Bevölkerungszunahme der Städte liegt zwischen 30 und 65 %, in den Industrieländern heute zwischen 10 und 40 %.

Der Geburtenanteil an der Bevölkerungszunahme steigt vor allem durch junge zugewanderte Bevölkerung. Dies läßt Tab. 8 z.B. für Mexiko Stadt, Bombay und Singapur erkennen. Ein weiteres Beispiel ist Santiago de Chile. Hier beruhte die erste

Phase stärkerer Bevölkerungszunahme (1875 bis 1895) primär auf Einwanderungen aus Europa, die zweite Phase (nach dem Ersten Weltkrieg und in den 50er Jahren) auf Zuwanderungen aus dem ländlichen Raum (H. WILHELMY, A. BORSDORF 1984, S. 176), die dritte, jüngste Phase auf Geburtenüberschuß.

Tab. 8   Anteil der demographischen Faktoren an der Bevölkerungszunahme der Städte (Beispiele)

Städte	Zeitraum	natürliche Zunahme %	Zunahme durch Wanderungen	
in Industrieländern				
Inner London	1951–1961	100	−200	(1)
	1961–1971	43	−143	(1)
Rom	1880–1890	11	89	(2)
	1978	55	45	(3)
Neapel	1880–1890	74	26	(2)
	1978	100	0	(3)
in sozialistischen Ländern				
Warschau	1960–1970	15	85	(4)
	1970–1974	24	76	(4)
in Schwellen- und Entwicklungsländern				
Mexiko Stadt	1940–1950	31	69	(3)
	1960–1970	62	38	
Lagos	1952–1962	25	75	(5)
Nairobi	1969–1972	28	72	(6)
Istanbul	1960–1965	35	65	(5)
Bombay	1901–1911	− 58	158	
	1931–1941	1	99	
	1951–1961	48	52	(5)
Singapur	1931–1947	47	53	(8)
	1957–1970	95	5	
Beijing	1980	70	30	(9)

Quellen: (1) GREATER LONDON COUNCIL, (2) A. F. WEBER, 1899, (3) P. WHITE, 1984, (4) R. DOMANSKI, 1981, (5) B. J. L. BERRY, 1973, (6) K. VORLAUFER, 1984, (7) H. NISSEL, 1977, (8) C. SEEN-KONG, 1983, (9) W. TAUBMANN, 1986.

In Afrika erfolgte die demographische Differenzierung weitaus später als in Lateinamerika und in Asien. Die Bevölkerungszunahme, insbesondere in den ostafrikanischen Städten, wurde bis in die 70er Jahre überwiegend durch Zuwanderungen aus dem ländlichen Raum bestimmt. In Nairobi, mehr noch in Daressalam und Lusaka, sind die weitaus meisten Erwachsenen zugezogen bzw. die hier Geborenen noch überwiegend Kinder. Erst in der folgenden Generation wird der Geburtenüberschuß zu einer wichtigen Größe (A. O'CONNOR 1983, S. 53). In großen westafrikanischen Städten, z.B. in Dakar, Abidjan und Accra, wurde schon früher die Bevölkerungszunahme stärker vom Geburtenüberschuß als von Wanderungen bestimmt. Aber auch hier nimmt der Anteil der natürlichen Bevölkerungszunahme zu und der Anteil der Zuwanderungen ab. Auch der Anteil in den Städten Geborener ist höher als in Ostafrika.

In der Urbanisierungsphase ist das Wanderungsvolumen (Zuzüge und Fortzüge) in den Städten insgesamt weit größer als der Wanderungssaldo, vor allem die Brutto-wanderungsraten (Wanderungen je 1 000 Einwohner) sind weit höher als heute (vgl. P. WHITE 1984, S. 61). Die Wanderungssalden verdecken erhebliche Fortzüge (Stadt-Land- und zwischenstädtische Wanderungen). Fortzüge erreichen bis mehr als 80 % der Zuzüge. Dazu drei Beispiele, zwei aus Industrieländern um die Jahrhundert-wende, ein Beispiel aus einem Entwicklungsland aus den 70er Jahren:

1. Die Bevölkerung *Berlins* nahm von 1880 bis 1890 um 0,46 Mio., von 1900 bis 1910 nur um 0,18 Mio. Einwohner zu, bei einem vielfach höheren Wanderungsvolumen: 2,74 Mio. Wanderungen (1,58 Mio. Zuzüge, 1,16 Mio. Fortzüge) bzw. 4,85 Mio. (2,60 Mio. Zuzüge, 2,25 Mio. Fortzüge),

2. Die Bevölkerung *Bostons* nahm von 1880–1890 um 65 000 Einwohner zu bei ins-gesamt etwa 1,5 Mio. Zu- und Fortzügen (D. LANGEWIESCHE 1977, S. 4 und 13).

3. Von den 509 000 Bewohnern *Nairobis* 1969 waren 123 000 (24 %) in Nairobi ge-boren und 386 000 (76 %) zugezogen, 1979 von 828 000 Bewohnern 212 000 (26 %) hier geboren und 616 000 (74 %) zugewandert, von den über 15jährigen sogar 95 %. Etwa 500 000 Erwachsene waren zugewandert (A. O'CONNOR 1983, S. 58). Auch in Nairobi war in der frühen Urbanisierungsphase die Rückwanderung hoch, die Un-terscheidung zwischen Brutto- und Nettowanderung wichtig. 1969 betrug bei einer Binnenwanderung von 637 800 Personen (334 200 Zuwanderer, 303 600 Abwande-rer) die Nettowanderung nur 30 600, 1979 bei ähnlich großer Binnenwanderung (657 300 Personen) jedoch 474 100, da nicht nur die Zuwanderung nach Nairobi zu-genommen (565 700 Personen), sondern auch die Abwanderung stark abgenommen hat (91 600 Personen) (Tab. 9).

Tab. 9   Herkunft der Bevölkerung in Nairobi 1969 und 1979

		1969		1979
			1 000	
Ortsgebürtige		123		212
Zuwanderer		386		616
davon aus Kenya	334		566	
aus dem Ausland	52		50	
Bevölkerung von Nairobi		509		828

Quelle: K. VORLAUFER, 1984, S. 234

Zu Wanderungen in die Hauptstadt veranlassen mehrere Gründe, u.a. die Hoffnung auf bessere Arbeits- und Lebensbedingungen sowie Bildungseinrichtungen, offenere

Sozialstrukturen und geringere Abhängigkeit von sozialen Normen in der Großstadt. Gründe der zunehmenden Rückwanderung in den ländlichen Raum und kleinere Zentren sind nicht erfüllte Hoffnungen, Arbeitslosigkeit, Krankheit, Alter,
Landrechte und Landbesitz sowie verbesserte Lebensbedingungen im ländlichen
Raum, u.a. Schulen und Gesundheitseinrichtungen.

2.2.2.3 Internationale Wanderungen in Städte

Außerhalb Europas verstärkten große Einwandererströme die Zuzüge in die Städte
in der Urbanisierungsphase, z.b. im 19. Jahrhundert aus Europa in die Hafenstädte
Nord- und Lateinamerikas, Südafrikas, Australiens und Neuseelands, in diesem
Jahrhundert aus China in die großen Städte Südostasiens und große Arbeitskräftewanderungen aus Indien und Nordafrika in die Städte der arabischen Golfländer. Die
Wanderungsströme unterscheiden sich ethnisch, sozial und kulturell. Im Unterschied zu den Einwanderern aus Nord-, West- und Mitteleuropa beginnen die meisten Einwanderer aus Süd-, Ost- und Südosteuropa – Angehörige ethnischer Minoritäten und Zuwanderer aus dem ländlichen Raum – in der Regel am unteren Ende
der Berufs- und Einkommenshierarchie. Räumlicher Ausdruck der sozialen Stellung
sind wachsende Ghettos, Minoritätenviertel, Slums und Marginalsiedlungen in den
Zuwanderungsgebieten, meist große Städte und Verdichtungsräume.

In Nordamerika (mit Ausnahme von Wanderungen in die Städte des Nordostens aus
den Südstaaten, aus Mittel- und dem nördlichen Südamerika), in Australien und
Neuseeland blieb die Bevölkerungsentwicklung der Städte immer stärker durch Einwanderungen bestimmt als durch Binnenwanderungen. Für lateinamerikanische
Städte galt die Dominanz der Einwanderungen nur für die Frühphase der Urbanisierung. Nachdem hier in der Kolonialzeit die Bevölkerung der Städte fast ausschließlich durch Geburtenüberschuß zugenommen hatte, stieg im 19. Jahrhundert der Anteil der Wanderungen an der Bevölkerungszunahme, zuerst aus Übersee, später zunehmend aus dem Binnenland.

Die Beispiele sollten zeigen, daß die wirtschaftliche und die demographische Entwicklung wichtige, wenn auch nicht voneinander unabhängige Erklärungsfaktoren
der starken Bevölkerungszunahme in der Urbanisierungsphase sind. Viele Wanderungsentscheidungen sind primär ökonomisch motiviert. Die wirtschaftliche Entwicklung erfaßte in den Industrieländern alle Sektoren, auch die Landwirtschaft. In
den gering entwickelten Ländern heute ist die Urbanisierung dagegen vor allem mit
einer Ausweitung des tertiären Sektors der Städte, der formellen und der informellen
Tätigkeiten, verbunden. In der vorindustriellen Stadtentwicklungsphase waren
Wanderungen Voraussetzung für eine Bevölkerungszunahme, in der Urbanisierungsphase Wanderungen und Geburtenüberschuß, in Europa und Japan vor allem
Binnenwanderungen, in den von Europäern besiedelten Ländern in Amerika, Australien und Neuseeland Einwanderungen. In der Spätphase der Urbanisierung steigt
wieder der Anteil der Geburten an der Bevölkerungszunahme der Städte.

Zwischen den Gründen der Zuwanderung in europäische Städte im 19. Jahrhundert
und in Städte der Schwellen- und Entwicklungsländer heute bestehen grundlegende

Unterschiede. Im 19. Jahrhundert entstanden in den Industrieländern neue Arbeitsplätze in der sich ausweitenden und differenzierenden Stadtwirtschaft (in Gewerbe, Industrie, Handel und Dienstleistungen). Bewohner des ländlichen Raumes gingen in die Städte, wenn sie in der sich gleichfalls entwickelnden Landwirtschaft keine Beschäftigung mehr fanden oder die Leistungen und Chancen der Stadt nutzen wollten (vgl. P. SCHÖLLER 1985, S. 286). Auch damals veranlaßten Not, Mangel an Boden, fehlende Beschäftigungsmöglichkeiten und starre Sozialstrukturen zum Fortzug aus dem ländlichen Raum. Die Städte boten jedoch anders als heute reale Hoffnungen auf bessere Lebensbedingungen und Arbeitsplätze. Träume und Wünsche sind stärker als abschreckende Berichte über die großen Städte. Aufgrund der Attraktivität der großen Städte können in sozialistischen Ländern selbst Zuwanderungsbeschränkungen (Aufenthalts- und Arbeitsgenehmigungen) die Zuwanderung nicht verhindern.

3 Suburbanisierungsphase

Berichte über Vororte (Suburbs) am Rande und außerhalb der Städte gibt es schon in frühester Stadtgeschichte (vgl. D. N. ROTHBLATT, D. J. GARR 1986). Bei Städten, die durch Mauern, Wälle, Gräben geschützt und abgegrenzt waren, bedeutete der Wohnstandort „vor der Stadt" durchweg soziale Ausgliederung oder Diskriminierung. Nachdem die Kriegstechnik solche Schutzfunktionen überflüssig gemacht hatte, konnten städtische Siedlungen sich ausdehnen. Suburbanisierung bezeichnet einen erst Ende des 19. Jahrhunderts in den Industrieländern verstärkt einsetzenden Prozeß der Besiedlung des Umlandes der Kernstädte, zunächst nur durch bestimmte soziale Gruppen, der zunehmend das Wachstum der Verdichtungsräume trägt.

In der frühindustriellen *Urbanisierungsphase* mit starker und zunehmender *Konzentration* von Bevölkerung und Wirtschaft setzten in den USA um 1830, in Europa etwas später, räumlich eng begrenzte selektive *Dezentralisierungsprozesse* in den größeren Städten ein. Zuerst zogen gut verdienende und wohlhabende Haushalte aus der Innenstadt an den Rand der zuvor scharf begrenzten Stadt, während die Arbeitsplätze und Tätigkeiten in der Stadt blieben und die Nutzungsdichte und -mischung weiter zunahm. Später, mit dem Ausbau der Verkehrswege, zogen auch Mittel- und Unterschichthaushalte in die Vorstädte und Vororte.

3.1 Abgrenzungsprobleme

3.1.1 Zum Begriff Suburbanisierung

Der Begriff „Suburbanisierung" wird in der Literatur nicht eindeutig und einheitlich gebraucht. Mit Suburbanisierung werden z.B. bezeichnet

- „*alle* Verlagerungen und Neugründungen von Haushalten und Betrieben außerhalb der Kernstadt" ..., „sofern sie nur funktional mit der Kernstadt eng verflochten bleiben" (G. HEINRITZ, D. KLINGBEIL 1984, S. 41).

- „Verlagerung von Nutzungen und Bevölkerung aus der Kernstadt, dem ländlichen Raum oder anderen metropolitanen Gebieten in das städtische Umland bei gleichzeitiger Reorganisation der Verteilung von Nutzungen und Bevölkerung in der gesamten Fläche des metropolitanen Gebiets" (J. FRIEDRICHS 1977, S. 170).

- die „Zunahme des Anteils der Umlandgemeinden an Bevölkerung, Arbeitsstätten oder Beschäftigten an der Region" (J. FRIEDRICHS 1978, S. 21).

Hierbei auftretende Fragen nach dem Raum „außerhalb der Kernstadt", der „funktional engen Verflechtung", den „Umlandgemeinden", dem „städtischen Umland", dem „metropolitanen Gebiet", der „Region" sollen in diesem Studienbuch, da es keine allgemein akzeptierte Abgrenzung und Gliederung der Verdichtungsräume

gibt und auch keine allgemein akzeptierte Definition der Suburbanisierung, pragma-
tisch in Anlehnung an neuere Arbeiten beantwortet werden (vgl. H. HEINEBERG
1986, S. 6):

1. *Suburbanisierung* wird verstanden als die *innerregionale Dekonzentration von Bevölkerung und Beschäftigung*, gemessen durch die Zunahme des Anteils der Bevölkerung im Umland (= suburbaner Raum) an der gesamten Bevölkerung und Beschäftigung im Verdichtungsraum (= Region) und Abnahme des Anteils der Kernstadt (vgl. G. TÖNNIES 1981, S. 30 nach E. KITAGAWA, J. D. BOGUE 1955, S. 18).

Die Suburbanisierungsphase (Unterphasen 3 und 4 in Abb. 51) beginnt statistisch
also nicht schon mit der Zunahme von Bevölkerung und/oder Beschäftigung im Umland, sondern erst mit der Verlagerung des Wachstumsschwerpunktes von der Kernstadt in das Umland.

2. *Kernstadt* und *Umland* bilden zusammen den *Verdichtungsraum*. Beide Teilräume
können aus jeweils mehreren politisch-administrativen Raumeinheiten bestehen,
z.B. Kreise, Gemeinden, „counties":

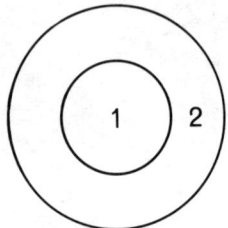

1   Kernstadt/Kernstädte
     (politisch-administrative Raumeinhei-
     ten, verändert durch Eingemeindungen,
     selten Ausgemeindungen)

2   Umland
     (politisch-administrative Raumeinhei-
     ten; der Raum außerhalb der Kernstadt/
     Kernstädte)

1+2 Verdichtungsraum
     (landesspezifische politische, wissen-
     schaftliche oder statistische Abgrenzun-
     gen)

Abb. 8   Gliederung der Verdichtungsräume

Gestalt und Größe der Verdichtungsräume und der Teilräume sind sehr unterschiedlich, wie Beispiele in diesem Studienbuch zeigen, Abb. 19 (London), 20 (Paris), 22
(Tokyo), 23 (Moskau), 24 (Budapest), 25 (Istanbul), 26 (Bombay), 49 (New York).
Die Außengrenze und die Gliederung in Kernstadt und Umland wird durch politische, wissenschaftliche oder statistische Abgrenzungen bestimmt, die sich auf unterschiedliche Regionalmodelle beziehen, z.B. in der Bundesrepublik auf die Abgrenzung der „Stadtregion", ein Modell von BOUSTEDT (Abb. 63), in den USA auf die
Abgrenzung der „Standard Metropolitan Statistical Area" (SMSA), seit 1983 der
„Metropolitan Statistical Area" (MSA) (Abb. 66), ein Modell einer Arbeitsgruppe
von Statistikern und Verwaltungsfachleuten. Für solche amtlichen Abgrenzungen
weist die amtliche Statistik meist auch Daten (der Volkszählungen) aus (vgl. Tab. 10).

Tab. 10   Bevölkerungsanteil außerhalb der größten Kernstadt in ausgewählten Verdichtungsräumen um 1980 (Beispiele)

Verdichtungsraum	Land	Jahr	Stadtgebiet (Kernstadt)	Verdichtungs- raum	Bevölkerung außerhalb der Kernstadt (Umland)
			1	2	2−1
			1 000		%
Industrieländer					
Manchester	Großbritannien	1981	449	2 624	83
Boston	USA	1980	563	2 763	80
Paris	Frankreich	1982	2 183	8 510	74
London	Großbritannien	1981	2 497	6 696	63
Los Angeles	USA	1980	2 967	7 478	60
Chicago	USA	1980	3 005	7 102	58
Stockholm	Schweden	1982	649	1 398	54
New York	USA	1980	7 071	9 120	22
Marseille	Frankreich	1982	879	1 080	19
Sozialistische Länder					
Belgrad	Jugoslawien	1981	1 145	1 580	28
Leningrad	UdSSR	1982	4 202	4 719	11
Bukarest	Rumänien	1981	1 787	1 929	7
Moskau	UdSSR	1982	8 111	8 301	2
Schwellen- und Entwicklungsländer					
Buenos Aires	Argentinien	1980	2 908	10 796	73
Kalkutta	Indien	1981	3 292	9 166	64
Beijing	China	1982	3 620	9 230	61
Lissabon	Portugal	1981	812	2 062	61
Kairo	Ägypten	1980	5 500	14 200	61
Accra	Ghana	1980	1 176	1 575	25
Santo Domingo	Domin. Republik	1981	1 318	1 556	15
Delhi	Indien	1981	4 865	5 714	14

Quelle: STATISTISCHES BUNDESAMT

Nur detaillierte Studien, z.B. im Raum Hamburg (Abb. 65), können die strukturellen Unterschiede der beiden Raumkategorien unabhängig von der zufälligen politisch-administrativen Gliederung aufzeigen. Für viele Räume gibt es mehrere, selbst mehrere amtliche Abgrenzungen, die zu widersprüchlichen Aussagen führen können. Die Bevölkerungsangabe für Paris in Tab. 10 bezieht sich auf die „Agglomération Parisienne", in Tab. 19 auf die „Ile-de-France". In der Agglomération Parisienne nahm die Bevölkerung von 1975 bis 1982 um 0,5 % ab, in der Ile-de-France dagegen im gleichen Zeitraum um 2 % zu.

Die innerregionalen Veränderungen erfolgen durch Randwanderungen (Verlagerungen aus der Kernstadt in das Umland), durch unterschiedliche Geburten- und Sterberaten in Kernstadt und Umland, durch Stillegungen vor allem in der Kernstadt und Ansiedlungen von Industrie, Handel und Dienstleistungen im Umland (Zuzüge, Neugründungen, Erweiterungen). Sie sind verbunden

1. mit einer *Reorganisation der Flächennutzung in der Kernstadt*, u.a. mit
– funktionaler und sozialer Segregation
   (Tätigkeiten und Bevölkerungsgruppen werden durch freiwillige oder erzwungene Verlagerungen und Wanderungen räumlich getrennt),
– Nutzungsdifferenzierung und -spezialisierung
   (u.a. der Produktion und Distribution, des Groß- und Einzelhandels, der Transporttätigkeiten, Banken, Versicherungen, Verwaltung und Kultur) und dem
– Ausweis bestimmter Nutzungszonen
   (u.a. für Industrie, Gewerbe, Wohnungen, Versorgung, Verkehr, Erholung, Freizeit).

2. mit einer relativ stärkeren *Ausweitung der Siedlungsfläche* als der Zunahme von Bevölkerung und Beschäftigung

3. mit einer Zunahme und *Ausweitung der* innerregionalen und interregionalen *Raumbeziehungen und Verflechtungen* und

4. mit einer *Abnahme der Bevölkerungsdichte* in der Innenstadt.

3.1.2 Der Einfluß von Flächenänderungen auf die Größe des suburbanen Raumes

3.1.2.1 Flächenausweitung der Kernstadt durch Eingemeindungen

Statistisch werden Suburbanisierungsprozesse meist nur sichtbar, wenn die Siedlungs- und Wirtschaftsentwicklung über die Kernstadt hinausgeht. Die Schwierigkeit der Erfassung zeigt die Flächenausweitung der Stadt Leipzig seit 1830 (Abb. 9). 1830 wurde die Gemarkungsfläche durch Eingemeindung des engeren Umlandes (Raum B) in die mittelalterliche Stadt A (Altstadt) auf 17 km² vergrößert. 1890/91 kam eine weitere Umlandzone (Raum C) hinzu, 1919 bis 1938 die westliche und östliche Randzone (Raum D). Seither blieb die Gemarkungsfläche unverändert (141 km²). 1830 umfaßte die Kernstadt die Räume A + B, 1891 nach Eingemeindung eines Teils des Umlands A bis C, seit 1938 A bis D. Das Ausmaß der Suburbanisierung wird durch Eingemeindungen und die Verschiebung der Innen- und Außengrenze des suburbanen Raumes verdeckt.

Ein erheblicher, von Stadt zu Stadt unterschiedlicher Anteil der Veränderungen von Bevölkerung und Beschäftigung geht allein auf Eingemeindungen und Flächenveränderungen zurück. Sie erfolgen in allen Phasen der Stadtentwicklung, in der Urbanisierungs- wie in der Suburbanisierungsphase, und mindern statistisch, nicht tatsächlich, Urbanisierung bzw. Suburbanisierung. Durch die kommunale Neuordnung, z.B. die Eingemeindung von Umlandgemeinden oder -kreisen, verschiebt sich die Bevölkerungs- und Beschäftigungsrelation zwischen Kernstadt und Umland (Abgrenzungsmerkmal der Urbanisierung und Suburbanisierung) und die statistisch ausgewiesene demographische und sozioökonomische Struktur. Tatsächlich hat sich aber nichts geändert. Verzerrungen durch Gebietsänderungen sind nur vermeidbar, wenn Zeitreihen sich auf denselben Gebietsstand beziehen, was aber eher die Ausnahme ist und in der Literatur zu wenig beachtet wird.

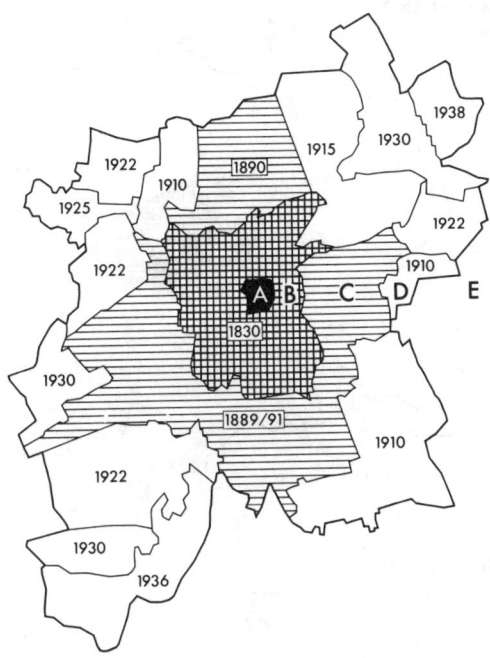

Abb. 9
Entwicklung der Gemarkungsfläche von Leipzig 1830 (17 km²) – 1938 (141 km²)
(G. SCHULZE, 1964, S. 383)

Zur Flächengröße und -veränderung antiker Städte gibt es wie zur Bevölkerung nur widersprüchliche Angaben. Uruk in Mesopotamien hatte innerhalb der 9,5 km langen Stadtmauer eine Fläche von etwa 8 km² (nach anderen Quellen 5,5 km²), die aber nur z.T. bebaut war. Sie diente auch Großmärkten, Karawanenlagern und der Zuflucht in Kriegszeiten. Die übrigen sumerischen Städte waren weit kleiner, etwa 0,75 bis 1,5 km². Rom, innerhalb der im Jahre 282 fertiggestellten aurelischen Mauern, und Byzanz, im 5. Jahrhundert, waren etwa gleich groß, etwa 14 km².

Bis in die zweite Hälfte des 19. Jahrhunderts wurde die räumliche Ausweitung und Entwicklung älterer Städte durch Mauern und Befestigungen behindert. Sie beeinflußten die Dichte und Höhe der Bebauung.

Ende des 19. Jahrhunderts entfiel in Deutschland im Durchschnitt knapp ein Viertel der Bevölkerungszunahme in den 37 Großstädten auf Eingemeindungen, in Berlin (Abb. 10) jedoch nur ein Dreißigstel, in Köln dagegen mehr als die Hälfte (Abb. 11). Die Abb. 10 bis 12 (Berlin, Köln, Ruhrgebiet) zeigen sehr unterschiedliche Anpassungen des politisch-administrativen Raumes an den Siedlungs- und Wirtschaftsraum.

Erst nach dem Ersten Weltkrieg erfolgte in Berlin (Abb. 10) eine Anpassung der Verwaltungsfläche an die Siedlungsfläche, nachdem noch 1911 der Zweckverband Groß-Berlin gegründet worden war mit den selbständigen Gemeinden Charlottenburg,

a. 1841-1945

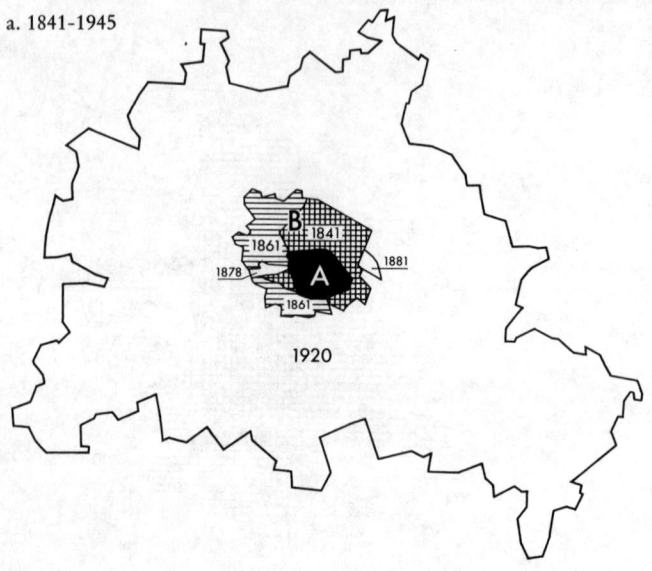

b. 1841-1881

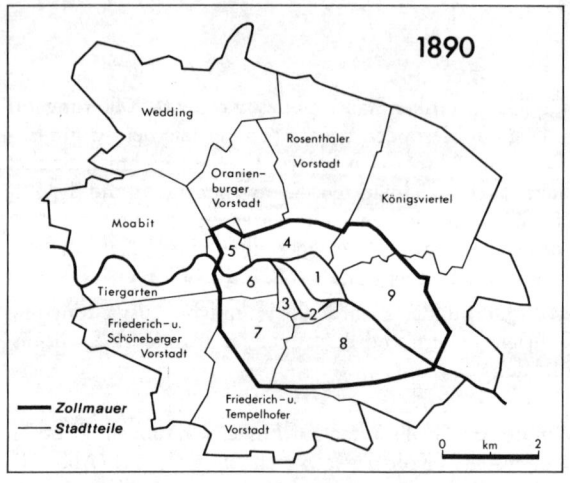

1 Berlin
2 Altkölln, Neukölln
3 Friedrichswerder
4 Spandauer Viertel
5 Friedrich-Wilhelm Stadt
6 Dorotheenstadt
7 Friedrichstadt
8 Innere und Äußere Luisenstadt
9 Stralauer Viertel

Abb. 10   Entwicklung der Gemarkungsfläche von Berlin 1841 (35 km²) – 1920 (878 km²) (H. J. SCHWIPPE, 1983, S. 256)

Neukölln, Schöneberg, Wilmersdorf, Köpenick, Lichterfelde, Spandau, 56 Dörfern und 29 Gutsbezirken. Durch das „Gesetz über die Bildung der Einheitsgemeinde Groß-Berlin" nahm die Stadtfläche von 66 auf 880 km² zu.

Abb. 11 zeigt die nahezu konzentrische Flächenausweitung der Stadt Köln um den römischen Kern, Abb. 12 das bandartige Zusammenwachsen von sechs Kernstädten des Ruhrgebietes im Zeitraum von etwa 100 Jahren.

Das Ruhrgebiet blieb von einer Provinzialgrenze durchschnitten und ist bis heute keine Planungs- und Verwaltungseinheit.

Während sich in die „offene Bürgerstadt", der Stadttypus des frühen 19. Jahrhunderts, die „industrielle Teilstadt" eingliederte, entstand im Ruhrgebiet wie in anderen Industriegebieten ein anderer Stadttypus: die Stadt als primärer Industriestandort mit Wohn- und lokalen Versorgungsfunktionen.

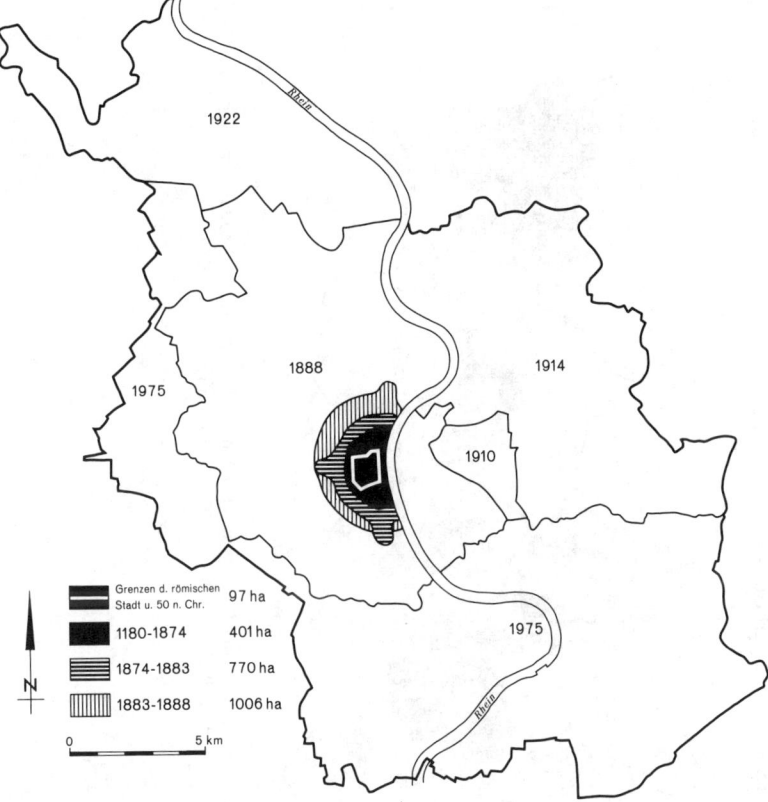

Abb. 11   Entwicklung der Gemarkungsfläche von Köln etwa 50 n. Chr. (0,97 km²) — 1977 (405 km²) (STADT KÖLN)

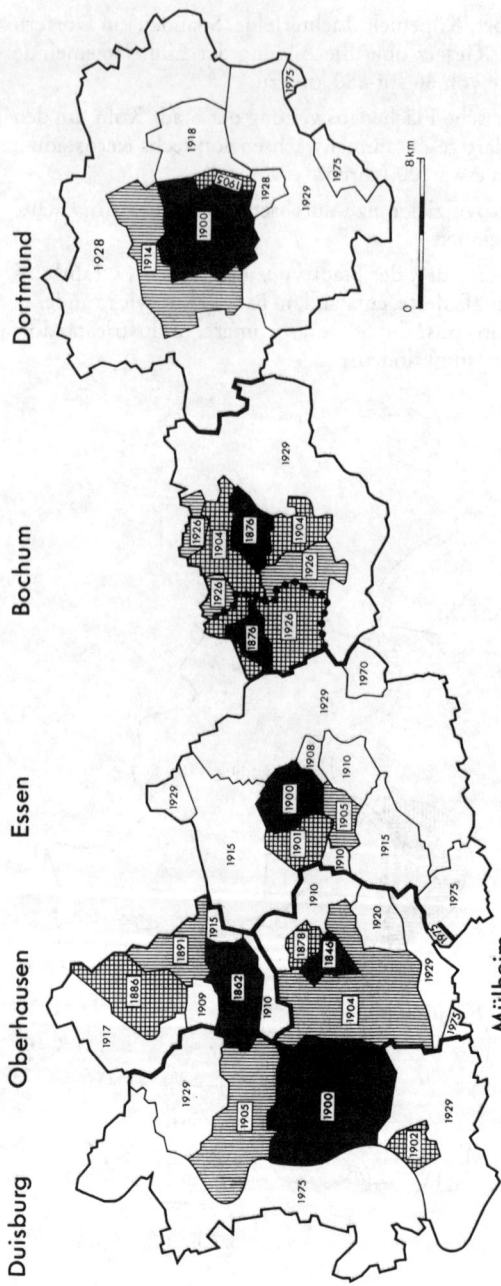

Abb. 12   Entwicklung der Gemarkungsflächen der Ruhrgebietsstädte Duisburg, Oberhausen, Mülheim/Ruhr, Essen, Bochum und Dortmund bis 1980 (P. WIEL, 1970 und Auskünfte der Städte)

Eingemeindungen in Abb. 12 (km²)

Duisburg

Jahr		km²
1874 (1)		37,5
1902	+ 2,7	40,2
1905	+30,4	70,6
1929	+72,7	143,3
1975	+89,7	233,0
1980		233,0

(1) seit 1874 kreisfrei

Oberhausen

Jahr		km²
1862 (1)		13,1
1910	+ 3,6	16,7
1915	+ 6,8	23,5
1929 (2)	+53,5	77,0
1980		77,0

(1) seit 1901 kreisfrei
(2) Eingemeindung von Sterkrade (hier Eingemeindungen 1886, 1891, 1909, 1917)

Essen

Jahr		km²
1873		8,9
1897–98	+ 1,1	10,0
1901	+ 9,4	19,4
1905	+ 6,0	25,4
1908	+ 2,9	28,3
1910	+11,0	39,3
1915	+58,2	97,5
1929	+91,0	188,5
1970	+ 6,2	194,7
1975	+15,4	210,1
1980		210,1

(1) seit 1873 kreisfrei

Bochum

Jahr		km²
1876 (1)		6,2
1904	+21,2	27,4
1926	+23,2	50,6
1929	+70,8	121,4
1975 (2)	+24,0	145,4
1980		145,4

(1) seit 1876 kreisfrei
(2) Eingemeindung von Wattenscheid (hier Eingemeindungen 1876, 1926)

Dortmund

Jahr		km²
1875 (1)		
1900		27,7
1905	+ 3,1	30,8
1914	+24,7	55,5
1918	+19,4	74,9
1928	+111,8	186,7
1929	+ 84,8	271,5
1975	+ 8,3	279,8
1980	+ 0,4	280,2

(1) seit 1875 kreisfrei

Mülheim

Jahr		km²
1846 (1)		3,7
1878	+ 4,3	8,0
1904	+48,6	56,6
1910	+13,6	70,2
1920	+ 8,3	78,5
1929	+ 9,7	88,2
1975	+ 3,0	91,2
1980		91,2

(1) seit 1904 kreisfrei

Industrie und Werkskolonien wurden im Ruhrgebiet ohne Rücksicht auf Verwaltungsgrenzen errichtet. Da die Wirtschaft großen Einfluß auf die Eingemeindungspolitik nahm, kam es hier zu erheblichen Auseinandersetzungen zwischen Städten und Landkreisen (vgl. G. ROJAHN u.a. 1984, S. 80).

Bereits seit dem Hochmittelalter entstanden direkt außerhalb der Stadtmauern, noch auf städtischer Gemarkung, einfache Unterkünfte für niedere Stände, störende Gewerbebetriebe und Infrastruktureinrichtungen, z.B. Schlachthöfe. Diese Vorstädte wurden im 19. Jahrhundert im Zuge der Entfestigung und Stadterweiterung in die Stadt einbezogen. Vororte außerhalb der Gemarkung wurden meist erst mit dem Ausbau öffentlicher Verkehrsmittel Ende des 19. Jahrhunderts eingemeindet. Stadtfläche und Siedlungsraum waren bis dahin insgesamt relativ konstant und kompakt. Noch bis weit in das 19. Jahrhundert erfolgten Siedlungserweiterungen innerhalb des Stadtgebietes und innerhalb der Befestigungsanlagen, die z.T. mehrfach hinausgeschoben wurden. Viele Städte verfügten zu Beginn des 19. Jahrhunderts noch über beträchtliche innerstädtische Freiflächen. „Voraussetzung für das Ausgreifen der Besiedlung auf die Feldflur war die Erschöpfung der Baulandreserven innerhalb der Mauern" (C. ENGELI 1983, S. 49).

Vor Beginn der großen Eingemeindungen betrug die Gemarkungsfläche der größten deutschen Städte zwischen 5 und 30 km^2, die Feldflur im Schnitt etwa 20 km^2 (O. LANDSBERG 1912, S. 94 ff), die innerstädtische Fläche umfaßte zwischen 0,2 und 2 km^2 (nach der preußischen Städteordnung von 1831 gehörte zum Stadtgebiet auch die Feldflur oder Feldmark) (C. ENGELI 1983, S. 49). Innerhalb der Stadtmauern waren Bevölkerungs- und Nutzungsdichte sehr hoch trotz der überwiegend ein- und zweistöckigen Bebauung und der vielen kleinen Hofgärten mit Obst, Gemüse, Beeren und Heilkräutern. Köln konnte z.b. mit der sehr großen Altstadt (Ende des 12. Jahrhunderts etwa 4 km^2) wesentlich mehr Bevölkerung innerhalb der Stadtmauern aufnehmen als andere Städte, (z.B. Frankfurt mit damals 0,4 km^2) (vgl. Abb. 11).

Die erste, räumlich noch sehr begrenzte Siedlungsausweitung am Rande der Kernstadt ist statistisch kaum belegt. Fast alle Stadtmauern und Befestigungsanlagen (Tore, Wälle, Gräben) wurden in der Frühphase der Suburbanisierung im 19. Jahrhundert geschleift und eingeebnet, z.B. in Frankfurt 1804–1812, in Berlin 1867, in Köln 1875, in Straßburg 1876. Die Befestigungsanlagen blieben gut sichtbare bauliche, ökonomische und soziale Grenzen zwischen Altstadt und Vorstädten. Auf der unbebauten Fläche vor Mauer und Graben (Glacis) entstanden breite Ringstraßen mit Parkanlagen, Promenaden und Plätzen (Stern-, Kreuz-, Rundplätze), in Deutschland z.b. in Münster, Köln, Mainz, Frankfurt und Mannheim sowie Prachtstraßen mit Repräsentationsbauten in Bremen, Hamburg, Braunschweig, Königsberg, Düsseldorf, z.T. mit Wassergräben. Stadtmauern und Tore blieben z.T. stehen, so in Nürnberg, oder wurden, wie in Köln, in die Gestaltung der Grünanlagen und Plätze einbezogen. Die Torbereiche wurden häufig Ansatzpunkte der vorstädtischen Besiedlung und Stadterweiterung. Auch in anderen europäischen Staaten entstanden nach Abriß der Befestigungsanlagen breite Ringstraßen mit Parkanlagen, Promenaden und Plätzen, z.B. in Brüssel, Paris, Wien und Moskau (innere und äußere Boulevards) und Prachtstraßen, z.B. in Kopenhagen und Amsterdam.

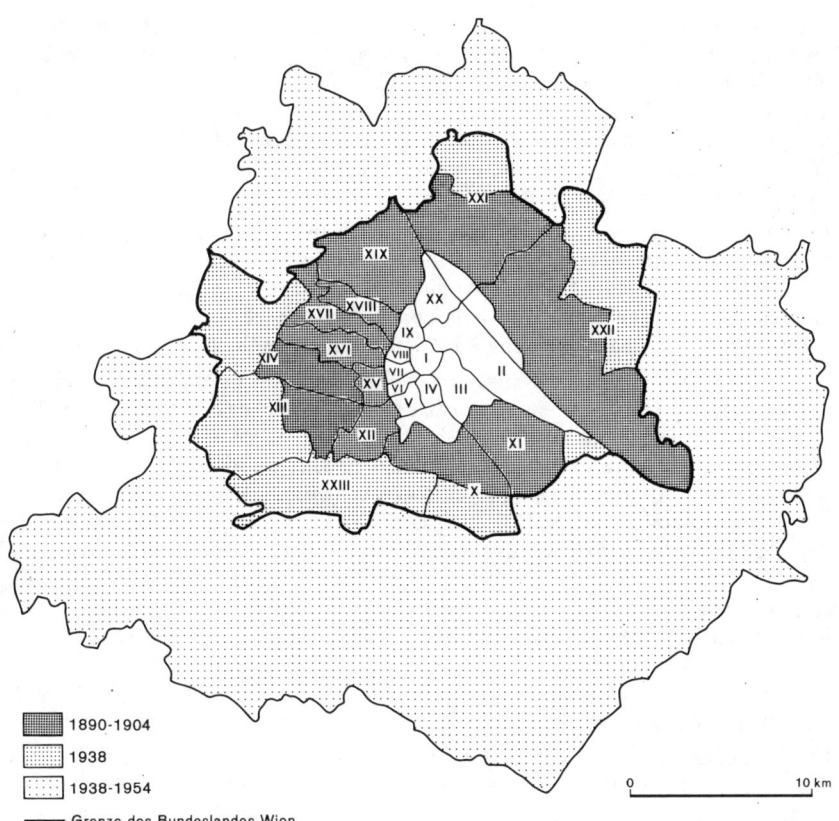

	Stadt- bezirke	Fläche km²	Einwohner 1 000	
1831	1	55,4	320	
1850	8	55,4	431	1. Stadterweiterung (1)
1890	19	178,1	1 342	2. Stadterweiterung
1904	21	273,1	1 820	3. Stadterweiterung
1938	26	1 215,4	1 930	Groß-Wien
1954	23	414,1	1 616	Ausgemeindung
1981	23	414,1	1 531	

(1) Zusammenfassung von historisch-topographischen Einheiten
    (G. HEINRITZ, E. LICHTENBERGER, 1984, S. 62)

Abb. 13   Entwicklung der Gemarkungsfläche von Wien 1831–1954
           (LANDESARCHIV, WIEN; W. KAINRATH, 1982, S. 109)

Die Außenzone der Kernstadt jenseits des Grüngürtels stand im 19. Jahrhundert unter starkem Entwicklungsdruck. Hier entstanden Wohn- und Arbeitsstätten, in Berlin die Wilhelminischen Ringe. In der ersten Phase folgte die vorstädtische Bebauung meist den Ausfallstraßen. In vielen Städten wurde die Bahnhofstraße, die Verbindung zwischen Altstadt und Bahnhof am Rande der Kernstadt, die zentrale Achse der Stadtentwicklung. Häufig schnürten Bahndämme die Stadt ein und verhinderten eine in etwa gleichmäßige Ausweitung der Bebauung (C. ENGELI 1983, S. 52).

Fast alle Kernstädte in den westlichen wie sozialistischen Industrieländern, in den Schwellen- und Entwicklungsländern wurden der Siedlungsausweitung mehr oder weniger angepaßt. Zu den Städten mit sehr verhaltener Eingemeindung gehören Paris und Brüssel. In Paris entspricht noch die heutige Stadtgrenze (ihr folgt der Boulevard Péripherique) der Stadtbefestigung im 19. Jahrhundert (Abb. 20).

Rom gehört dagegen zu den wenigen Städten, in denen die gesamte bebaute Fläche des Verdichtungsraumes bereits innerhalb der Kernstadt liegt (P. WHITE 1984, S. 59). Eingemeindungen können auch teilweise wieder zurückgenommen werden, so in Wien (Abb. 13). Hier wurden 1850 34 Vorstädte innerhalb des Linienwalls (1804 errichtet) mit der Altstadt zu acht neuen Bezirken zusammengefaßt (1. Stadterweiterung) (W. KAINRATH 1982, S. 107). 1890 kamen 21 Vororte eines geschlossen bebauten und dicht besiedelten Streifens auf dem rechten Donauufer hinzu (2. Stadterweiterung) (E. LICHTENBERGER 1978, S. 203). Das Stadtgebiet war nun mehr als doppelt so groß wie das der damals flächengrößten deutschen Stadt, Frankfurt (O. LANDSBERG 1912, S. 78). Die Beseitigung der Befestigungen (1857) und die Stadterweiterungen erfolgten auf Anordnung des Kaisers als Stadtherr und Staatsoberhaupt. Abb. 13 zeigt die Flächenentwicklung seit 1890. Die größten Eingemeindungen im Dritten Reich von fast 1 000 km^2 (1938), wurden 1954 überwiegend zurückgenommen.

Große Eingemeindungen gab es auch in Städten der USA. Wenn möglich wurden große potentielle Bauflächen eingemeindet, z.B. in Chicago 1888 344,4 km^2. Noch in den 60er Jahren nahm in den USA die Bevölkerung der Kernstädte allein um 3,5 Mio. Menschen durch Eingemeindungen zu, überwiegend im Süden und Südwesten des Landes. Erweiterungen älterer „central cities" im Norden der USA, die von einem Kranz unabhängiger „municipalities" umgeben sind, sind politisch kaum noch durchzusetzen (R. J. JOHNSTON 1981, S. 291). Die Fläche von New York ist z.B. seit 1898 unverändert geblieben. Manhattan (New York County) und die vier „counties" Brooklyn (Kings County), Queens, Bronx und Staten Island (Richmond) bilden seither New York City (Abb. 49).

Die Fläche von Los Angeles ist durch einen kilometerlangen Korridor nicht nur sehr bizarr geformt, sie enthält auch mehrere eingeschlossene selbständige Gebiete (San Fernando, Beverly Hills, Culver City, County) (vgl. Abb. 14).

Auch in sozialistischen Städten wurde und wird die Gemarkungsfläche ausgeweitet, z.T. um große Reserveflächen, z.B.

in   Moskau   (1917   228 km^2,   1980   886 km^2)
und   Budapest   (1872   194 km^2,   1980   525 km^2).

Außerordentlich große Eingemeindungen erfolgten nach 1949 in der Volksrepublik China, z.B.

in   Beijing   (1949   716 km², 　　1980   16 807 km²)
und   Shanghai   (1949   192 km², 　　1980   6 186 km²).

Alle chinesischen Städte schließen heute große agrarische Flächen ein zur Versorgung der Stadtbezirke mit Nahrungsmitteln (Gemüse, Obst, tierische Produkte).

In lateinamerikanischen Städten erfolgten Eingemeindungen im 19. und 20. Jahrhundert, z.B. in Bogotá (1910 7 km², 1980 227 km²), in afrikanischen Städten überwiegend im 20. Jahrhundert, z.B.

in   Nairobi   (1906   8 km², 　　1969   681 km²).

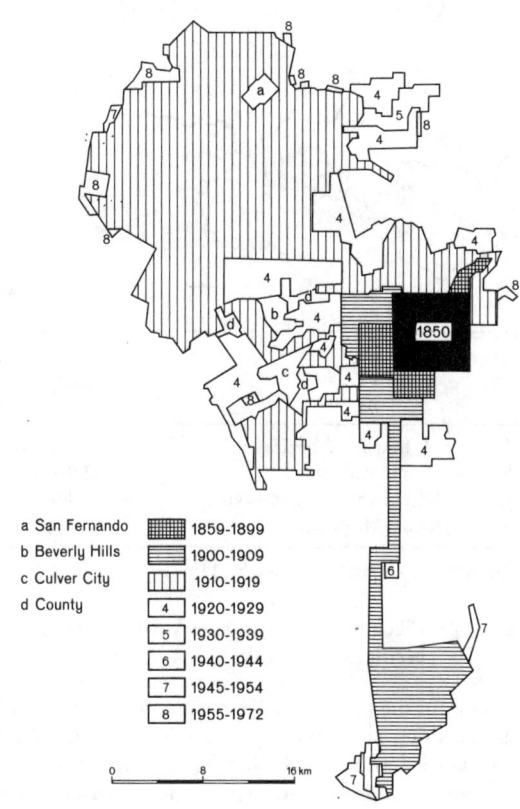

a San Fernando
b Beverly Hills
c Culver City
d County

1859-1899
1900-1909
1910-1919
4 1920-1929
5 1930-1939
6 1940-1944
7 1945-1954
8 1955-1972

Abb. 14
Entwicklung der Gemarkungsfläche von Los Angeles 1850–1972
(H. J. NELSON, W. A. V. CLARK, 1976, S. 251)

Mit der Bevölkerungszunahme und Stadterweiterung fielen in der Regel auch in Entwicklungsländern die Stadtbefestigungen, z.B. in Kairo Anfang des 19. Jahrhunderts, in Bombay in den 60er Jahren des 19. Jahrhunderts, in Lima, der einzigen südamerikanischen Stadt mit einer Mauer (H. WILHELMY 1980, S. 58), 1871, in Beijing erst in den 60er Jahren dieses Jahrhunderts. Der Grenzverlauf der vier Innenstadtbezirke, Abb. 15, entspricht ziemlich genau der ehemaligen Ummauerung (W. TAUBMANN 1983). Bei einem Stadtgebiet (Innen- und Vorstadtbezirke) von fast 17 000 km² entsprechen die Innenstadtbezirke der Kernstadt in Abb. 8.

Abb. 15
Abgrenzung von Beijing shi (Stadt)

		Fläche km²	städt.	Bevölkerung ländl. (1 000)	insg.
A	4 Innenstadtbezirke	87	2 418		
B	6 Vorstadtbezirke	2 914	3 180		
C	14 zhen Städte (Landstädte)	13 807	372	3 261	3 633
A–C	Beijing shi (Stadt)	16 808	5 970	3 261	9 231

Quelle: W. TAUBMANN, 1986, S. 115–116

3.1.2.2 Flächenausweitung der Verdichtungsräume durch Neuabgrenzung und Neulandgewinnung

Nicht nur die Fläche der Kernstädte wurde durch Eingemeindungen der Siedlungsentwicklung angepaßt (vgl. Abb. 9–14), auch die Fläche der Verdichtungsräume wurde wiederholt durch Neuabgrenzungen verändert (vgl. Kap. 7). Tab. 11 zeigt die erheblichen Größenunterschiede der Kernstädte und Verdichtungsräume entsprechend enger oder weiter nationaler Abgrenzung, z.B. die kleinen Kernstädte Brüssel, Athen und Bombay und die nach der Fläche großen Kernstädte Beijing und São Paulo, die kleinen Verdichtungsräume Brüssel und Athen und die sehr große Nationale Hauptstadtregion in Japan und die Region South East in Großbritannien, so groß wie Baden-Württemberg bzw. Hessen.

Tab. 11   Gemarkungsflächen ausgewählter Verdichtungsräume

		Kernstädte km²		suburbaner Raum km²	Verdichtungsraum	km²	Abbildungen	Tabellen
Los Angeles	1983	1 496	(1)	9 046	Los Angeles-Long Beach PMSA	10 542	5, 14, 52	21
	1980				Los Angeles-Long Beach SMSA	10 538	49	47
New York	1983	806	(2)	2 158	New York PMSA	2 964		
	1980				New York SMSA	5 532	5, 49, 52, 53	21, 47
São Paulo	1980	1 493		6 458	Metropolitane Region São Paulo	7 951	7, 52	
Rio de Janeiro	1980	1 171		5 293	Metropolitane Region Rio de Janeiro	6 464	52	
Buenos Aires	1980	199	(3)	2 895	Gran Buenos Aires	3 094		
London	1980	301		1 279	Greater London	1 580	19, 52, 53	17
	1980				Outer Metropolitan Area	9 042		
	1980				Outer South East Area	16 000		
	1980				Region South East	27 222	19	17
Brüssel	1984	33		129	Agglomération Bruxelles	162		
	1970	72		993	Stadsgewest Bruxelles	1 065		
Paris	1980	105	(4)	11 907	Ile-de-France	12 012	20, 52, 53	19
Hamburg	1970	755		787	Verdichtungsraum Hamburg	1 542	3, 65	
Berlin (West)	1980	480		–	Berlin West	–	3	
Berlin (Ost)	1980	403		3 930	Ballungsgebiet Berlin	4 333		
Ruhrgebiet	1984	1 680		2 753	Kommunalverband Ruhrgebiet	4 433	4, 47, 64	
Wien	1981	415		3 024	Stadtregion Wien	3 439	13	
Moskau	1980	885	(5)				23	25
Athen	1981	39		388	Agglomeration Athen	427	52	
Bombay	1971	68		370	Greater Bombay	438	26, 52	28
Beijing	1980	3 001	(6)	13 807	Beijing shi	16 808	15	
Tokyo	1980	581		1 564	Präfektur Tokyo	2 145	22, 52	24
					Tokyo Metropolitan Region	13 450		
					Nationale Hauptstadregion	36 554	22	

(1) Los Angeles City   1 204 km²
(2) New York City   781 km²
(3) Distrito Federal
(4) Petite Couronne   761 km², Grande Couronne 11 146 km²
(5) Stadtzentrum   18 km², Innerer Ring 387 km², Äußerer Ring 490 km²
(6) Städtische Bezirke   87 km², Vorstädtische Bezirke 2 914 km²

Verschiedene Quellen

In einigen großen Verdichtungsräumen mit hohem Siedlungsdruck an Küsten wurde die städtische Fläche auch durch Neulandgewinnung aus dem Meer erweitert. Beispiele sind Tokyo (bis Anfang der 80er Jahre etwa 250 km², W. FLÜCHTER 1985, S. 20), Hongkong (etwa 44 km²), San Francisco und Rotterdam (Europoort).

3.2 Bevölkerungssuburbanisierung

Mit Fortzügen wohlhabender Haushalte an den Stadtrand begann in Europa und Nordamerika bereits in der 1. Hälfte des 19. Jahrhunderts ein selektiver Dezentralisierungsprozeß trotz starker und weiter steigender Zunahme der Kernstadtbevölkerung. I.G. KOHL (1841, S. 179) beschreibt diesen Prozeß für deutsche Städte: „In neuester Zeit ist eine ganz eigenthümliche Veränderung mit dem Quartier der Vornehmen in vielen Städten Deutschlands vorgegangen. Bei Bremen, Hamburg, Braunschweig, Dresden, Leipzig und mehreren anderen Städten sind nämlich in Folge der großen Veränderungen in den politischen und geselligen Zuständen und Bedürfnissen die mittelalterlichen ... Mauern und Wälle geschwunden, und an ihre Stelle die schönsten und anmuthigsten Gartenanlagen getreten. Diese haben nun ... den an ihnen liegenden Bauplätzen einen hohen Werth verliehen, und viele reiche Leute ... wurden aus den inneren Ringen der Stadt herausgelockt. Sie haben dann die kleinen ärmlichen Maueranwohner verschwinden gemacht und die Städte mit einem herrlichen Kranze freundlicher Boulevards und prächtiger Gebäude umgeben." Fortzüge von Oberschichthaushalten an den Stadtrand gab es vereinzelt früher, z.B. in Dublin Ende des 17. Jahrhunderts (vgl. B. HOFMEISTER 1982b). Neu waren der Umfang der Wanderungen und die Veränderungen im Flächennutzungsmuster.

Diese *innerregionale Dekonzentration der Bevölkerung*, die Bevölkerungsverschiebung von der Kernstadt in das Umland, wird dann als *Bevölkerungssuburbanisierung* im engeren Sinn bezeichnet, wenn der Bevölkerungsanteil im Umland des Verdichtungsraumes zunimmt.

Die Bevölkerungssuburbanisierung ist verbunden mit einer *Umverteilung und Segregation der Bevölkerung*. Sie erfolgt durch Umzüge, innerregionale Wanderungen (Stadt-Umland-Wanderungen), interregionale und internationale Wanderungen und unterschiedliche Geburten- und Sterberaten in Kernstadt und Umland. Sie begann in den Industrieländern Ende des 19. Jahrhunderts und läßt sich heute für nahezu alle Verdichtungsräume in den Industrieländern und für die meisten in den sozialistischen Ländern, aber nur für wenige Verdichtungsräume in der Dritten Welt belegen.

Zunächst werden Merkmale der Bevölkerungssuburbanisierung überwiegend aus Untersuchungen in Industrieländern genannt, es folgen mögliche Erklärungen der Dekonzentration und der demographischen und sozioökonomischen Segregation. Raumbeispiele aus Industrieländern, sozialistischen Ländern und Ländern der Dritten Welt belegen, daß Prozesse der Bevölkerungssuburbanisierung in Verdichtungsräumen weltweit zu beobachten sind, wenn auch durch die politischen, wirtschaftlichen und gesellschaftlichen Rahmenbedingungen abgewandelt.

Forschungsarbeiten und Datenlage bestimmen die Raumbeispiele:
- aus Industrieländern (= marktwirtschaftliche Industrieländer, vgl. S. 23)
- aus sozialistischen Ländern (= osteuropäische Staatshandelsländer, vgl. S. 88) und
- aus Ländern der Dritten Welt.

3.2.1 Merkmale der Bevölkerungssuburbanisierung

1. *Ausweitung der Siedlungsfläche*
Mit der starken Siedlungsausweitung geht viel landwirtschaftliche Nutzfläche, Erholungs-, Frei- und ökologische Ausgleichsfläche verloren.

2. *Demographische Entwicklung*
Die Bevölkerungsentwicklung der Kernstädte wird überwiegend durch Geburten und Sterbefälle, die des Umlandes durch Wanderungen bestimmt. Bevölkerungsverluste der Kernstädte entstehen durch Wanderungsverluste gegenüber dem Umland, durch Fernwanderungen und niedrige Geburten- und höhere Sterberaten als im Umland. Kernstadt-Umland-Wanderungen sind zwar geringer als innerstädtische Wanderungen (Umzüge) und Wanderungen innerhalb des suburbanen Raumes, typisch für diese Phase ist jedoch, daß die Wanderungen aus der Kernstadt und von außen in den suburbanen Raum die Zuzüge in die Kernstadt übertreffen.

Die höchste Bevölkerungsdichte weisen die Kernstädte in West- und Mitteleuropa in der 2. Hälfte des 19. Jahrhunderts auf, in Südeuropa erst in diesem Jahrhundert. Seither nahm die Bevölkerung der Umlandgemeinden stärker zu als die der Kernstädte, zunächst konzentrisch-zonal (gründerzeitliche Bebauung), mit dem Bau von Schnellbahnen radial.

3. *Demographische und sozioökonomische Segregation*
Kernstädte und suburbaner Raum unterscheiden sich demographisch und sozioökonomisch zunehmend voneinander. Soziale Ungleichheit bedingt räumliche Ungleichheit (vgl. J. FRIEDRICHS 1977). Die Zone höchster Suburbanisierungsdynamik verschiebt sich nach außen. In den *Kernstädten* der europäischen und nordamerikanischen Verdichtungsräume steigt der Anteil der Einpersonenhaushalte, der Haushalte in der Gründungs- und Auflösungsphase des Lebenszyklus, der sozialen Randgruppen, der einkommensschwachen Bevölkerungsgruppen (Rentner, Studenten, Auszubildende, Berufsanfänger), alter und junger Bevölkerung, der Frauen und der Ausländer (Gastarbeiter, Einwanderer, ethnische Minderheiten). Abnehmende Haushaltsgröße, Bevölkerungsverluste und Überalterung der Innenstadtbevölkerung sind hier eng miteinander verbunden.

Die Kernstadt ist ein Raum großer sozialer Heterogenität und Konflikte (einerseits Verfall, Ghetto- und Slumbildung, „residential blight" (Verfall von Wohngebieten), andererseits Entwicklungsdruck, Bauboom, „gentrification"). In Europa gibt es nicht ähnlich starke Verfallserscheinungen wie in den USA und in vielen älteren Städten der Schwellen- und Entwicklungsländer Lateinamerikas und Asiens. Schon vor der Bevölkerungsabnahme in der Innenstadt war das Zentrum nicht mehr der beste und gesuchteste Wohnstandort. Gehobene Wohnviertel zeigen aber auch in der

Kernstadt eine starke Beharrungs- und Absonderungstendenz. Erweiterungen dieser Viertel erfolgen überwiegend in einer Richtung, in einem Sektor ins Umland hinein. Es gibt aber auch nahezu konzentrisch-zonale Erweiterungen von Wohngebieten, z.B. von Hüttensiedlungen am Stadtrand.

Im *suburbanen Raum* nimmt dagegen der Anteil der Mehrpersonenhaushalte zu, der Haushalte in der Wachstums- und Schrumpfungsphase, insbesondere in den USA der Mittelschichthaushalte, der Erwerbstätigen, der Schüler, der mittleren Altersgruppen und der im Lande Geborenen (in den USA aufgrund der ethnischen Segregation der Anteil der weißen Bevölkerung).

In den Verdichtungsräumen werden *demographisch* und *sozioökonomisch* selektive Wanderungen zwischen Kernstadt und suburbanem Raum beobachtet: Einzelwanderungen in die Kernstadt, Familienwanderungen in den suburbanen Raum. Dadurch kommt es zu einer Entmischung der Bevölkerungsgruppen, zu einer Homogenisierung der Alters-, Haushalts- und Sozialstrukturen und zur Entstehung von Wohngebieten mit ähnlichem Status, Lebensstil und Verhalten. Während die Abwanderer aus der Kernstadt meist über ein mittleres oder höheres Einkommen verfügen, haben viele Zuwanderer nur geringe Einkommen.

Nicht nur in Europa, auch in Lateinamerika, Vorder- und Südostasien sind die Wohngebiete am Rande der Kernstadt und im suburbanen Raum sozial segregiert in Oberschichtwohngebiete und Unterschichtwohngebiete, in Großwohnsiedlungen und Marginalsiedlungen (Hüttensiedlungen). Ausgedehnte Marginalsiedlungen mit hoher Bevölkerungsdichte sind am Rande großer Kernstädte der Schwellen- und Entwicklungsländer entstanden. Hier wohnen Zuwanderer aus dem Stadtkern und von außen. Die wenigen Wohnungen des öffentlichen Wohnungsbaus werden entgegen der ursprünglichen Planung häufig von Mittelschichthaushalten bewohnt.

Vor allem in Europa gibt es am Rande großer Städte Probleme der Integration von alteingesessenen Bewohnern und Zuwanderern, Gruppen mit unterschiedlichen Normen und Verhaltensweisen.

Im Unterschied zur sozialen Segregation (zur Trennung der Sozialgruppen) ist die demographische Segregation (die Trennung der Alters- und Haushaltsgruppen) eine neuere Erscheinung im Stadtentwicklungsprozeß.

4. *Unausgewogene Infrastrukturauslastung*
Die Bevölkerungsumverteilung führt in den *Kernstädten* zu Überkapazitäten, u.a. bei Kindergärten, allgemeinbildenden Schulen, Sportanlagen (aber auch zu Verbesserungen der Versorgung), im *suburbanen Raum* zu Engpässen und steigendem öffentlichen Investitionsbedarf. Die Bevölkerungssuburbanisierung verteuert den öffentlichen Personenverkehr und den Ausbau und Unterhalt des Straßennetzes.

5. *Veränderungen auf dem Wohnungsmarkt*
In den *Kernstädten* nimmt die Zahl großer Wohnungen ab durch Umwidmung und Verdrängung durch rentablere Nutzungen. Renditestarke Zwischennutzungen bis zur angestrebten Funktionsänderung, Modernisierung oder Verslumung sind meist mit starken sozialen Veränderungen und Konflikten verbunden. Wohnen ist häufig

nur noch eine Restnutzung vor der Umwidmung. Gebiete mit Mietwohnungen weisen die höchsten Mobilitätsraten auf.

Im *suburbanen* Raum erfolgt die Siedlungsausweitung durch Einfamilienhäuser (in Nordamerika, Australien, Europa und Japan), Mehrfamilienhäuser (in Europa und Japan), Großwohnsiedlungen und Sozialwohnungen (in Europa) und Marginalsiedlungen (vor allem in Schwellen- und Entwicklungsländern). In Schwellen- und Entwicklungsländern, gut dokumentiert für südamerikanische Verdichtungsräume (vgl. H. WILHELMY, A. BORSDORF 1985), werden aber auch Oberschichtwohnviertel sukzessiv nach außen verlagert.

6. Zunahme der Pendlerwege, des Verkehrs- und Transportvolumens
Die enge räumlich-funktionale Einheit von Wohnen und Arbeiten, Versorgung und Produktion der Urbanisierungsphase fällt in der Suburbanisierungsphase auseinander, in den USA wird sie stärker als in Europa durch Verlagerung von Arbeitsplätzen z.T. wiederhergestellt. Verkehrsvolumen, Verkehrsströme und Distanzen nehmen allgemein zu.

7. Unausgewogene Finanzausstattung
Die *Kernstädte* verlieren, der *suburbane Raum* gewinnt Wirtschaftskraft, Gewerbe-, Einkommenssteuern und Kaufkraft. Während der Investitionsspielraum abnimmt, steigen die Soziallasten und die Ausgaben für die Infrastruktur, auch die finanzielle Abhängigkeit der Kernstädte von der Landes- und/oder Zentralregierung. Die Kernstädte subventionieren die von der Umlandbevölkerung genutzten Einrichtungen, wie z.b. Opernhaus, Stadion und Eislaufhalle.

3.2.2 Gründe der Bevölkerungssuburbanisierung

Es gibt keine befriedigenden Erklärungsmodelle der Bevölkerungssuburbanisierung. Die klassischen Stadtmodelle von BURGESS (1925) und HOYT (1939) beschreiben zwar die sozioökonomische Segregation der Bevölkerung, BURGESS die konzentrisch-zonale Ausweitung der Städte und die räumliche Differenzierung der Sozialgruppen, HOYT die sektorale Differenzierung der Sozialgruppen, u.a. die Trennung der Mittel- und Oberschichthaushalte und die Randverlagerung der Wohngebiete der Oberschicht. Beide Modelle erklären aber nicht die Wanderungsentscheidungen der Haushalte, die Gründe für Fortzüge aus der Kernstadt und Zuzüge in den suburbanen Raum und die Gründe der Zuzüge von außen in den suburbanen Raum und in die Kernstadt, die zur demographischen und sozioökonomischen Segregation in den Verdichtungsräumen führen.

Dies trifft auch für Bodennutzungsmodelle und Erklärungsversuche der Suburbanisierung von H. H. WINSBOROUGH (1963) und K. R. COX (1981) zu. Bodennutzungsmodelle erklären Standortentscheidungen in Abhängigkeit von Bodenwert und Transportkosten, sie erklären die sozioökonomischen Unterschiede, aber weniger die demographischen Unterschiede der Bevölkerungsumverteilung und die räumlichen Präferenzen der Haushalte. WINSBOROUGH führt die Suburbanisierung auf den

Zusammenhang von Bevölkerungsdichte und Bevölkerungsverteilung zurück, Cox auf Klassenkonflikte zwischen Arbeit und Kapital (vgl. W. HERDEN 1983). Im Unterschied zu diesen Arbeiten werden hier aus der verhaltens- und entscheidungswissenschaftlichen Literatur, insbesondere der Wanderungsforschung, Gründe der Fortzüge von Haushalten aus der Kernstadt und der Zuzüge in den suburbanen Raum und in die Kernstädte genannt (Abb. 16) und erläutert, die die demographische und sozioökonomische Segregation in den Verdichtungsräumen und die Bevölkerungsdekonzentration in den suburbanen Raum aus Wanderungsentscheidungen erklären (vgl. J. FRIEDRICHS 1977).

Obwohl sich Fortzugs- und Zuzugsgründe in einer Wanderungsentscheidung nicht immer deutlich trennen lassen, sollen die Wanderungen bezogen auf Verdichtungs-

Abb. 16   Gründe der Bevölkerungssuburbanisierung

räume nach Fortzugs- und Zuzugsgründen differenziert werden. Die allgemeinen Aussagen sind stets zu relativieren und daraufhin zu prüfen, ob und inwieweit sie für einzelne Kulturräume gelten oder modifiziert werden müssen.

3.2.2.1 Gründe für Fortzüge aus der Kernstadt

Verschiedene Gründe bestimmen die Fortzüge aus der Kernstadt, u.a. das unzureichende Wohnungsangebot, Mängel der Wohnung und Wohnumwelt und veränderte Standortpräferenzen, die im einzelnen unterschiedlich gewichtet werden. Diese Wanderungsmotive gelten vor allem für Bewohner der marktwirtschaftlichen Industrieländer.

1. *Unzureichendes Wohnungsangebot*
Selbst bei ständiger Zunahme der Zahl der Wohnungen in den Kernstädten der Industrieländer reicht das Wohnungsangebot nicht aus, da sich sowohl die Zusammensetzung des Wohnungsbestandes als auch der Wohnungsbedarf geändert haben.

Durch Umbauten und Umwandlung in Eigentumswohnungen und durch Umwidmung für gewerbliche Tätigkeiten, Büros und Läden, nimmt das Angebot an großen preiswerten Wohnungen ab.

Den Wohnungsbedarf beeinflussen allgemein u.a

– Veränderungen im Lebenszyklus (Vergrößerung oder Verkleinerung der Haushalte durch Tod, Geburt, Wegzug). Neugegründete und wachsende Haushalte gehen häufiger als andere Haushalte in Neubaugebiete. In dieser Haushaltsphase besteht die stärkste Notwendigkeit zum Wohnungswechsel.

– Veränderungen der Bevölkerungsstruktur und Lebensformen (Zunahme der Zahl der Haushalte insgesamt und der Ein- und Zweipersonenhaushalte);

– Veränderte Ansprüche an Größe, Ausstattung und Lage der Wohnungen, u.a. der Wunsch nach einem eigenen Haus, einer Wohnung im „Grünen" oder nach einem kürzeren Arbeitsweg;

– Veränderungen der Miethöhe oder des Mietverhältnisses (Kündigung wegen Eigennutzung, Abbruch, Sanierung oder Umwidmungen).

Die Schwierigkeit, in der Kernstadt selbst eine bessere, aber nicht zu teure Wohnung oder bei erzwungenem Umzug eine ähnlich preiswerte Wohnung zu finden, ist ein wesentlicher Grund der Fortzüge aus der Kernstadt.

Ein unzureichendes Angebot an Wohnungen der gewünschten Ausstattung und Preisgruppe und an preiswerten Grundstücken zwingt insbesondere Haushalte mit Kindern zum Fortzug. Fortzüge und Segregation sind deshalb nicht Ausdruck einer allgemeinen Stadtflucht, sondern der Verdrängung der Wohnnutzung durch kommerzielle Nutzungen oder auch Modernisierung und Verteuerung, zumal häufig Wohnungsausstattung und Wohnumfeld nicht verbessert werden. Die Verdrängung betrifft besonders infrastrukturell gut ausgestattete und verkehrsmäßig gut erreichbare innenstadtnahe Wohngebiete. Qualitativ und preislich vergleichbare Wohnungen sind auf dem städtischen Wohnungsmarkt zunehmend schwerer zu bekommen.

2. Mängel der Bausubstanz und der Wohnumwelt

Mängel der Bausubstanz entstehen u.a. durch unzureichende Instandhaltung und Pflege der Wohngebäude, Mängel der Wohnumwelt durch die Lage der Wohnung, (z.b. nahe einem Industriebetrieb oder einer stark befahrenen Straße), durch den baulichen Zustand, durch die soziale oder ethnische Struktur des Wohnviertels und durch Umweltbelastungen (Agglomerationsnachteile, vgl. Kap. 8). Als Mängel der Wohnumwelt werden auch eine hohe Bebauungs- und Verkehrsdichte, das Fehlen von Grün-, Spiel- und Freiflächen, die Anonymität städtischer Wohnformen und eine hohe Kriminalitätsrate empfunden. Auch gesellschaftliche Gründe bestimmen den Fortzug aus der Kernstadt, in den USA vor allem ethnische und soziale Gründe (z.B. der Wunsch nach einer „besseren" oder homogeneren Nachbarschaft), in Kanada und Australien die Wohndichte.

3.2.2.2 Gründe für Zuzüge in den suburbanen Raum

Wie bei Fortzügen so sind auch bei Zuzügen die Wahlmöglichkeiten der Haushalte durch Wohnungsangebot, Einkommensentwicklung, Sozialstatus, räumliche Bindungen und Standortpräferenzen beschränkt. Alle diese Faktoren können die Zuzugsentscheidung beeinflussen.

Die Gründe werden zudem in Standortentscheidungen unterschiedlich gewichtet. Der suburbane Raum bietet häufig die Wohnung und das Wohnumfeld, das in den Kernstädten vergeblich gesucht wurde und den Fortzug beeinflußt hat. Meist ist der Wunsch nach Wohnungseigentum oder einem eigenen Haus nur hier realisierbar.

1. Wohnungsangebot

Zuzüge in den suburbanen Raum werden u.a. bestimmt durch günstigere Bodenpreise, durch die staatliche Wohnungspolitik, durch die Bautätigkeit und Finanzierungsmodelle der Bau- und Immobiliengesellschaften, durch zinsbegünstigte Darlehen, Abschreibungs- und Steuererleichterungen und durch den Ausbau des Verkehrsnetzes. In den USA ist darüber hinaus ein sehr wichtiger Grund das bessere Schulangebot im suburbanen Raum (vgl. B. HOFMEISTER 1985b, S. 54).

2. Einkommensentwicklung

Die Ansprüche an Größe, Ausstattung und Lage der Wohnungen und an die Wohnumwelt nehmen in der Regel mit dem Einkommen zu. Haushalte mit höherem Einkommen können sich Umweltbelastungen und Nutzungskonflikten eher entziehen und in landschaftlich reizvolle und emissionsarme Teilräume ziehen. In den Industrieländern ermöglichen die stark gestiegenen Einkommen und die private Motorisierung immer größere Entfernungen zwischen Wohnung und Arbeitsplatz und eine Ausweitung der Raumbeziehungen, auch wenn höhere Fahrtkosten den Vorteil niedrigerer Bau- und Wohnkosten im Umland z.T. ausgleichen. In Europa und Japan sind die Bodenpreise aufgrund der höheren Bevölkerungs- und Nutzungsdichte im Umland höher als in Nordamerika und Australien. Mit dem Sozialstatus steigt allgemein die Bereitschaft zum Umzug in das Umland (z.B. in den USA hohe Mobilität Weißer und beruflich Qualifizierter), mit höherem Alter und schrumpfender Haushaltsgröße sinkt die Mobilitätsbereitschaft. Viele Haushalte, die in den suburbanen Raum ziehen, hatten bereits gut ausgestattete Wohnungen in meist wenig belasteten Stadtteilen.

3. Bindungen an den Verdichtungsraum

Bevölkerungsverlagerungen ins Umland und Veränderungen der Wohngebiete innerhalb des Verdichtungsraumes sind auch von der Verteilung der Arbeitsplätze und von den Versorgungs- und Sozialbeziehungen abhängig. Der Makrostandort wird meist beibehalten und nur ein Knoten im sozialen Kontaktnetz (der Wohnstandort) verändert. Eine Wohnung im suburbanen Raum ist ein Kompromiß zwischen Wohnungsangebot, Erreichbarkeit von Arbeitsplatz, Versorgungs-, Bildungs- und kulturellen Einrichtungen und räumlichen Bindungen.

4. Standortpräferenzen

Vor allem in den USA bestimmen Vorstellungen eines „gesunden", auf die „menschliche Dimension" bezogenen naturnahen Lebens Umzüge in den suburbanen Raum. „Suburbia" ist hier Symbol für familienzentriertes Wohnen in einer sozial homogenen Umwelt, möglichst fern von sozialen Konflikten und der Anonymität großer Städte, für geringe Bebauungs- und Wohndichte und für kommunalpolitische Autonomie (Unabhängigkeit von großen Städten mit hohen Soziallasten).

Ein allgemeiner Grund der Zuwanderung in den suburbanen Raum ist der Wunsch nach einer Wohnung in landschaftlich reizvoller Lage, in einem Wohngebiet mit hohem Sozialprestige oder in einem Naherholungsgebiet (Ruhe, saubere Luft, geringerer Verkehrslärm). Wochenend- und Sommerhausgebiete der Oberschicht wurden im 19. Jahrhundert vielfach zu gehobenen Wohngebieten. Das Landleben wurde damals gegenüber dem Stadtleben als Reaktion auf eine verbreitete Großstadtkritik idealisiert.

3.2.2.3 Gründe für Zuzüge in die Kernstadt

1. Bildungs-, Ausbildungseinrichtungen, Arbeitsplätze

Vor allem jüngere Menschen gehen wegen des Bildungsangebots, der Arbeitsplätze und auch, um sich aus dem Elternhaus zu lösen, in große Städte. Gastarbeiter suchen in den Kernstädten europäischer Verdichtungsräume Arbeitsplätze und Wohnungen.

2. Lage und Ausstattungsvorteile

Kinderlose, ältere und einkommensstärkere Haushalte bewerten die Erreichbarkeit, die Versorgungs- und kulturellen Einrichtungen und das Freizeitangebot in Großstädten hoch. Wohlhabende Pensionäre mit Häusern oder Wohnungen am Stadtrand gehören zu denjenigen, die Wohnungen in guter Stadtlage (in urbaner Umgebung) suchen.

Diese Aussagen bedürfen der Korrektur und Ergänzung, so sind z.B.

– in Europa die sozioökonomischen und ethnischen Unterschiede zwischen Kernstadt und suburbanem Raum geringer als in den USA. In den Kernstädten ist der Anteil der Mittel- und Oberschichthaushalte höher, ebenso der Personen mit höherem Schulabschluß. Die suburbanen Räume sind insgesamt kleiner als in den USA.

- in Südeuropa sind Kernstadt-Umland-Wanderungen weniger bedeutsam als in West- und Mitteleuropa. Ein Grund dafür ist die höhere gesellschaftliche Bewertung des Stadtlebens, ein anderer Grund die stärker stadtbezogene Entwicklungs- und Wohnungspolitik (vgl. P. WHITE 1984).

Daß die Bevölkerungswanderungen in das Umland der Verdichtungsräume und die damit verbundenen demographischen und sozioökonomischen Segregationsprozesse nicht unabhängig von politischen, wirtschaftlichen und gesellschaftlichen Bedingungen eines Landes erfolgen, machen die folgenden Beispiele deutlich. Die Beispiele zeigen jeweils gemeinsame Verläufe der Suburbanisierung, aber auch singuläre, raumgebundene Formen der Entwicklung. Es würde deshalb für einen schnellen Überblick genügen, aus jeder Gruppe ein Verdichtungsraumbeispiel auszuwählen.

Die folgenden Beispiele zeigen die Vielfalt und Komplexität der demographischen und sozioökonomischen Veränderungen in großen Verdichtungsräumen, damit auch die Schwierigkeiten der Verallgemeinerung. Die Entwicklungsprozesse erfolgen durch menschliche Entscheidungen in unterschiedlichen politischen, wirtschaftlichen und gesellschaftlichen Systemen.

3.2.3   Bevölkerungssuburbanisierung in Industrieländern

Gegenüber der frühindustriellen Phase, als der Stadtkern der am höchsten bewertete Wohnstandort war, kehrte sich in Deutschland Ende des 19., Anfang des 20. Jahrhunderts die Bewertung von Stadtkern und Randzone um. Nach starker baulicher Verdichtung und Bevölkerungskonzentration im Stadtkern verlagerte sich die Zone höchster Wohndichte durch Randwanderung und Zuzüge von außen zum Stadtrand. Gleichzeitig verbreiterten Gewerbe und Industrie die wirtschaftlichen Funktionen. Mit der sozialen und wirtschaftlichen Differenzierung setzte ein Entmischungsprozeß ein: In der Innenstadt stieg der Anteil der Unterschichthaushalte, am Stadtrand der Oberschichthaushalte. Aufgrund der hohen Bau- und Fahrtkosten konnte hier nur wohlhabende Bevölkerung wohnen. Nicht Lärm, Schmutz, beengte Wohnverhältnisse, Gewerbebetriebe waren damals die wichtigsten Gründe für Randwanderungen, sondern Prestige und Sozialstatus. Erreichbar durch Pferdeomnibusse und Eisenbahn entstanden etwa ab 1860 sog. Villenkolonien am Rande fast aller deutschen Städte. Sie wurden meist planmäßig erschlossen, z.B. in Wandsbek, Groß-Lichterfelde, Friedenau, am Wannsee, im Grunewald und im Frankfurter Westend (E. SPIEGEL 1981, S. 15).

Auch in Deutschland wurden die Veränderungen innerhalb der Verdichtungsräume statistisch durch Eingemeindungen etwas verdeckt. Von 1871 bis 1910 hatte sich die Gemarkungsfläche der damals 48 Großstädte mehr als verdoppelt (Tab. 12).

Trotz innerregionaler Dekonzentration (Verlagerung) und Deglomeration (Minderung der Nutzungsdichte) hielt die Bevölkerungskonzentration im Stadtkern der großen Städte noch mindestens bis Anfang dieses Jahrhunderts an. Dies zeigt in

Tab. 13 die Zunahme der Bevölkerungsdichte von 1871 bis 1910 auf der Gemarkungsfläche von 1871 in den sechs größten deutschen Städten 1910.

Tab. 12   Entwicklung der Gemarkungsfläche der
48 deutschen Großstädte 1910, 1871 bis 1910

	Gemarkungs- fläche 1871 = 100	durchschnittliche Fläche km^2
1871	100	24,5
1880	103	25,3
1890	120	29,3
1900	147	35,9
1910	210	51,4

Quelle: S. SCHOTT, 1912, S. 23

Tab. 13   Entwicklung der Bevölkerungsdichte 1871−1910 in den sechs größten Städten
des Deutschen Reiches 1910

Kernstadt	Berlin	Breslau	Dresden	Leipzig	Hamburg	Köln
			Einwohner je ha			
Gemarkungsfläche 1871:						
1871	**139** (1)	69	59	62	47	**168**
1890	265	110	92	103	90	244
1910	340	161	117	111	146	319
Gemarkungsfläche 1910:						
1871	130	50	28	23	39	15
1890	249	81	50	51	74	26
1910	**326**	121	81	80	120	45
eingemeindete Fläche 1871−1910:						
1871	**3**	4	4	11	1	**4**
1890	19	7	17	34	3	10
1910	141	19	53	71	5	25
Umland						
1910 nicht eingemeindete Fläche der Agglomeration						
1871	2	1	3	1	6	2
1890	11	1	4	2	10	3
1910	**54**	2	7	5	14	6

(1) fett gedruckte Zahlen sind im Text genannt

Quelle: S. SCHOTT, 1912, S. 110−113

Tab. 13 zeigt sehr deutlich den Übergang von der Urbanisierungs- zur Suburbanisierungsphase und den Einfluß der Eingemeindungen. Eingemeindungen waren in den 70er Jahren des 19. Jahrhunderts in Deutschland noch selten. Sie nahmen in den 80er

Jahren und noch stärker in den 90er Jahren zu. In Städten mit relativ kleiner Gemarkungsfläche steigt die Bevölkerungsdichte in der Urbanisierungsphase insbesondere nach 1890 stark an, in Berlin (Abb. 10) von 139 Einwohner je ha 1871 auf 326 im Jahre 1910 (jeweilige Fläche). Dagegen sank in der Stadt Köln durch die Eingemeindung großer Flächen (1871 7,7 km², 1910 114,9 km²) die Bevölkerungsdichte trotz der Verdreifachung der Bevölkerung von 168 Einwohner je ha 1871 auf 45 im Jahre 1910 (jeweilige Fläche). Je nach Umfang der Eingemeindungen veränderte sich die Bevölkerungsdichte im Umland, in Berlin (sehr geringe Eingemeindungen in diesem Zeitraum) von 3 Einwohner je ha (auf der bis 1910 eingemeindeten Fläche) auf 54, in Köln (große Eingemeindungen) nur von 4 auf 6 Einwohner je ha (Tab. 13). Die räumliche Bevölkerungskonzentration war auch 1910 noch sehr hoch. Innerhalb einer 5 km-Zone um den Verkehrsmittelpunkt wohnten damals z.B. in Hamburg 84 % der Bevölkerung der „großstädtischen Agglomeration" Hamburg, in Köln 87 %, in Frankfurt 69 % und in München 93 % (S. SCHOTT 1912).

SCHOTT berechnete die Bevölkerung des Umlandes für 1871 und 1910 als Differenz zwischen der Bevölkerung der Großstädte (Kernstädte) und der Bevölkerung in 10 km-Radius (Agglomeration), Tab. 14. Da Eingemeindungen Stadterweiterungen vorausnahmen, ging mit Ausnahme von Berlin (einer Stadt ohne Eingemeindungen von 1881 bis 1920, vgl. Abb. 10), der Bevölkerungsanteil des Umlandes zurück. Die Beispiele zeigen erneut, daß der (statistisch belegbare) Anteil des Umlandes (suburbanen Raumes) durch die Entwicklung der Gemarkungsfläche bestimmt wird.

Durch Krieg und Kriegsfolgen wurde in Deutschland die seit Ende des 19. Jahrhunderts belegte innerregionale Bevölkerungsdekonzentration gestört. In der Rekon-

Tab. 14   Bevölkerungsanteil im Umland ausgewählter Agglomerationen
des Deutschen Reiches 1871 und 1910 (1)

	1871	1910
	%	
Berlin	7	39
Breslau	14	10
Dresden	30	24
Leipzig	46	17
Hamburg	31	27
Hannover	33	28
Essen	75	69
Köln	39	17
Frankfurt	49	28
Stuttgart	48	31
München	12	6

(1) Bevölkerung im Umland = Bevölkerung der „Agglomeration"
(10 km-Radius) minus Bevölkerung des Stadtgebietes

Quelle: S. SCHOTT, 1912, S. 43

zentrations- und Wiederauffüllungsphase nach dem Zweiten Weltkrieg bis etwa 1956 stieg die Bevölkerung der Kernstädte wieder stark an durch Rückwanderungen Evakuierter und Flüchtlinge, den Wiederaufbau und die staatliche Wohnungsbauförderung (vgl. Abb. 3). Die Bevölkerungszunahme der Kernstädte war in diesem Jahrzehnt höher als im suburbanen Raum. Nach 1960, z.T. bereits früher, kehrt sich nicht nur die Wachstumsrelation um, einige Kernstädte verlieren auch absolut Bevölkerung (vgl. Abb. 3 und 4). Die Suburbanisierungsphase wurde somit von vielen deutschen Städten nach der Unterbrechung durch den Krieg in den 60er Jahren erneut erreicht.

An den Beispielen Berlin und Frankfurt soll die seit dem 19. Jahrhundert erkennbare Bevölkerungsdekonzentration in den Verdichtungsräumen erläutert und anschaulich werden: die Randwanderung von Oberschichthaushalten in der Urbanisierungsphase (als Folge der Siedlungsausweitung und Bevölkerungsverdichtung), dann die alle sozialen Gruppen erfassende Abwanderung aus der Innenstadt, die aber erst Ende des 19., Anfang des 20. Jahrhunderts als Bevölkerungssuburbanisierung auch statistisch faßbar wird.

Beispiel Berlin
Siedlungskern ist Berlin (1 in Abb. 10), Alt- und Neukölln (2). Im 17. Jahrhundert entstanden die ersten Neustädte: Friedrichswerder (3), Dorotheenstadt (6), eine französisch-holländische Anlage und Friedrichstadt (7), in der zunächst überwiegend französische Hugenotten wohnten (H. STOOB 1985, S. 220). Ein 1732 errichteter Palisadenzaun wurde 1781 durch eine Mauer ersetzt. Sie schloß im Norden, Osten und Süden noch weite landwirtschaftliche Flächen ein. In der ersten Hälfte des 19. Jahrhunderts dehnte sich die Stadt nach Süden, Südwesten, Nordwesten und Norden aus, die funktionale und soziale Segregation nahm zu: Im Süden die Wohnund Gewerbe-Mischbebauung der Luisenstadt (8), im Westen die Ober- und Mittelschicht-Wohngebiete (Aristokraten, Offiziere, Unternehmer, höhere Beamte, Angestellte) der Friedrich-Wilhelm-Stadt (5), Dorotheenstadt (6) und Friedrichstadt (7), im Nordwesten Industrie und im Norden Arbeiterwohnungen des Spandauer Viertels (4) und der Oranienburger Vorstadt. Die Stadtgrenze von 1841 entsprach etwa der besiedelten Fläche. Der weitaus überwiegende Teil der Bevölkerung wohnte noch innerhalb der Zollmauer (Abb. 10). Berlin war eine kompakte Stadt, in der alle Teile zu Fuß erreicht werden konnten. Das starke Siedlungswachstum setzte erst mit dem Bau der Eisenbahn ein. Er ermöglichte eine deutlichere Trennung von Industrie- und Wohngebieten und Wohngebieten der Oberschicht und der Industriearbeiter.

Die Bevölkerungsentwicklung in Berlin kann erst seit etwa 1830 räumlich differenziert verfolgt werden. Gegen Ende des 18., Anfang des 19. Jahrhunderts besaß die Stadt Berlin noch „kein auch nur annähernd einheitliches oder eindeutig abgegrenztes Territorium" (W. HOFMANN 1978, S. 160). Von 1830 bis 1910 nahm die Bevölkerung im Stadtgebiet von 1910 (A + B in Abb. 10, Tab. 15) um fast das Achtfache zu, von 264 000 auf 2 072 000 Einwohner, dabei nahm aber der Bevölkerungsanteil des Raumes A (innerhalb der ehemaligen Zollmauer) trotz Bevölkerungszunahme bis in die 80er Jahre von 94 % auf 25 % ab (Verschiebung des Bevölkerungsschwerpunktes nach außen). Der Bevölkerungskonzentration und -verdichtung folgt nach 1890 verstärkt eine Bevölkerungsdekonzentration und -streuung. Innerhalb von A nahm die Bevölkerung in Teilräumen schon seit den 60er Jahren ab (zuerst in der Dorotheenstadt (6)). Hinweise auf demographische Veränderungen sind die Zunahme des Anteils der Einpersonenhaushalte in der Innenstadt (im Stadtteil Berlin (1) 1875 8 %, 1910 18 %), des Anteils der älteren Personen, der 15 bis 30jährigen und die Abnahme des Anteils der Kinder (H. J. SCHWIPPE 1983).

Bis zum Ersten Weltkrieg stieg die Bevölkerung außerhalb der Zollmauer vor allem in den westlich, nordwestlich und nördlich angrenzenden Stadtteilen. In überwiegend außerhalb der Zollmauer liegenden Wohngebieten der Luisenstadt (8 in Abb. 10) wurden Einwohnerdichtewerte von 700 je ha erreicht.

Tab. 15   Bevölkerungsentwicklung in Berlin 1830–1910

	1. Stadtgebiet Berlin 1910						2. Verdichtungsraum Berlin			
	innerhalb der ehemaligen Zollmauer (A in Abb.10)		übriges Stadtgebiet (B in Abb.10)		Stadtgebiet insgesamt A + B			Vorortgemeinden		Verdichtungsraum insgesamt	
	1 000	%	1 000	%	1 000	%	%	1 000	%	1 000	%
1801	173	.	.								
1820	186	.	.								
1830	248	94	16	6	264	100					
1840	329	93	25	7	354	100					
1861	400	76	123	24	523	100					
1880	591	53	529	47	1 120	100					
1890	663	42	912	58	1 575	100	87	241	13	1 816	100
1910	512	25	1 560	75	2 072	100	57	1 221	43	3 293	100

Quellen: H. J. SCHWIPPE, 1983, S. 267 (nach F. LEYDEN 1933, S. 26), R. BANIK-SCHWEITZER, 1983, S. 148.

Ähnlich hohe Bevölkerungsdichten hatten das westliche Stralauer Viertel (9) und das Spandauer Viertel (4), beide in der Kernstadt (A) (H. J. SCHWIPPE 1983, S. 268).

Nach 1890 geht das Bevölkerungswachstum zunehmend über die Stadtgrenze von Berlin hinaus in die Vororte. Die stark wachsende Bevölkerung fand innerhalb der Stadtfläche (A und B in Abb. 10) keinen Platz mehr. Bis 1910 ging der Anteil der im Stadtgebiet Berlin lebenden Bevölkerung des Verdichtungsraumes von 87 % auf 57 % zurück (Tab. 15). Um Alt-Berlin legte sich ein kompakter konzentrisch-zonaler Wohnring, die Mietskasernenbebauung des Wilhelmischen Ringes (vgl. B. HOFMEISTER 1985a, S. 254), im Westen und Südwesten entstand ein Oberschichtwohnsektor, der von der Innenstadt über das Tiergartenviertel bis Charlottenburg reichte. Noch weiter draußen, weit außerhalb der Stadtgrenze, entstanden Villen- und Landhauskolonien vom Westend über Grunewald nach Neu-Babelsberg. Die erste Villenkolonie wurde nach 1864 am Wannsee, einem bevorzugten Erholungsgebiet, errichtet (J.-M. KRESZE 1977, S. 48). Eine gute Verkehrsanbindung begünstigte die Entwicklung der vornehmen Wohngebiete, z.B. im Grunewald, vorher kurfürstliches Jagdrevier und Erholungsgebiet.

Zuzüge und Geburtenüberschüsse, nicht Eingemeindungen, bestimmten die Bevölkerungszunahme in Berlin. Trotz der bereits seit den 60er Jahren des vorigen Jahrhunderts abnehmenden Geburtenrate stieg der Anteil der Geburtenüberschüsse an der Bevölkerungszunahme.

Beispiel Frankfurt
Seit Mitte des 18. Jahrhunderts wurden in Frankfurt vor den Befestigungsanlagen Landhäuser errichtet, zunächst bevorzugt am Mainufer, nach 1790 vor allem im Nordwesten an der Bockenheimer Landstraße. Hier entstand außerhalb der Stadtgrenzen das Westend mit Häusern wohlhabender, u.a. jüdischer Familien, die zum Teil wegen ihrer Herkunft in der Stadt selbst kein

Bürgerrecht erwerben konnten. Weitere Villenorte entstanden mit der Bebauung des äußeren Anlagenrings in der ersten Hälfte des 19. Jahrhunderts, im Norden an der Friedberger Landstraße, im Osten an der Hanauer Landstraße und im Süden in Sachsenhausen (J.-M. KRESZE 1977, S. 91, E. THARUN 1975).

Um eine Stadtrandzone lockerer Bebauung mit alten Dorfkernen und Gewerbegebieten, darunter Bornheim und Bockenheim, lag im Taunusvorland eine zweite Zone mit Dörfern, um diese am Taunusrand eine lage- und klimabegünstigte Außenzone mit Sommerhäusern und Villen Frankfurter Familien, u.a. Kronberg und Königstein, nach der Jahrhundertwende Bad Homburg und Oberursel. Dieser Aussiedlungsprozeß, eingeleitet durch die Bebauung des alten Landhausgürtels vor der Stadt, erfaßte schließlich alle Sozialgruppen und führte zur starken räumlichen Ausweitung des Siedlungs- und Wirtschaftsraumes Frankfurt in den Taunus und das südliche Umland. Nach kurzem Bevölkerungsanstieg in der Nachkriegszeit nahm der Anteil der Kernstadt Frankfurt an der Bevölkerung des Verdichtungsraumes erneut ab. Überwiegend arbeitsplatzbestimmte Fortzüge gehen vor allem nach Westen und Süden in Gemeinden mit starker gewerblicher und industrieller Ansiedlung, eher wohnortbestimmte Fortzüge in die wenig industrialisierten Gemeinden des Main-Taunus- und des Hochtaunuskreises. Hier verschärft die starke Nachfrage nach Baugrundstücken die Nutzungskonflikte zwischen Naherholung, Umwelt- und Freiflächenschutz (Schutz von Frischluftschneisen und Wassergewinnungsgebieten).

Im Unterschied zur deutschen Bevölkerung kann bei der Ausländerbevölkerung keine Suburbanisierung beobachtet werden. Die Wanderungen setzen sich zusammen aus Zuzügen von Gastarbeitern direkt aus den Heimatländern in die Kernstadt, Fortzügen aus Frankfurt in die

Tab. 16   Demographische und sozioökonomische Segregation im Gebiet des Umlandverbandes Frankfurt (Beispiele)

			Frankfurt	außerhalb Frankfurts (1)
			%	
Demographische Segregation				
Anteil Bevölkerung unter 15 Jahre		1970	16	22
Anteil Bevölkerung über 65 Jahre		1970	14	12
Anteil Einpersonenhaushalte		1970	34	18
Anteil Ausländer		1976	18	9
Sozioökonomische Segregation				
Anteil Angestellten- und Beamtenhaushalte		1976	50	57
Anteil Haushaltseinkommen unter	800 DM	1976	8	4
Anteil Haushaltseinkommen über	2 500 DM	1976	22	37
Siedlungsstruktur				
Anteil Ein- und Zweifamilienhäuser		1976	14	47
Anteil Wohnungseigentümer		1976	12	39
Wohnumwelt				
Anteil Wohnungen mit starker Lärmbelästigung		1976	28	19

(1) Gebiet des Umlandverbandes Frankfurt außerhalb der Stadt Frankfurt (vgl. Abb. 28 und 37)

Quelle: STADT FRANKFURT

stark verstädterten oder industrialisierten Gemeinden im Westen und Süden der Stadt mit preiswertem Geschoßwohnungsbau und Rückwanderungen aus Umlandgemeinden, veranlaßt durch Modernisierung und Sanierung und damit verbundenen Mietsteigerungen im Umland (M. BONACKER, E. SPIEGEL 1985, S. 513–514).

Die demographische und sozioökonomische Segregation im Raum Frankfurt bestätigt Annahmen der Stadtforschung zur räumlichen Differenzierung der Bevölkerung (Tab. 16).

W. THOMI (1985) zeigt am Beispiel von Frankfurt, daß es keine allgemeine Überalterung der Bevölkerung in der Kernstadt gibt, sondern nur in Teilen des Stadtgebietes. Er unterscheidet drei Mobilitätszonen:

1. Eine innerstädtische Mobilitätszone *am Rande der Innenstadt* mit abnehmender Wohnfunktion (absoluter Bevölkerungsrückgang), hoher Mobilitätsziffer, sozialer und generativer Entmischung: der Anteil der Ausländer und einkommensstarken Kleinhaushalte nimmt hier zu.

2. Eine an diese innerstädtische Mobilitätszone im Norden und Nordosten anschließende *Zone mit überalterten Wohngebieten*, relativer einheitlicher Bausubstanz und überdurchschnittlichem Anteil älterer Menschen (diese Zone wies Anfang dieses Jahrhunderts und in der Nachkriegszeit die höchsten Wachstumsraten auf). Heute wird eine „natürliche" Alterung mit der Alterung der Bausubstanz beobachtet.

3. *Wohn- und Neubaugebiete* am inneren Rand des suburbanen Raumes, vor allem im Norden des Stadtgebietes, mit einem unterdurchschnittlichen Anteil der 20 bis 35 und über 65jährigen (W. THOMI 1985).

In den Kernstädten verliert vor allem die Innenstadt Bevölkerung, in Frankfurt (Abb. 17) z.B. seit Anfang des Jahrhunderts bis zum 2. Weltkrieg und seit den 50er Jahren:

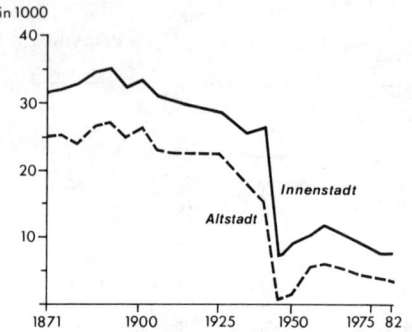

	Fläche km^2	Bevölkerung 1 000
		31.12.1982
Stadtgebiet		
Frankfurt	249,04	626,9
Innenstadt	1,54	7,9
Altstadt	0,49	3,9
(vgl. Abb. 36)		

Abb. 17   Bevölkerungsentwicklung in der Innenstadt und in der Altstadt von Frankfurt 1871–1982 (STADT FRANKFURT)

Die Verdichtungsräume der Bundesrepublik weisen durch kriegsbedingte Verluste und Rückwanderungen nach 1945 eine Sonderentwicklung bis Ende der 50er, Anfang der 60er Jahre auf. Dann setzt sich auch hier wieder der bis zum Zweiten Weltkrieg erkennbare säkulare Trend der innerregionalen Dekonzentration durch.

Beispiel London

Früher als andere Städte (bereits seit dem 16. Jahrhundert) ist London über die römische und mittelalterliche Stadt (City of London (7), City of Westminster (6) in Abb. 19) hinaus gewachsen, sowohl konzentrisch (bis 1800 im 5 km-Radius, bis 1914 im 18 km-Radius) als auch radial entlang der Ausfallstraßen. Auch früher als in anderen Städten begann in London die funktionale und sozioökonomische Differenzierung und Segregation und die Bevölkerungsabnahme der Innenstadt. Um 1800 wohnten in der City of London noch fast 130 000 Menschen, 1881 als Folge der starken Büroausweitung in viktorianischer Zeit (Tertiärisierung) 51 000, 1980 weniger als 10 000 (vgl. C. HAMNETT 1983). Die Oberschicht zog nach Westen, u.a. nach Westminster, und am weitesten nach draußen. Bis heute besteht in London ein starker sozialer Gegensatz zwischen Westend und Eastend.

Der Suburbanisierungsprozeß begann in Greater London in den 60er Jahren des 19. Jahrhunderts. Der Bevölkerungsanteil im Umland (Outer London), von 1801 bis 1861 etwa 13 %, stieg bis 1981 auf 63 % (Tab. 17, Abb. 52). Seit dem 1. Weltkrieg nimmt die Bevölkerung der Kernstadt (Inner London) auch absolut ab.

Tab. 17   Bevölkerungsentwicklung in der Region South East 1891–1981 (1)

		1891	1911	1951	1971	1981	1911–1981
				1 000			%
A	*Inner London* (Kernstadt)	4 232	**4 522** (2)	3 348	2 772	2 497	− 45
B	*Outer London* (Umland in enger Abgrenzung)	1 340	2 638	**4 849**	4 680	4 216	+ 60
A+B	*Greater London* (Verdichtungsraum in enger Abgrenzung)	5 572	7 160	**8 197**	7 452	6 713	− 6
C	Outer Metropolitan Area	1 444	1 946	3 362	5 152	**5 400**	+ 177
D	Outer South East	2 080	2 506	3 318	4 326	**4 682**	+ 87
A–D	*Region South East* (Verdichtungsraum in weiter Abgrenzung)	9 096	11 612	14 877	**16 930**	16 795	+ 45
				%			
A	Inner London	76	63	41	37	37	
B	Outer London	24	37	59	63	63	
A+B	Greater London	100	100	100	100	100	

(1) bezogen auf die Fläche 1981
(2) Fettdruck = Bevölkerungshöchststand 1891–1981

Quelle: OFFICE of POPULATION CENSUSES and SURVEYS, LONDON

Eine schlecht erhaltene Wohn- und Gewerbezone des 19. Jahrhunderts mit öffentlichem Wohnungsbau und relativ hoher Bevölkerungsdichte umgibt heute „Central London" (eine gedachte Verbindung zwischen den Londoner Hauptbahnhöfen). In dieser Zone, u.a. mit Hackney (3) in Abb. 19 und Tower Hamlets (8), wohnen überdurchschnittlich viele arme und alte Menschen und Einwanderer aus Commonwealth Ländern (Karibik, Afrika, Indien) und aus Pakistan. Die Kennziffern in Tab. 18 zeigen sehr eindrucksvoll die starke sozioökonomische Segregation in

Greater London zwischen Kernstadt (Inner London) und suburbanem Raum (Outer London), aber auch die Heterogenität des suburbanen Raumes, erkennbar am Anteil der Einwanderer aus Commonwealth-Ländern und am Anteil der Wohnungen im öffentlichen Eigentum.

Tab. 18   Demographische und sozioökonomische Segregation in Greater London 1981 (Beispiele)

	Inner London	Outer London
	%	
Demographische Segregation		
Bevölkerungsabnahme 1971–1981		
(1) Kensington and Chelsea (5 in Abb. 19)	− 26	
(2) Sutton		− 0,1
Anteil Einpersonenhaushalte		
(1) Kensington and Chelsea (5 in Abb. 19)	44	
(2) Bexley		19
Anteil der Haushaltsvorstände geboren im New Commonwealth und in Pakistan		
(1) Brent		33
(2) Havering		2
Sozioökonomische Segregation		
Anteil der Arbeitslosen an der männlichen Bevölkerung zwischen 16 und 64 Jahren		
(1) Tower Hamlets (8 in Abb. 19)	17	
(2) Kingston upon Thames		5
Anteil Haushalte ohne Pkw		
(1) Tower Hamlets (8 in Abb. 19)	67	
(2) Havering		29
Unterschiede der Siedlungsstruktur		
Anteil öffentlicher Mietwohnungen		
(1) Barking and Dagenham		65
(2) Harrow		13
Einwohner je ha Wohnfläche		
(1) Westminster City (6 in Abb. 19)	371	
(2) Bromley		68
(1) höchster Wert aller „boroughs"		
(2) niedrigster Wert aller „boroughs"		

Quelle: OFFICE of POPULATION CENSUSES and SURVEYS, LONDON

Armut (Arbeitslosigkeit), Verfall und Überbelegung sind in Inner London deutlich höher als in Outer London. Bei insgesamt abnehmender Zahl der Haushalte (um 5 % von 1971 bis 1981) nimmt die Zahl der Einpersonenhaushalte in Inner London absolut noch zu. Hier wohnen fast 300 000 alleinstehende Rentnerinnen (J. HALL 1985).

Abb. 18 zeigt stark generalisiert die Wanderungssalden im Raum London über 100 Jahre von 1851 bis 1951, untergliedert in vier Zonen: (1) „County London", (2) „Home Counties", (3) „Outer Ring" und (4) „South East Fringe" (Die Zonen weichen von der Abgrenzung in Abb. 19 und Tab. 17 ab).

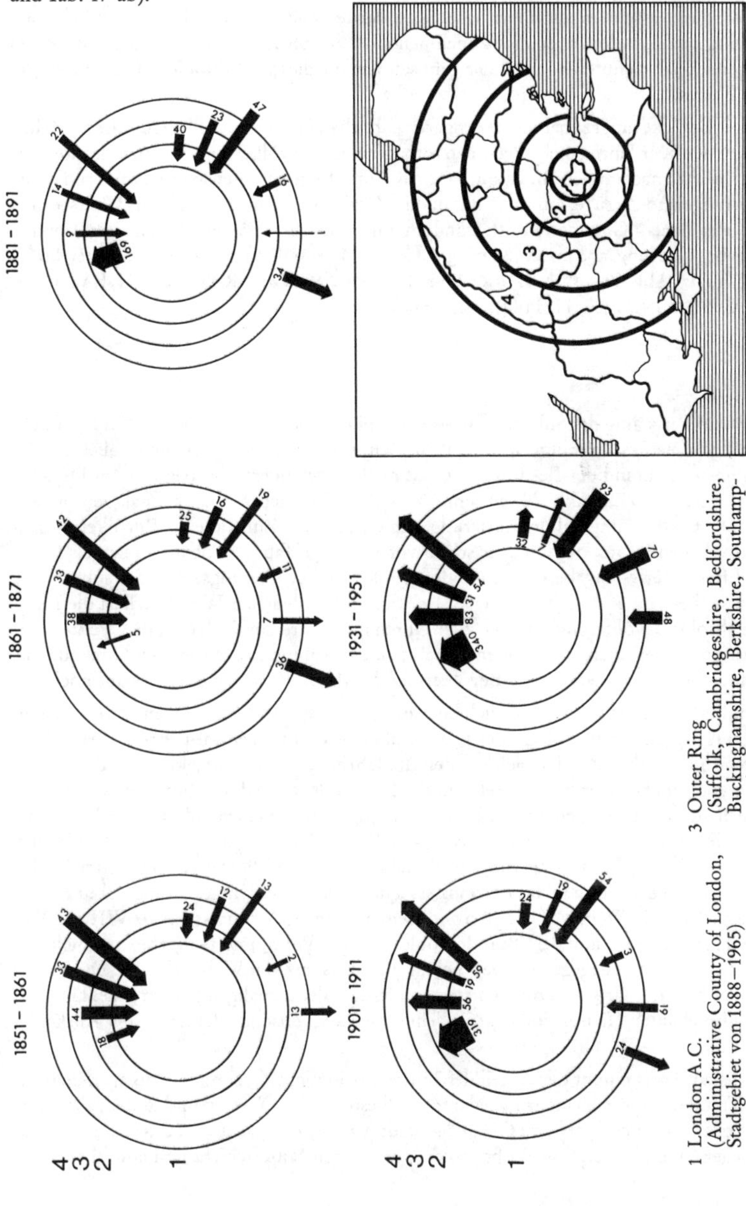

Abb. 18 Veränderung der Wanderungssalden in Südostengland 1851–1951 (zusammengestellt nach D. FRIEDLANDER, 1974)

1 London A.C.
(Administrative County of London, Stadtgebiet von 1888–1965)

2 Home Counties
(Essex, Hertfordshire, Middlesex, Surrey, Kent).

3 Outer Ring
(Suffolk, Cambridgeshire, Bedfordshire, Buckinghamshire, Berkshire, Southamptonshire, Sussex).

4 South East Ring
(Norfolk, Hunts, Northamptonshire, Oxfordshire, Wilshire, Dorset).

Die Abb. 18 zeigt die Bevölkerungskonzentration auf London und die angrenzende Zone bis 1881 und erste Hinweise auf eine Bevölkerungsdekonzentration seit den 60er Jahren des 19. Jahrhunderts. Im Zeitraum 1851 bis 1871 ging der dominante Wanderungsstrom in die Kernstadt. In den 80er Jahren des 19. Jahrhunderts setzte eine starke Abwanderung aus London in die „Home Counties" ein, insbesondere nach Essex, Surrey und Middlesex bei noch anhaltender Zuwanderung nach London, aber auch zunehmend in den Außenring. Die Abwanderung nahm in den folgenden Jahrzehnten noch zu. Sie geht seit Anfang dieses Jahrhunderts über die engere Randzone hinaus.

Nach starker Bevölkerungszunahme der engeren suburbanen Zone („Home Counties") ziehen auch hier seit den 50er Jahren mehr Personen fort als zu. Die Bevölkerungsdekonzentration verschiebt sich weiter nach außen. Im suburbanen Raum erfolgt ein intensiver Bevölkerungsaustausch: Fortzüge und Zuzüge von Engländern und Zuzüge von Einwanderern aus Übersee, insbesondere aus neuen Commonwealth-Ländern mit britischen Pässen. In Greater London nimmt die Bevölkerung ab, im Außenring („Outer Metropolitan Area" und „Outer South East") zu (Tab. 17, Abb. 19, vgl. A. BRIGGS 1963, D. J. OLSEN 1976, S. ROBERT, W. G. RANDOLPH 1983, H.-W. WEHLING 1986, H. HEINEBERG 1986).

Beispiel Paris
Auch im Raum Paris ging der Suburbanisierung ein räumlicher Konzentrations- und Verdichtungsprozeß voraus. Im Zeitraum 1831 bis 1876 (Zeitpunkte der Datenerhebung) blieb die Bevölkerung am Außenrand der Ile-de-France fast noch unverändert, sie stieg z.b. im Département Seine-et-Marne (77 in Abb. 20) nur um 7 %, während sie sich in Paris mehr als verdoppelte (+ 13 %). Die Bevölkerungssuburbanisierung, gemessen an der Zunahme des Bevölkerungsanteils im suburbanen Raum, begann aber schon vor 1876 (vgl. Tab. 19), obwohl mangels Daten räumlich differenzierte Angaben nicht möglich sind. Der Bevölkerungsanteil des suburbanen Raumes ist seither von 40 % auf 79 % (1982) gestiegen. Seit den 30er Jahren verliert die Kernstadt auch absolut Bevölkerung, seit den 70er Jahren die engere Umlandzone, die „Petite Couronne". Aufgrund der noch anhaltenden Bevölkerungszunahme in der weiteren Umlandzone, der „Grande Couronne", wächst die Bevölkerung der Ile-de-France aber insgesamt noch.

Wie in London ist auch in Paris ein baulich und sozial faßbarer West-Ost-Gegensatz erkennbar, der den zentral-peripheren Segregationsprozeß überlagert. Der zentral-periphere Sozialgradient der vorindustriellen Zeit hat sich seit dem 18. Jahrhundert z.T. aufgelöst, u.a. durch Verlagerungen von Oberschichtwohngebieten in der Kernstadt sowie durch Fortzüge von Mittelschichthaushalten aus dem hochverdichteten Stadtkern, in diesem Jahrhundert durch Invasions- und Sukzessionsprozesse von Einwanderern zunächst aus Südeuropa, später aus Nordafrika. Beispiele einer Wohngebietsverlagerung im 19. Jahrhundert sind Fortzüge von Mittelschichthaushalten aus dem Stadtkern in das Arrondissement IX (nach der Umgestaltung durch Haussmann) und nach dem 2. Weltkrieg vom Arrondissement X in die Arrondissements VIII und XVI nahe den Champs Elysées und dem Bois de Boulogne. Die Wohn- und Gewerbezone Belleville (Arrondissement XX) ist dagegen ein Beispiel für die Persistenz von Wohngebieten. Das Viertel aus der Frühphase der Urbanisierung entstand außerhalb der damaligen Stadtgrenze. Die kleinen und billig gebauten Häuser sind heute in sehr schlechtem Zustand, der Anteil der Ausländer ist hier hoch.

In der Kernstadt Paris nimmt der Anteil der Mittelschicht nicht ab, sondern entgegen dem allgemeinen Trend in Industrieländern wieder zu, insbesondere im Westen und Süden, aber auch in traditionellen Arbeitervierteln im Osten der Stadt (vgl. M. J. MOSELEY 1980, S. 201). Am Außenrand liegen räumlich getrennt Wohngebiete der unteren Mittelschicht und auf relativ billi-

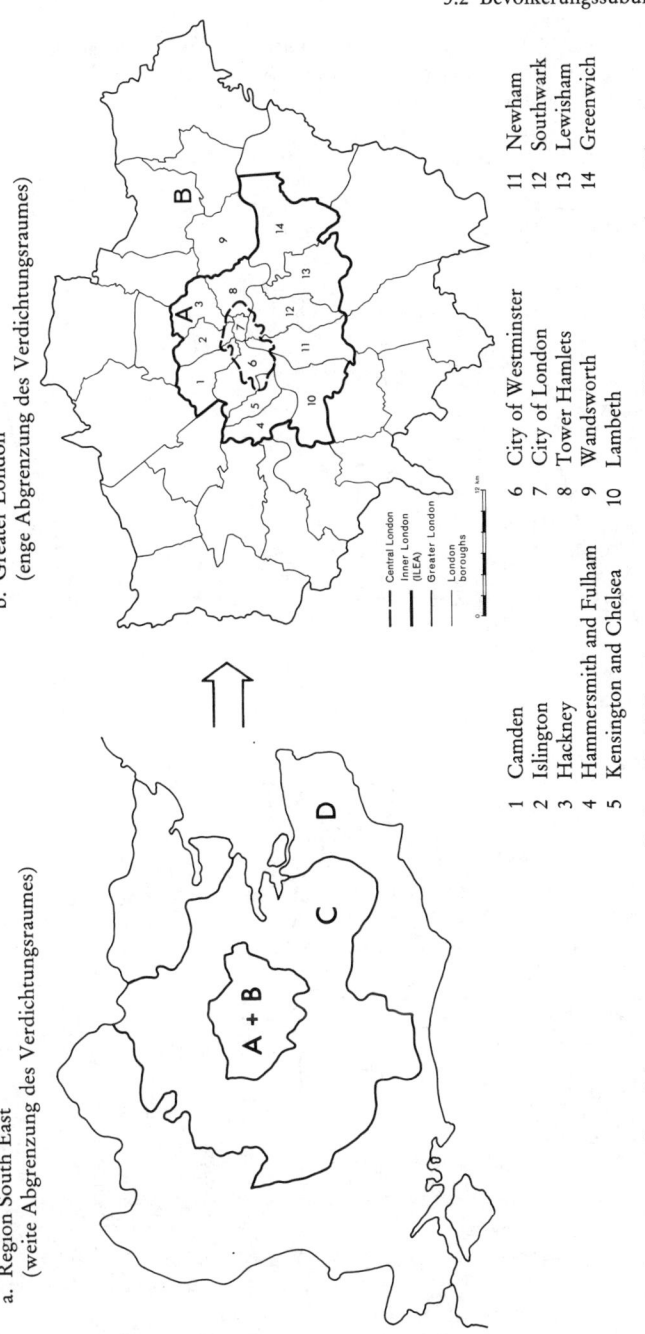

a. Region South East
(weite Abgrenzung des Verdichtungsraumes)

b. Greater London
(enge Abgrenzung des Verdichtungsraumes)

1 Camden
2 Islington
3 Hackney
4 Hammersmith and Fulham
5 Kensington and Chelsea

6 City of Westminster
7 City of London
8 Tower Hamlets
9 Wandsworth
10 Lambeth

11 Newham
12 Southwark
13 Lewisham
14 Greenwich

ILEA – Inner London – Education
Authority (borough 1–8, 10–14).

C Outer Metropolitan Area
(Teile der counties Bedfordshire, Berkshire,
Buckinghamshire, Essex, Hampshire, Kent,
West Sussex und die counties Hertfordshire
und Surrey).

D Outer South East Area
(Teile der counties Bedfordshire, Berkshire,
Buckinghamshire, Essex, Hampshire, Kent,
West Sussex und die counties East Sussex, Isle
of Wight und Oxfordshire).

Abb. 19   Abgrenzung der Region South East

gem Boden der Unterschicht. Die Bewohner staatlich subventionierter Wohnungen kommen z.T. aus innerstädtischen Sanierungsgebieten. In diesen großen Wohnblöcken leben einkommensschwache Haushalte, die relativ schlecht erreichbar und versorgt sind.

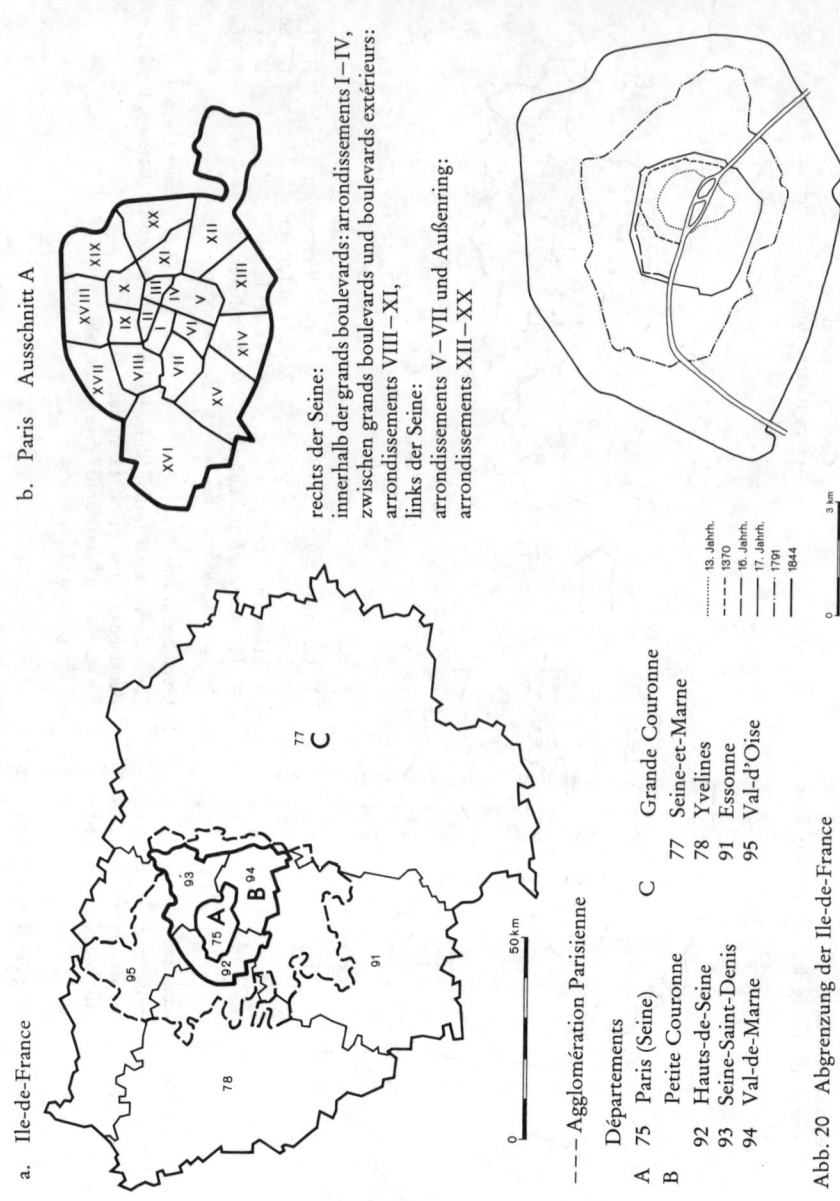

b.   Paris   Ausschnitt A

rechts der Seine:
innerhalb der grands boulevards: arrondissements I–IV,
zwischen grands boulevards und boulevards extérieurs:
arrondissements VIII–XI,
links der Seine:
arrondissements V–VII und Außenring:
arrondissements XII–XX

a.   Ile-de-France

– – – Agglomération Parisienne

Départements

A 75 Paris (Seine)
B   Petite Couronne
    92 Hauts-de-Seine
    93 Seine-Saint-Denis
    94 Val-de-Marne

C   Grande Couronne
    77 Seine-et-Marne
    78 Yvelines
    91 Essonne
    95 Val-d'Oise

.... 13. Jahrh.
– – – 1370
——— 16. Jahrh.
——— 17. Jahrh.
——— 1791
——— 1844

Abb. 20 Abgrenzung der Ile-de-France

Tab. 19   Bevölkerungsentwicklung in der Ile-de-France 1876--1982 (1)

		1876	1911	1954	1968	1975	1982	1911-1982
					1 000			%
A	Paris (Kernstadt)	1 989	2 888 (2)	2 850	2 591	2 291	2 176	− 25
B	Petite Couronne	483	1 412	2 731	3 835	3 977	3 905	+ 177
	Hauts-de-Seine	208	615	1 118	1 464	1 439	1 387	+ 126
	Seine-Saint-Denis	138	411	845	1 250	1 322	1 324	+ 222
	Val-de-Marne	137	386	768	1 121	1 216	1 194	+ 209
C	Grande Couronne	848	1 035	1 736	2 824	3 600	3 992	+ 286
	Seine-et-Marne	347	363	453	604	754	887	+ 144
	Yvelines	235	298	519	853	1 082	1 196	+ 301
	Essonne	136	177	351	674	923	988	+ 458
	Val d'Oise	130	197	413	693	840	921	+ 368
A−C	Ile-de-France (Verdichtungsraum)	3 320	5 335	7 317	9 250	9 868	10 073	+ 89
A	Paris	60	54	39	28	23	21	
B	Petite Couronne	15	27	37	41	40	39	
C	Grande Couronne	25	19	24	31	37	40	
A−C	Ile-de-France	100	100	100	100	100	100	

(1) bezogen auf die Fläche 1982
(2) Fettdruck = Bevölkerungshöchststand 1876−1982

Quelle: INSEE, PARIS

Beispiele aus Nordamerika
Die Bevölkerung der USA wird immer mehr zu einer metropolitanen Bevölkerung, drei von vier Amerikanern (76 %) lebten 1984 in Verdichtungsräumen, „Metropolitan Statistical Areas", davon 41 % in Kernstädten (1970 45 %) und 59 % im suburbanen Raum (1970 55 %).

Wie in Europa wohnten im 19. Jahrhundert in den USA alle Sozialschichten nahe dem Stadtzentrum. Die Differenzierung erfolgte nicht nach der Entfernung vom Zentrum, sondern nach der Nachbarschaft. Bereits Ende des 18. Jahrhunderts gab es zentren- und arbeitsplatznahe Wohngebiete der Ober- und Mittelschicht in der heutigen „transition"-Zone. Seit den 30er Jahren des 19. Jahrhunderts, verstärkt nach dem Bürgerkrieg (1861−1865), zogen Angehörige der Oberschicht, später auch der Mittelschicht in landschaftlich bevorzugte Wohngebiete am Stadtrand, die, wie in Europa, meist eingemeindet wurden (R. A. WALKER 1978, S. 179). Zahl und Reichweite der Fortzüge waren noch sehr begrenzt. Industrie und Gewerbe konnten stärker als in Europa in die Stadtkern gehen, da sie durch vorindustrielle Entwicklungen weniger eingeschränkt wurden. Unterschichthaushalte blieben aufgrund langer Arbeitszeiten und niedriger Löhne nahe den Arbeitsplätzen.

Etwa seit Ende des 19. Jahrhunderts bewegt sich die Zone des höchsten Bevölkerungswachstums wellenförmig vom Stadtkern zur Peripherie, z.B. um etwa eine Meile je Jahrzehnt im Raum Philadelphia von 1900 bis 1950 (H. BLUMENFELD 1954). Zu ähnlichen Ergebnissen für Göteborg (Schweden) kam NORDSTRÖM (1977) nach Auswertung längerer Zeitreihen (E. KNAUSS 1979, S. 16−17). Tab. 20 zeigt die sich beschleunigende Bevölkerungsverschiebung zum Stadtrand

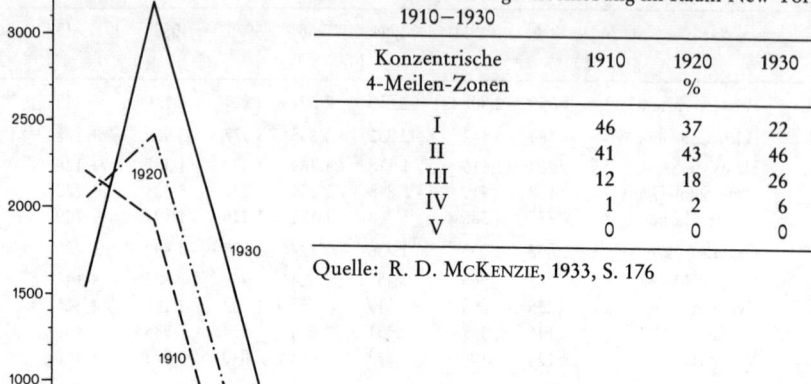

Tab. 20   Bevölkerungsverschiebung im Raum New York
1910—1930

Konzentrische 4-Meilen-Zonen	1910	1920	1930
		%	
I	46	37	22
II	41	43	46
III	12	18	26
IV	1	2	6
V	0	0	0

Quelle: R. D. McKenzie, 1933, S. 176

und den sich vergrößernden Bevölkerungskrater im Stadtkern New York, d.h. die starke Abnahme der Bevölkerungsdichte im Stadtkern.

Die innerregionalen Bevölkerungsveränderungen werden überlagert von interregionalen Bevölkerungsverschiebungen zwischen altindustrialisierten Räumen im Nordosten und jünger industrialisierten Räumen im Süden und Westen der USA. Seit den 50er Jahren verlieren die Kernstädte an Wachstumsdynamik (in Tab. 21 Chicago, Philadelphia, Detroit) oder sogar absolut Bevölkerung, seit den 70er Jahren auch der suburbane Raum. Dieser Trend hat sich in den Kernstädten Anfang der 80er Jahre nicht fortgesetzt, die Bevölkerung von New York City nahm z.B. wieder etwas zu. Gebietsänderungen (Abb. 49 zeigt sie für den Raum New York) verdecken z.T., daß allgemein der Bevölkerungsanteil des suburbanen Raumes zunimmt (vgl. Tab. 21, letzte Spalte). 1960 wohnte etwa die Hälfte der Bevölkerung der Standard Metropolitan Statistical Areas (SMSAs) in den Kernstädten, 1980 noch etwa ein Drittel. Mehr aufgrund der Abgrenzung als aufgrund unterschiedlicher Suburbanisierung wohnten z.B. im Raum New York 1984 nur 14 % der Bevölkerung außerhalb der Kernstadt, im Raum Washington dagegen 75 %.

In den Verdichtungsräumen der USA ist die ethnische und sozioökonomische Segregation (Haushaltseinkommen) deutlich größer als die demographische Segregation (Altersverteilung), dies zeigt Tab. 22.

In den Kernstädten korrelieren schwarze Bevölkerung, einkommensschwache Haushalte (mit weniger als 7 500 $ Haushaltseinkommen 1980) und ältere Menschen hoch, im suburbanen Raum weiße Bevölkerung, sehr gut verdienende Haushalte (mit mehr als 50 000 $ Jahreseinkommen) und Bewohner im mittleren Alter (Tab. 22), z.B. in Detroit und Washington. Die Regierungshauptstadt Washington hatte 1980 nur noch etwa ein Viertel weiße Bevölkerung. Politiker und gut bezahlte Beschäftigte in der Administration wohnen überwiegend außerhalb des District of Columbia.

Tab. 21 Bevölkerungsentwicklung in den größten Verdichtungsräumen der USA 1950–1984 (1)

	Kernstädte				Umland				Anteil des Umlands	
	1950–1960	1960–1970	1970–1980	1980–1984	1950–1960	1960–1970	1970–1980	1980–1984	1960	1984
	%				%				%	
New York	5	– 4	–10	1	47	32	– 1	1	18	14
Los Angeles-Long Beach	32	9	– 5	5	91	34	7	7	59	52
Chicago	–10	– 7	–11	– 1	43	63	14	3	43	48
Philadelphia	– 8	–13	–13	– 2	28	39	5	3	54	62
Detroit	–26	–10	–21	– 9	32	54	8	2	58	69
San Francisco-Oakland	2	– 5	– 6	6	57	49	10	6	.	59
Washington	4	3	–16	– 1	163	125	13	8	63	75
Dallas-Fort Worth	43	37	4	10	163	227	48	19	73	45

(1) 1950–1980 SMSAs, 1980–1984 PMSAs

Quellen: M. J. GREENWOOD 1981, S. 120–121, US DEPARTMENT of COMMERCE, WASHINGTON

Tab. 22 Ethnische, demographische und sozioökonomische Segregation in vier Verdichtungsräumen der USA 1980

SMSA	Ethnische Verteilung (3)			Haushaltseinkommen pro Jahr			Altersverteilung	
	Weiße	Schwarze	hispanischer Herkunft	unter 7 500 $	mehr als 50 000 $	im Durch-schnitt (1 000 $)	unter 14 Jahre	mehr als 60 Jahre
	%			%			%	
New York (1)	61	25	20	29	4	18,2	19	18
(2)	89	8	4	13	12	29,0	18	17
Los Angeles (1)	61	17	28	24	7	21,7	19	15
– Long Beach (2)	72	10	28	18	7	23,1	24	14
Detroit (1)	34	63	2	37	3	17,1	23	17
(2)	94	4	1	16	7	25,4	21	13
Washington (1)	27	70	3	23	8	22,0	16	16
(2)	78	16	3	8	12	29,6	21	9

(1) Kernstadt   (New York, Los Angeles, Chicago, Detroit, Washington DC, Dallas)
(2) Umland   (SMSA – Kernstadt)
(3) Mehrfachzählung

Quelle: NATIONAL DECISION SYSTEMS, WASHINGTON

Nicht nur zwischen Kernstadt und suburbanem Raum gibt es eine ethnische, sozioökonomische und demographische Segregation, sondern auch innerhalb der beiden Teilräume, z.B. im Südosten Washingtons die sektorartige Ausweitung der Wohngebiete der schwarzen Bevölkerung in den suburbanen Raum (Prince George County).

In den Kernstädten und im suburbanen Raum verändert sich die demographische und sozioökonomische Struktur, einkommensstarke Haushalte mit Kindern ziehen z.B. in das Umland, einkommensschwache Einpersonenhaushalte in die Kernstädte. Hier bleibt fast nur Bevölkerung, die aus finanziellen Gründen nicht fortziehen kann oder die hier leben möchte: Ausländer, unvollständige Familien, Arbeitslose, Sozialhilfeempfänger, Drogenabhängige, aber auch weiße Bevölkerung in stabilen Wohngebieten. Wohngebiete können ihre ethnische und sozioökonomische Identität verlieren. Harlem, im Norden des New Yorker Stadtteils Manhattan (1 in Abb. 49), heute ein Wohngebiet Schwarzer und Bevölkerung hispanischer Herkunft, war z.B. als Wohngebiet für die weiße Mittelschicht geplant. Schwierigkeiten der Vermietung veranlaßten zur Unterteilung der Wohnungen und zur Vermietung an Schwarze. 1950 lebten hier etwa 770 000 Menschen, 1984 noch 300 000, davon etwa die Hälfte Schwarze. Die Wohlstandsunterschiede in der Kernstadt zeigt Tab. 23 für New York City anhand des Familieneinkommens.

Tab. 23 Wohlstandsunterschiede innerhalb von New York City 1969 und 1979

		durchschnittliches Familieneinkommen			Familien mit einem Einkommen unter der Armutsgrenze	
		1 000 $		%	%	
		1969	1979	1969–1979	1969	1979
Richmond	(5 Abb. 49)	11,9	23,8	+100	5	7
Bronx	(2 Abb. 49)	8,3	13,2	+ 59	15	25

Quelle: STATE OF NEW YORK

Suburbanisierungsprozesse innerhalb und am Rande nordamerikanischer Städte unterscheiden sich stark von Suburbanisierungsprozessen in europäischen Städten. Während in Nordamerika die Randzonen weitgehend unbesiedelt waren, gab es in Europa eine dichte Folge ehemals dörflicher Siedlungen, alter Ortskerne und Landstädte. Nur wenige deutsche Großstädte, z.B. Industriestädte im Emschertal, haben keine älteren Siedlungskerne. In Nordamerika entstanden neue Siedlungsstrukturen am Stadtrand, in Europa wurden auch ältere Siedlungen, häufig frühere Wochenend- und Sommerhausgebiete, ausgeweitet und überformt (R. PAESLER 1982).

Ältere Städte, insbesondere im Nordosten der USA, haben mehrere Wachstumsringe mit unterschiedlichem Baubestand (vgl. B. J. L. BERRY u.a. 1980). Gefördert durch Subventionen und durch den Ausbau der Infrastruktur entstanden am Rande der Verdichtungsräume ausgedehnte Einfamilienhaussiedlungen der Mittelschicht. Sie sind sozial relativ homogen, administrativ aber stark fragmentiert („urban explosion", „urban sprawl", „mushrooming of suburbs"). Gleichzeitig wurde Wohnraum im Stadtkern zerstört (Slumbildung oder „residential blight"). Der Wohnungsbau (von 1963 bis 1976 27 Millionen Wohnungen) übertraf weit die Zahl der Haushaltsgründungen (17 Millionen).

Umfang und Reichweite der Suburbanisierung unterscheiden sich in den USA und in Kanada. In den USA verloren z.B. zwei Drittel der Kernstädte in den 60er Jahren Bevölkerung, in Kanada war nur jede zwölfte Stadt betroffen. In den USA ziehen Ober- und Mittelschichthaushalte vorwiegend in den suburbanen Raum, in Kanada liegen dagegen nach der Sanierung die begehr-testen Einfamilienhausgebiete nahe dem Hauptgeschäftszentrum. Zu den Gründen der unter-schiedlichen Standortpräferenzen und Bevölkerungsverteilung in den Verdichtungsräumen ge-hören Unterschiede im Ausbau der Infrastruktur (Fernstraßen- und Fußwegenetz), in der Sied-lungsstruktur (Einzelhäuser), in der demographischen Struktur (Anteil der Minoritäten, der nichtweißen Bevölkerung, der Einwanderer und der Haushalte mit Kindern), im Verhalten (Motorisierungsgrad, Benutzung öffentlicher Verkehrsmittel, Ausgaben für Verkehr und Woh-nung), in der kommunalen Finanzausstattung und in den öffentlichen Leistungen.

Beispiel Tokyo
Im Raum Tokyo begann eine stärkere Bevölkerungsdekonzentration nach dem Erdbeben von 1923. Abb. 21 zeigt für sieben Zeitpunkte von 1920 bis 1980 die relative Bevölkerungsverände-rung in fünf konzentrischen 10 km-Zonen um den Stadtmittelpunkt Tokyo. Die Zone höchster Suburbanisierungsdynamik (durch einen senkrechten Strich angedeutet) verschiebt sich zuneh-mend nach außen, bis zum 2. Weltkrieg im 20 km-Radius, 1950 im 30 km-, 1970 im 40 km- und 1980 im 50 km-Radius.

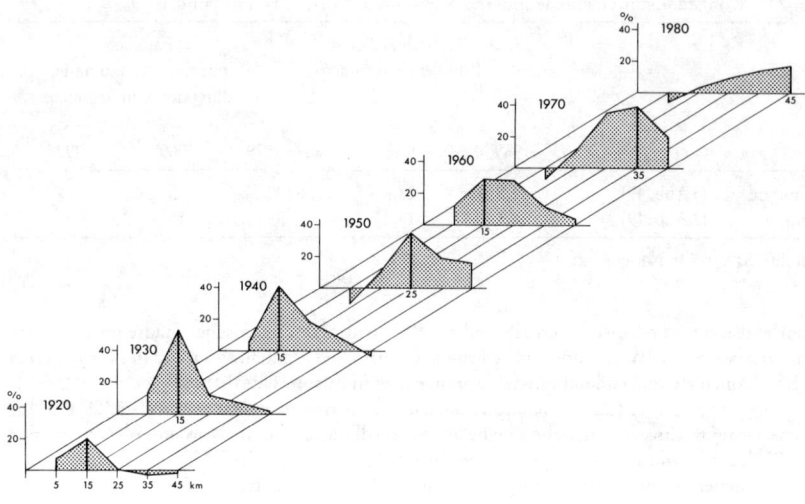

Abb. 21   Relative Bevölkerungsveränderung im Raum Tokyo 1920—1980 (W. FLÜCHTER 1985 nach WATANABE)

Der Suburbanisierungsprozeß geht immer mehr über die Präfektur Tokyo, den Verdichtungs-raum Tokyo in enger Abgrenzung (A und B in Abb. 22), hinaus in die angrenzenden Präfek-turen Kanagawa, Saitama und Chiba. 1960 wohnten in Tokyo noch 47 % der Bevölkerung der Tokyo Metropolitan Region (Tab. 24), 1980 nur noch 29 %. Seit Ende der 60er Jahre nimmt die Bevölkerung in der Kernstadt absolut ab, seit Ende der 70er Jahre auch in der Präfektur Tokyo (Kernstadt + Tama District).

Tab. 24 Bevölkerungsentwicklung im Raum Tokyo 1920–1980

		1920	1940	1950	1965	1975	1980	1920–1980 %
					1 000			
A	Stadt Tokyo	3 358	6 779	5 385	**8 893** (1)	8 647	8 347	+ 149
B	Tama District (Umland in enger Abgrenzung)	336	568	907	1 976	3 027	**3 266**	+ 872
A+B	Präfektur Tokyo (Verdichtungsraum in enger Abgrenzung)	3 694	7 347	6 292	10 869	**11 674**	11 613	+ 214
C	Präfekturen Kanagawa, Saitama und Chiba	.	.	.	10 098	15 376	**17 085**	
A–C	Toyko Metropolitan Region (= Keihin)	.	.	.	20 967	27 050	**28 698**	
D	Präfekturen Yamanashi, Gunma, Tochigi und Ibaraki	.	.	.	5 233	5 784	**6 193**	
A–D	Nationale Hauptstadtregion	.	.	.	26 200	32 834	**34 891**	
					%			
A	Stadt Tokyo	91	92	86	82	74	72	
B	Tama District	9	8	14	18	26	28	
A–B	Präfektur Tokyo	100	100	100	100	100	100	

(1) Fettdruck = Bevölkerungshöchststand 1920–1980

Quelle: BUREAU of GENERAL AFFAIRS, TOKYO

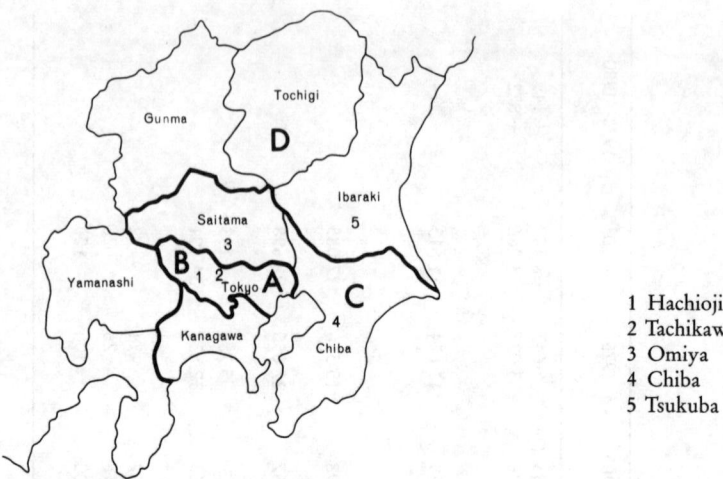

1 Hachioji
2 Tachikawa
3 Omiya
4 Chiba
5 Tsukuba

Abb. 22   Abgrenzung der Nationalen Hauptstadtregion in Japan

3.2.4   Bevölkerungssuburbanisierung in sozialistischen Ländern

Die Gruppe der „sozialistischen" Länder wird hier auf die osteuropäischen Staatshandelsländer nach der Abgrenzung der Weltbank im WELTENTWICKLUNGSBERICHT beschränkt (DDR, Polen UdSSR, Tschechoslowakei, Ungarn, Rumänien, Bulgarien, Albanien). Trotz teilweiser Zuzugsbeschränkungen nimmt in diesen Ländern die Bevölkerung der Kernstädte noch zu, z.B. in Moskau (Abb. 23, Tab. 25) und Budapest (Abb. 24, Tab. 26), der Bevölkerungsanteil vor allem in den größeren Verdichtungsräumen jedoch ab (vgl. DOMAŃSKI 1981). Auch hier verschiebt sich die Zone höchster Bevölkerungsdichte nach außen. Die Innenstädte verlieren Bevölkerung. Großwohnsiedlungen, zuerst am Rande der Innenstadt errichtet, werden immer weiter draußen gebaut (Z. RYKIEL 1984, F. WERNER 1981, I. BÉRENYI 1981, J. H. BATER 1980, F.E.I. HAMILTON 1976).

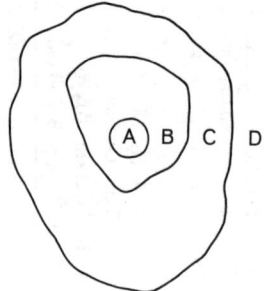

Abb. 23
Abgrenzung des Raumes Moskau

Tab. 25   Bevölkerungsentwicklung im Raum Moskau 1959–1984

		1959	1970	1980	1984	1959–1984
			1 000			%
A	Stadtzentrum	930	420			
B	Innerer Ring (zwischen Gartenring und Eisenbahnring)	4 116	3 300			
C	Äußerer Ring (zwischen Eisenbahnring und Autobahnring)	998	3 341			
A–C	*Moskau*	6 044	7 061	8 314	8 642	+ 43
D	äußerer metropolitaner Raum	2 371	3 250			
E	übriges Gebiet des Moskau oblast	2 534	2 525			
A–E	*Moskau oblast*	10 950	12 836	14 650	15 160	+ 38

Quelle: STADT MOSKAU

Die Bevölkerung sozialistischer Städte ist homogener als die Bevölkerung westlicher Städte und als die Bevölkerung in vorsozialistischer Zeit, die soziale Segregation geringer als die demographische Segregation. Es gibt jedoch auch sozial differenzierte Wohngebiete und Wohnungen unterschiedlicher Qualität (Lage, Größe, Ausstattung). Vor allem in den *osteuropäischen Ländern* beeinflußt die gewachsene Stadtstruktur und die teilweise Kontinuität des Grundbesitzes die räumliche Verteilung der Bevölkerung. So wohnen z.b. auch heute in *Berlin (Ost)* Industriearbeiter und ältere Menschen im ehemaligen Wilhelminischen Wohnring, Angehörige der Führungsschicht und Künstler in Villen und größeren Wohnungen nahe dem Stadtzentrum (F. WERNER 1981, S. 126); die politische Elite der DDR wohnt allerdings in einem abgegrenzten Wohngebiet am Stadtrand. Der Bezirk Mitte weist den höchsten Anteil „Intelligenz" aller Kernstadtbezirke an der Wohnbevölkerung auf und im Unterschied zur Vorkriegszeit den niedrigsten Anteil Erwerbstätiger im sekundären Sektor (H. MÜLLER 1985, S. 440).

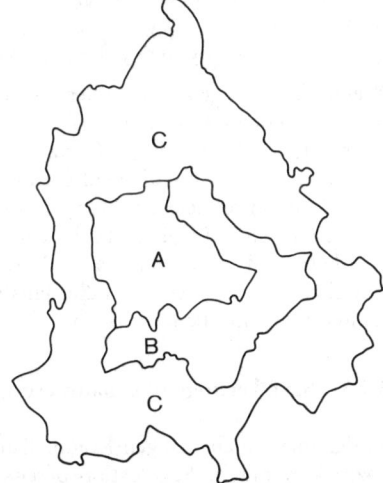

Abb. 24
Abgrenzung der Agglomeration Budapest

Bezieher höherer Einkommen wohnen auch in Warschau (J. DANGSCHAT 1985) und Budapest (K. KIEHL 1985, B. SARFALVI 1981) überwiegend in der Kernstadt, Bezieher niedriger Einkommen in Neubaugebieten am Stadtrand.

Tab. 26   Bevölkerungsentwicklung im Raum Budapest 1869–1980

		1869	1910	1949	1970	1980	1910–1980
				1 000			%
A	Klein Budapest	280	880	1 063	1 398	**1 439** (1)	+ 64
B	Landgebiete	22	230	528	602	621	+ 170
A+B	Groß Budapest	302	1 110	1 591	2 000	**2 060**	+ 86
C	Umlandgemeinden	67	126	206	338	**424**	+ 237
A–C	Agglomeration	369	1 236	1 797	2 338	**2 484**	+ 101
				%			
A	Klein-Budapest	76	71	59	60	58	
B	Randgebiete	6	19	30	26	25	
A+B	Groß-Budapest	82	90	89	86	83	
C	Umlandgemeinden	18	10	11	14	17	
A–C	Agglomeration	100	100	100	100	100	

(1) Fettdruck = Bevölkerungshöchststand 1869–1980

Quelle: K. KIEHL, 1985, S. 630

Auch am Rande sozialistischer Städte gibt es Oberschichtsektoren in landschaftlich bevorzugter Lage. In der DDR werden ehemalige Stadtrandsiedlungen mit inhomogener Bausubstanz (Villen, Landhäuser, Schlichthäuser, Wohnlauben) heute höher als vor dem Kriege bewertet. Neue Eigenheimstandorte werden außerhalb der Städte in den umliegenden Dörfern oder in Verbindung mit Kleinsiedlungen im Umland ausgewiesen (P. SCHÖLLER 1986, S. 42).

Wesentlich radikaler als in anderen osteuropäischen Verdichtungsräumen waren die sozialen Veränderungen in Moskau nach der Oktoberrevolution. Während bis 1917 kaum Arbeiter innerhalb des Gartenringes (A in Abb. 23) wohnten, lebte bereits Anfang der 20er Jahre fast die Hälfte in den großbürgerlichen Wohngebieten der Innenstadt. London vergleichbar liegt jenseits der ausgedehnten Neubaugebiete der letzten Jahrzehnte ein Grüngürtel. In diesem Grüngürtel werden zunehmend Wochenend- und Ferienkolonien gebaut, sog. Datschas, Privilegien für den Führungs- und Leitungskader. Noch weiter draußen entstanden an den Hauptlinien der Eisenbahn Satellitenstädte und Pendlervororte.

3.2.5   Bevölkerungssuburbanisierung in Schwellen- und Entwicklungsländern

In den meisten ehemaligen Kolonialländern ist die Bevölkerungsumverteilung und sozioökonomische Segregation bereits in der Kolonialzeit angelegt, im Maghreb durch den Gegensatz von Medina und ville nouvelle, in Indien von vorkolonialer Altstadt und cantonment und civil lines aus britischer Zeit.

Auch in den sehr stark wachsenden Verdichtungsräumen Lateinamerikas, Afrikas und Asiens nimmt in jüngerer Zeit der Bevölkerungsanteil des suburbanen Raumes zu, vgl. Abb. 7. Es verstärkt sich in *Lateinamerika* allgemein der schon längere Zeit beobachtete Bevölkerungsrückgang in der Innenstadt (J. BÄHR, G. MERTINS 1985, S. 232).

Lateinamerikanische Städte hatten schon in der Kolonialzeit Vorstädte mit Gartenbau, Handwerk, Manufakturen und Mühlen. Bis Ende des 19. Jahrhunderts war z.B. Mexiko-Stadt noch kaum über die Grenzen der Kolonialstadt gewachsen, und erst seit den 50er Jahren geht die städtische Entwicklung über den Distrito Federal hinaus (vgl. E. BUCHHOFER 1982). Der Anteil der Außenzone an der Bevölkerung des Verdichtungsraumes stieg von etwa 4 % 1950 auf über 30 % 1980.

Anfang dieses Jahrhunderts verließen in lateinamerikanischen Städten Oberschichthaushalte die Altstadt um die zentrale Plaza aufgrund zunehmender tertiärer Nutzung, sozialer und baulicher Veränderungen (Verschlechterung der Bausubstanz, Zuzüge von Unterschichthaushalten). Sie suchten zunächst möglichst zentrumsnahe Standorte oder wie in Europa Villenvororte (ehemalige Dörfer, Kleinstädte, Ausflugsorte, Sommerresidenzen) und zogen, wenn sie von der Siedlungsfront eingeholt wurden, weiter nach draußen. Oberschichtwohngebiete neigen stark zur Absonderung und Verlagerung innerhalb eines räumlichen Sektors nach außen. Lagegunst (Relief, Lokalklima) und Entfernung zu anderen Wohngebieten (Tendenz zur sozialen Segregation) beeinflussen die Verlagerungsrichtung und Verzerrungen der sektoralen Entwicklung. In vielen lateinamerikanischen Großstädten kam es zu einer mehrfachen Verlagerung der gehobenen Wohnviertel an den Stadtrand (vgl. die Abbildungen und Erläuterungen bei G. SANDNER 1969, P. W. AMATO 1970, D. J. DWYER 1974, J. BÄHR 1976, J. BÄHR, G. MERTINS 1981, A. G. GILBERT, P. W. WARD 1982, H. PACHNER 1982, H. WILHELMY, A. BORSDORF 1984). In Santiago wurden z.B. gehobene Wohnviertel in den 20er Jahren, in Caracas, Quito und Bogotá in den 30er Jahren in nordöstlicher Richtung verlagert, in Bogotá seit den 50er Jahren in nordwestlicher Richtung.

Die Mittelschicht wohnt meist der Oberschicht benachbart (in angrenzenden Sektoren), häufig in ehemaligen Oberschichtvierteln. In z.T. scharfem räumlichen Gegensatz zu den Oberschichtvierteln liegen die Unterschichtwohnviertel entweder ringförmig um den Stadtrand, vielfach in frühen, baulich und sozial degradierten Oberschichtwohngebieten und Massenmietshäusern, oder stark zunehmend am Stadtrand. Am Rande fast aller großen Städte Lateinamerikas sind ausgedehnte Hüttensiedlungen mit schlechter Infrastruktur und großer Entfernung zu Arbeitsplätzen entstanden. Da fast nur am Stadtrand preiswerte Wohnungen gefunden werden, in Hüttensiedlungen und weit seltener in Sozialwohnungen, überwiegt für Unterschichthaushalte die erzwungene Suburbanisierung.

Im Unterschied zu den Industrieländern (Randverlagerung oder Randwanderung der Bevölkerung) wachsen die Randgebiete in großen Städten der Schwellen- und

Entwicklungsländer vor allem durch Zuwanderung aus dem ländlichen Raum (Hüttensiedlungen in der Nähe der Industrie oder in verkehrsgünstiger Lage).

Allgemeine Aussagen zur Bevölkerungsumverteilung und räumlichen Ordnung der Wohngebiete sind schwierig. Die Siedlungsmuster werden stark beeinflußt durch die Topographie und die kommunalpolitische Steuerung. Trotz Absonderungstendenzen der Oberschicht sind z.b. die Wohngebiete in São Paulo im Gegensatz zu den Metropolen spanisch Lateinamerikas noch annähernd ringförmig ausgebildet: Oberschicht nahe dem Zentrum, darum ein Ring von Mittelschichtwohngebieten, am Stadtrand Unterschichtwohngebiete (H. WILHELMY, A. BORSDORF 1985, S. 311).

Abgesehen von Südafrika, wo bereits Ende des 19. Jahrhunderts in Johannesburg ein Oberschichtviertel nach Norden verlagert wurde (J. BÄHR, A. SCHRÖDER-PATELAY 1982, S. 491), begann in *Afrika* südlich der Sahara die Bevölkerungssuburbanisierung erst nach der Unabhängigkeit in den 60er und 70er Jahren. Beispiele sind die sektorale Ausweitung gehobener Wohnviertel in Accra und Nairobi. Nur ältere Städte mit vorkolonialer Entwicklung, vor allem in Westafrika, haben Unterschichtwohngebiete im Stadtkern, diese sind z.T. heute Slumgebiete. In den übrigen Städten liegen die Unterschichtwohngebiete allgemein am Stadtrand, neben Wohnungen des öffentlichen Wohnungsbaus. Es sind große und sich rasch ausdehnende Hüttensiedlungen.

In südafrikanischen Städten werden Nichtweiße (Schwarze, Farbige, Inder) zwangsweise in abgelegene „townships" umgesiedelt, Schwarze z.B. im Raum Johannesburg nach Soweto (etwa 1,5 Mio. Bewohner) oder in Homelands, z.B. aus dem Raum Pretoria nach Bophutatswana (GaRankuwa, Mabopane), aus dem Raum Durban nach Kwazulu (Umlazi, KwaMashu). Sie sind dann statistisch nicht mehr Bewohner südafrikanischer Verdichtungsräume, sondern der nichtweißen Homelands. Mit der Umsiedlung verbunden ist eine Abnahme des Bevölkerungszuwachses und eine starke Veränderung der Sozialstruktur.

Früher als in Schwarzafrika verschob sich in *asiatischen* Städten aufgrund von Fortzügen aus dem Stadtkern und Zuzügen aus dem ländlichen Raum der Bevölkerungsschwerpunkt zum Stadtrand. Seit der 2. Hälfte des 19. Jahrhunderts verlassen Oberschichthaushalte die Altstadt vorderasiatischer Städte, u.a. in Aleppo, Damaskus, Beirut, Tripolis, Kabul, und ziehen außerhalb der Ummauerung in klimatisch begünstigte und moderne Wohnviertel. Der Sozialgradient kehrt sich z.T. um, die Altstädte werden Zuzugsgebiete der Unterschicht. Tab. 27 zeigt am Beispiel Istanbul die starke Bevölkerungsverschiebung in den 70er Jahren in das Umland.

Beispiele für Bevölkerungsverschiebungen und frühe Verlagerungen von Oberschichtvierteln an den Stadtrand außerhalb der Schutzmauern gibt es auch für Verdichtungsräume in Süd- und Ostasien. Bereits im 17. Jahrhundert verließen spanische Manileos in größerer Zahl die Stadt und zogen in landschaftlich begünstigte Randgebiete (vgl. R. R. REED 1978, S. 49). Ein anderes Beispiel ist Jakarta. Hier zogen Ende des 18. Jahrhunderts Europäer nach Malaria-, Pocken- und Typhusepidemien aus der dicht bebauten Altstadt in neue, aufgelockert bebaute und durchgrünte Wohngebiete, chinesische, indische, arabische Händler und einheimische Bevölkerungsgruppen zogen in den Stadtkern (vgl. W. RÖLL 1979). Allgemein verläßt die Oberschicht etwa seit Ende des 19. Jahrhunderts den Stadtkern, z.B. in Bangkok, Colombo, Bombay, Singapur und Manila (P. AGEL 1982, C. S. HWA 1983, A. KOLB 1978).

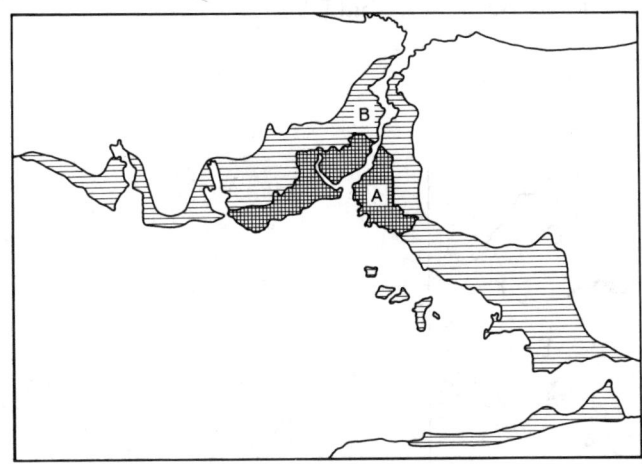

Abb. 25   Abgrenzung des Raumes Istanbul (Entwurf: V. HÖHFELD 1986)

Tab. 27   Bevölkerungsentwicklung im Raum Istanbul 1945–1980

		1945	1970	1980	1945–1980
			1 000		%
A	*Stadt Istanbul*	861	2 248	**2 773** (1)	+ 222
B	*Umland*	40	513	**2 113**	+ 5 183
A+B	*Verdichtungsraum*	901	2 761	**4 886**	+ 442
			%		
A	Stadt Istanbul	96	81	57	
B	Umland	4	19	43	
A+B	Verdichtungsraum	100	100	100	
(1) Fettdruck = Bevölkerungshöchststand 1845–1980					

Quelle: V. HÖHFELD, 1984

Wie in Bombay (Abb. 26, Tab. 28) nimmt die Bevölkerung der Kernstädte meist noch zu. Die Zone höchster Suburbanisierungsdynamik schiebt sich aber zunehmend nach außen.

Auch hier werden aufgrund der enormen Siedlungsausweitung Oberschichtviertel z.T. mehrfach verlagert. Sie liegen heute im Raum Bombay klimatisch und reliefbegünstigt an der Westküste (Ward D, Abb. 60). Sozioökonomische, nicht religiöse oder ethnische Merkmale verbinden die Bewohner der Oberschichtviertel. Die Wohngebiete der Mittelschicht liegen in Colaba südlich des Stadtkerns (Ward A, Abb. 60), im Norden jenseits der Industriezone und im Westen der Halbinsel Salsette (suburbaner Raum), die Wohngebiete der Unterschicht am Rand des Stadtkerns und der Bazarzone (u.a. Ward E.).

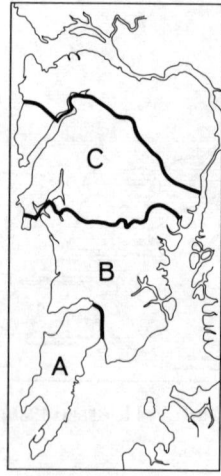

Abb. 26
Abgrenzung des Raumes Bombay

Tab. 28   Bevölkerungsentwicklung im Raum Bombay 1901–1981

		1901	1941	1961	1981	1901–1981
			1 000			%
A	*Bombay* (Wards A–G) (1)	776	1 490	2 772	**3 195** (2)	+ 312
B	Wards H, K, L, M, N	71	205	1 036	**3 244**	+ 4 469
C	Wards P, R, T	80	106	344	**1 725**	+ 2 056
A–C	*Greater Bombay*	927	1 801	4 152	**8 164**	+ 781
D	*Metropolitan Area*			5 281	·	
				%		
A	Bombay (Wards A–G)	83	83	67	39	
B	Wards H, K, L, M, N	8	11	25	40	
C	Wards P, R, T	9	6	8	21	
A–C	Greater Bombay	100	100	100	100	

(1) vgl. Abb. 60
(2) Fettdruck = Bevölkerungshöchststand 1901–1981

Quelle: Census of India

3.3 Industriesuburbanisierung

Auch in der Industrie verschiebt sich in vielen großen Städten der Tätigkeitsschwerpunkt in das Umland. Unter *Industriesuburbanisierung* wird die *innerregionale Dekonzentration der Industrie* verstanden, erkennbar an der *Zunahme des Umlandanteils der Industriebeschäftigung oder -arbeitsplätze* im Verdichtungsraum und an der *Abnahme des Anteils der Kernstadt.* Die Industriesuburbanisierung ist verbunden mit einer *Reorganisation der Industriefunktionen im Verdichtungraum.* Sie erfolgt durch Stillegungen, innerbetriebliche Beschäftigungsveränderungen, vollständige oder teilweise Verlagerungen und Zuzüge und Ansiedlungen in der Kernstadt (selten aller Unternehmensfunktionen) und im Umland. Stillegungen sind weitaus häufiger als Standortwechsel. Eine größere Bedeutung als Standortveränderungen haben innerbetriebliche Beschäftigungsveränderungen (Wegfall oder Schaffung von Arbeitsplätzen in bestehenden Betrieben).

In der Urbanisierungsphase war der Stadtkern wegen des Arbeitskräftepotentials und der Absatzmöglichkeiten allgemein ein hervorragender Industriestandort. Die starke Nutzungsmischung und -verdichtung führte aber zunehmend zu Konflikten und bereits im 19. Jahrhundert zu Verlagerungen von Industriebetrieben an den Stadtrand. Die Randzone der Innenstadt, in Stadtmodellen die „Durchgangszone" („transition zone"), heute unter starkem Veränderungsdruck, weitete sich durch Industrie- und Gewerbeansiedlung immer mehr aus. Mit dem Ausbau des Bahnnetzes verschob sich der optimale transportorientierte Industriestandort zum Gleisanschluß.

Die Entwicklung des LKW löste schließlich die Standortbindung an die Innenstadt. Hohe Transport- und Informationskosten hielten zunächst noch alle Unternehmensfunktionen (Leitung, Verwaltung, Ein- und Verkauf, Produktion, Forschung und Entwicklung) an einem Standort, meist in mehrstöckigen Gebäuden (günstige Energieübertragung). Eine Standortspaltung wird durch sinkende Transport- und Informationskosten möglich.

3.3.1 Merkmale der Industriesuburbanisierung

1. *Tätigkeitssegregation*
In den Kernstädten nimmt der Anteil sekundärer Tätigkeiten ab, der Anteil tertiärer Tätigkeiten zu, insbesondere auch tertiärer Tätigkeiten in der Industrie. Die Kernstädte verlieren Betriebe und Beschäftigte, u.a. Arbeitsplätze in der Fertigung, in Lager- und Transportdiensten sowie Bürohilfsdiensten. In einigen Städten der Industrieländer ist die Abnahme so stark, daß hier fast schon von einer Entindustrialisierung gesprochen werden kann. Nur wenige Betriebe des produzierenden Gewerbes bleiben in den Innenstädten.

2. *Funktions- und Branchensegregation*
Mit der Standortverschiebung zu tertiären Tätigkeiten ist häufig eine Reorganisation und räumliche Trennung der Unternehmensfunktionen verbunden, eine Verschiebung zu höherrangigen und höherwertigen Funktionen und eine räumliche Konzen-

tration dieser Funktionen. Können die Unternehmensfunktionen aufgespalten und getrennt werden, bleiben Leitung, Verwaltung, Handel, Forschung und Entwicklung meist in der Kernstadt, Tätigkeiten, denen besondere Bedeutung für die Wettbewerbsfähigkeit der Unternehmen zukommt. Fertigungsbetriebe ertragsstarker Unternehmen gehen dagegen vorwiegend in den suburbanen Raum, solche ertrags- und konkurrenzschwächerer Unternehmen oder rezessive Branchen in den ländlichen Raum oder ins Ausland. Zweigbetriebe ausländischer Unternehmen suchen eher als inländische Unternehmen Standorte im suburbanen Raum, da sie als abhängige Betriebe weniger auf Agglomerationsvorteile angewiesen sind.

Standortentscheidungen (Verlagerungen, Zweigbetriebe) sind stark konjunkturabhängig, in einer Rezessionsphase seltener und räumlich begrenzter als in einer Boomphase. Für industrielle Leitungsfunktionen (Hauptverwaltungen) wird allgemein ein Standort in einer repräsentativen, zentralen Lage gesucht, für Verwaltungs- und Handelsfunktionen ein Standort mit guter Erreichbarkeit, für Forschung und Entwicklung ein ruhig gelegener Standort in angenehmer Umgebung und für Produktionsbetriebe ein gut erschlossenes Grundstück mit Erweiterungsmöglichkeit und guter Verkehrsanbindung, Leitlinien der Industrieentwicklung sind Bahngleise und Ausfallstraßen. In den Verdichtungsräumen verbessert sich durch Stillegungen und Verlagerungen umweltbelastender Betriebe der Grundstoff- und Produktionsgüterindustrie und konkurrenzschwacher Betriebe der Konsumgüterindustrie die Umweltqualität und Branchenstruktur. Betriebe des Maschinenbaus, der Elektro- und Elektronikindustrie können sich hier besser behaupten als z.B. Textilbetriebe und Betriebe der holzverarbeitenden Industrie.

3. *Nutzungstrennung in der Kernstadt, Nutzungsmischung im suburbanen Raum*
Nutzungsmischung und Konflikte mit der Wohnbevölkerung nehmen in den Kernstädten durch Betriebsstillegungen, -einschränkungen und -verlagerungen ab, während sie durch Ansiedlung von Industrie im suburbanen Raum zunehmen. In altindustrialisierten Räumen kommt es aufgrund hoher Altlasten und fehlender Neuansiedlungen großflächig zur Industriebrache und zu „industrial blight" (Verfall von Industriegebieten). Die Verlagerungsfähigkeit der Betriebe ist jedoch unterschiedlich. Kapitalakkumulation bzw. hohe Desinvestitionskosten binden vor allem große Betriebe an einen Standort und machen eine Verlagerung unmöglich. Dies ist ein Grund für die Standortpersistenz. Eine Verschiebung der Industrietätigkeit in den suburbanen Raum bedeutet aber auch vor allem für gering qualifizierte Arbeitskräfte eine Verschlechterung der Beschäftigungschancen und der Arbeitsplatzauswahl in den Kernstädten.

4. *Geringe durchschnittliche Verlagerungsdistanzen*
Verlagerungen eines gesamten Betriebes erfolgen überwiegend im Nahbereich, im Umkreis von 20 bis etwa 50 km (Reichweite der Agglomerationsvorteile).

3.3.2   Gründe der Industriesuburbanisierung

In einer Reihe von Arbeiten, ganz überwiegend in marktwirtschaftlichen Industrieländern, wurden Hypothesen zur Standortwahl und Entwicklungsdynamik der Industrie in Verdichtungsräumen überprüft, u.a. in den Räumen Hamburg (H.-G. VON ROHR 1971), Frankfurt (H.-D. MAY 1968), Stuttgart (R. GROTZ 1971), München (G. THÜRAUF 1975, H. DECKER 1984), London (R. DENNIS 1978) und Tokyo (A. TA-KEUCHI 1982). Auch wenn die Arbeiten nach Zielsetzung, Samplegröße und Daten nur schwer vergleichbar sind, lassen die Ergebnisse doch allgemeinere Aussagen zur Industrieentwicklung in den Verdichtungsräumen der Industrieländer und zu den Gründen der Ansiedlungs- und Mobilitätsentscheidungen zu (vgl. W. GAEBE, J. MAIER 1984 und Abb. 27). Sie müssen aber im Einzelfall ebenso wie bei den demographischen und sozioökonomischen Veränderungsprozessen korrigiert werden. Untersuchungen zur Industriesuburbanisierung sind in den Schwellen- und Entwicklungsländern noch weit seltener als in den marktwirtschaftlichen Industrieländern.

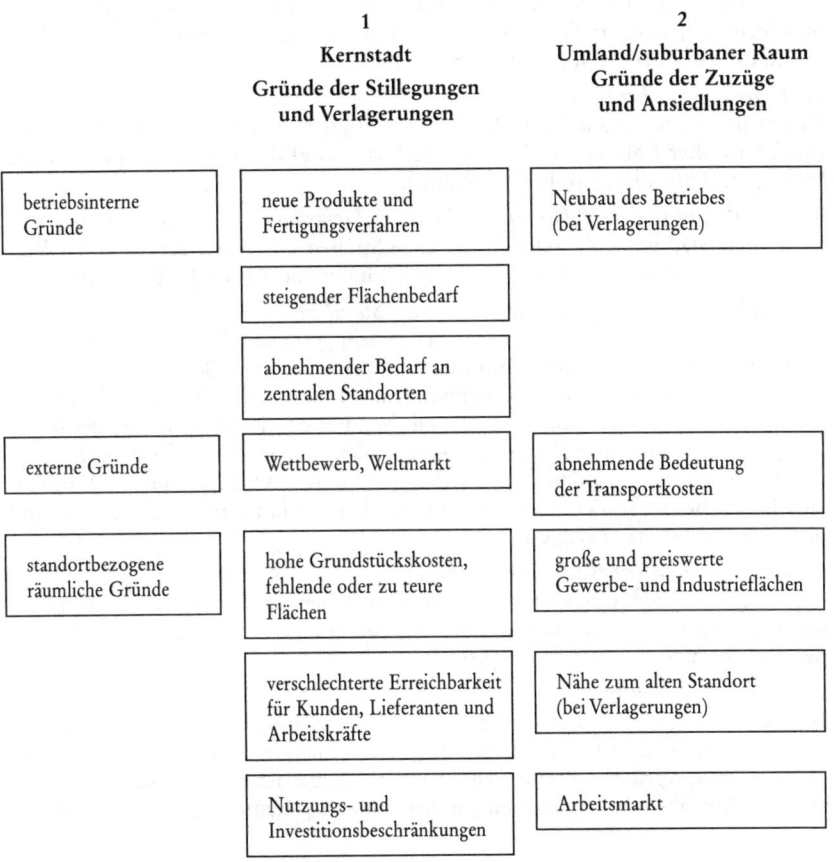

Abb. 27   Gründe der Industriesuburbanisierung

3.3.2.1   Gründe der Stillegungen und Verlagerungen aus den Kernstädten

1. *Neue Produkte und Fertigungsverfahren*
Veränderte Standortanforderungen (u.a. an Lage, Gebäude, Betriebsorganisation, Freiflächen) können bei der Umstellung auf neue Produkte oder Fertigungstechniken häufig am alten Standort nicht befriedigt werden. Der Betrieb ist dann zu einer Verlagerung gezwungen.

2. *Hohe Grundstückskosten* (fehlende oder zu teuere Flächen)
Zwischen Standort und Grundstückspreis besteht ein enger Zusammenhang. Der Preis für Gewerbegrundstücke wird durch die starke Nutzungskonkurrenz zwischen (flächenintensiven) Handels- und Dienstleistungstätigkeiten und (flächenextensiven) Produktionstätigkeiten ungünstig beeinflußt. Dekonzentrationsprozesse sind Ausdruck der Bodenknappheit. Unternehmen bauen Fertigungen an zentralen Standorten ab, da sie im Wettbewerb mit tertiären Tätigkeiten mit höherer Flächenproduktivität unterliegen (vgl. F.-J. BADE 1985).

3. *Steigender Flächenbedarf*
Allgemein nimmt der Flächenbedarf je Beschäftigten zu, sowohl für die Produktion (bei Ersatz alter Anlagen Tendenz zur Flachbauweise) als auch für den Verkehr und für soziale Aufgaben (z.B. für Parkplätze).

4. *Verschlechterte Erreichbarkeit für Kunden, Lieferanten und Arbeitskräfte*
Hohe innerstädtische Verkehrsdichte, enge Straßen und Veränderungen der Verkehrsführung erschweren für Kunden, Lieferanten und Arbeitskräfte die Anfahrt.

5. *Abnehmender Bedarf an einem zentralen Standort*
Der Bedarf an zentralen Standorten ist allgemein gesunken durch die Entwicklung neuer Verkehrs-, Transport-, Informations- und Kommunikationstechnologien, z.B. im 19. Jahrhundert durch die Erfindung des Telefons, des drahtlosen Nachrichtenverkehrs, des Benzinmotors, im 20. Jahrhundert durch die Erfindung der Rohrpost, der elektronischen Datenspeicherung, -übertragung und -fernverarbeitung. Die Reichweite der Agglomerationswirkungen hat dadurch zugenommen. Einen relativ hohen Bedarf an Zentralität haben kleine Unternehmen und Unternehmen mit nicht standardisierter Fertigung.

6. *Nutzungs- und Investitionsbeschränkungen*
Nutzungs- und Investitionsbeschränkungen entstehen u.a. durch Bau- und Umweltschutzauflagen, durch Abstandserlasse und Änderungen von Flächennutzungsplänen und Stadtentwicklungskonzepten.

7. *Wettbewerb, Weltmarkt*
Bedarfsdeckung und Bedarfsverschiebungen, Nachfrageveränderungen und veränderte Währungs- und Kostenrelationen (Löhne, Energie, Rohstoffe, nachlassende internationale Wettbewerbsfähigkeit) zwingen z.B. Betriebe der Konsumgüterindustrie zur Aufgabe oder Verlagerung in den ländlichen Raum oder ins Ausland.

3.3.2.2 Gründe der Zuzüge und Ansiedlungen im suburbanen Raum

1. *Gewerbe- und Industrieflächen*
Preisgünstige, erschlossene und gut erreichbare Industrie- und Gewerbeflächen mit Erweiterungsmöglichkeiten, Hallen in Industrie- und Gewerbeparks und die Unterstützung der Kommune sind wichtige Ansiedlungsgründe. Das Steuersystem bestimmt in Europa stärker als in den USA die Bemühungen um Industrieansiedlungen (Besteuerung der Immobilien).

Niedrigere Grundstückskosten erleichtern die Umstellung, Modernisierung und Rationalisierung der Produktionsprozesse (Kapitalintensivierung, eingeschossige Bauweise). Ein neuer Standort ist meist günstiger als ein Abriß und Neubau am alten Standort.

2. *Nähe zum alten Standort* (bei Verlagerungen)
Ansiedlungsentscheidungen werden auch bestimmt durch Kontakte, Beziehungen und räumliche Bindungen, durch die Nähe zu Kunden und Lieferanten und durch das Stammpersonal.

3. *Abnehmende Bedeutung der Transportkosten*
Durch neue Transport-, Informations- und Kommunikationstechnologien, Produkt- und Prozeßinnovationen (u.a. Abnahme des Materialgewichts und der Zahl der Teile sowie Miniaturisierung) wird die Standortunabhängigkeit der Industriebetriebe größer („foot-loose"-Betriebe), die Standortbindung geringer. Dazu trägt auch die Ablösung mechanischer durch elektronische Prozesse bei, insbesondere seit der Entwicklung von Halbleitern und integrierten Schaltungen.

4. *Arbeitsmarkt*
Durch den starken Zuzug qualifizierter Arbeitskräfte wird der Arbeitsmarkt in Umlandgemeinden breiter und ergiebiger. Die Bedeutung dieser Gründe hängt von der Größe der regionalen Arbeitsmärkte ab und von dem Arbeitskräfteaufwand der Industrie.

3.3.3 Industriesuburbanisierung in den Industrieländern

Ähnlich wie die Bevölkerungssuburbanisierung läßt sich die Industriesuburbanisierung primär in den Verdichtungsräumen der höher entwickelten sog. westlichen Industrieländer beobachten. Für funktional stark differenzierte Industrieunternehmen gelten allgemein die genannten Überlegungen zu Standortentscheidungen (funktionsspezifische Standortanforderungen und -bewertungen). Sie werden abgewandelt durch ordnungspolitische, wirtschaftliche und gesellschaftliche Tätigkeitsbedingungen.

Die Industriesuburbanisierung wird jeweils eingeleitet durch Veränderungen der Standortqualität in der Kernstadt. Verlagerungen ins Umland und Neugründungen im Umland sind die Folge der Entwicklung und Ausdifferenzierung des tertiären Sektors und der verschärften Flächennutzungskonkurrenz in der Kernstadt.

In der Suburbanisierungs- wie schon vorher in der Urbanisierungsphase gab es in

Deutschland deutliche Unterschiede in der Standortdynamik und in der räumlichen Entwicklung zwischen gewachsenen Städten mit einer diversifizierten Wirtschaftsstruktur und Industriestädten. Um Städte mit vorindustriellem Siedlungskern, u.a. Duisburg, Essen, Bochum und Dortmund, entstanden je nach den topographischen Gegebenheiten konzentrisch Wohn- und Industriezonen. Siedlungsneugründungen wurden dagegen primär von den Standortanforderungen der Industrie bestimmt.

In vielen Städten blieben innenstadtnahe Großbetriebe persistente Elemente der Stadtentwicklung, Flächennutzung und Infrastruktur. Nicht nur diese Betriebe, auch Altlasten der Industrie behinderten oder erschwerten Umwidmungen und Strukturveränderungen der Stadtwirtschaft, z.B. in Duisburg die August-Thyssen-Hütte mit 34 000 Beschäftigten 1980, die Mannesmann- und Krupp-Hüttenwerke, in Dortmund die Hoesch AG mit 19 500 Beschäftigten 1980.

Das räumliche Verteilungsmuster der neuen und verlagerten Industriebetriebe in der Bundesrepublik ist stark konjunkturabhängig. Es zeigte von 1955 bis 1958 eine Konzentration auf die Kernstädte der Verdichtungsräume, bedingt durch den Wiederaufbau am alten Standort. In der folgenden Aufschwung- und Boomphase bis 1965 verschob sich der Ansiedlungsschwerpunkt in das Umland und erneut nach der rezessionsbedingten Konzentration 1966/67. Der Trend zur Ansiedlung im Umland der Verdichtungsräume ist in rezessiven Phasen deutlicher als in Phasen wirtschaftlichen Wachstums.

Beispiel Berlin

Ende des 18. Jahrhunderts gab es in *Berlin* innerhalb der Zollmauer (A in Abb. 10) Baumwoll-, Woll-, Leinen- und Posamentenmanufakturen, die feine Spinnstoffe für den Hof, das Militär und eine kaufkräftige Bevölkerung verarbeiteten. Arbeitsplätze, z.B. der Seidenverarbeitung in der südlichen Friedrichstadt (7 in Abb. 10), der Baumwoll- und Wollverarbeitung im Stralauer Viertel (9), lagen zu den Wohnungen der Arbeiter in Fußgängerdistanz (A. ZIMM 1959).

In Anlehnung an die 1804 errichtete königliche Eisengießerei entstand im Norden Berlins in den 30er und 40er Jahren das erste Industriegebiet an der Chausseestraße. Es lag in der Oranienburger und Rosenthaler Vorstadt (Abb. 10) außerhalb des Stadtgebietes (1841 eingemeindet) nahe den Arbeiterwohngebieten. Dieses Industriegebiet entwickelte sich in nördlicher Richtung, das Wohn-Gewerbe-Mischgebiet im Süden und Südosten Berlins in Richtung Luisenstadt (8) (heute Kreuzberg) und Stralauer Vorstadt (9).

In den 70er Jahren des 19. Jahrhunderts begann eine Industriekonzentration, die Erweiterung des Standortes Berlin und Verlagerung an den Stadtrand, bis 1895 innerhalb, nach 1895 außerhalb der 1882 fertiggestellten Ringbahn. Moabit, 1861 eingemeindet, wurde ein Verlagerungs- und Ansiedlungsort der Berliner Industrie (W. HOFMANN 1978, S. 162) und zugleich Standort geschlossener Mietskasernenbebauung. 1878 schloß z.B. Borsig das 1837 errichtete Werk am Oranienburger Tor und verkaufte das Grundstück mit hohem Gewinn. Die randstädtische Lage war durch die starke Siedlungsentwicklung zu einer innerstädtischen Lage geworden. Neue Betriebe wurden bis etwa 5 km vom Zentrum Berlin entfernt angesiedelt, im Wedding (Abb. 10), im nördlichen Charlottenburg zwischen Landwehrkanal und Spree und im Bereich des Schlesischen und Mühlentores (Luisenstadt (8), Stralauer Viertel (9), Lichtenberg, Rummelsberg) (J. H. SCHWIPPE 1983, S. 269). Es kam bereits zur Standortspaltung, d.h. zur Verlagerung der Produktion aufgrund hoher Bodenpreise (Schwierigkeiten der Erweiterung) und verschlechterter Verkehrslage (Anlieferung), während die Unternehmensleitung und -verwaltung am alten Standort blieb.

Arbeitsstätten und Wohnungen blieben noch relativ nahe zusammen. Die Entfernungen wurden mit dem Wachstum der Betriebe größer, bis 20 km von der Innenstadt (H. J. SCHWIPPE 1983, S. 270, F. ESCHER 1985, S. 283). Jenseits der Wilhelminischen Wohnzone entstand nach 1891 ein halbkreisförmiger Industriegürtel von Nordwesten nach Südosten. Standorte und Produktionsschwerpunkte haben sich bis heute gehalten. Im westlichen Teil der Stadt (Siemensstadt) und im östlichen Teil (Schöneweide) arbeiten jeweils mehr als 20 000 Menschen in der Elektroindustrie (F. WERNER 1985, S. 231). In Ost-Berlin wurden die Industriegebiete vor allem in Richtung Lichtenberg-Nordost erweitert. Wie in westlichen Städten weisen hier die innerstädtischen Bezirke einen höheren Anteil Konsumgüterbetriebe (Bekleidung, Vervielfältigung) auf, die Außenbezirke einen höheren Anteil der Investitionsgüterbetriebe (Elektroindustrie, Elektronik, Maschinenbau).

Beispiel Frankfurt

In Frankfurt konnten sich Industriebetriebe aufgrund strenger Ansiedlungsbeschränkungen bis in die 2. Hälfte des 19. Jahrhunderts fast nur außerhalb des Stadtgebietes ansiedeln, u.a. in Offenbach, Höchst, Niederursel, Rödelheim (J.-M. KRESZE 1977, S. 90). Seit den 60er Jahren des 19. Jahrhunderts beschleunigte sich die industrielle Entwicklung, insbesondere um die Jahrhundertwende, gefördert durch eine aktive Industriepolitik. Bahnhöfe (Hauptbahnhof 1888) und Häfen (Osthafen 1886, Westhafen 1912) waren Entwicklungskerne der Industrie. Der Verdrängungs- und Selektionsprozeß durch tertiäre Tätigkeiten war besonders stark nach dem 2. Weltkrieg, insbesondere durch Banken, Informations- und Transportdienste.

Dadurch veränderte sich die Tätigkeitsstruktur in der Kernstadt und im suburbanen Raum. Es konnten sich in der Kernstadt vor allem kapital-, kontakt- und forschungsintensive Industriebetriebe behaupten (chemische Industrie, Elektroindustrie, Maschinenbau), auch stark spezialisierte Betriebe (vgl. K. VORLAUFER 1981). Der Anteil tertiärer Tätigkeiten in der Industrie nahm stark zu. Konkurrenzschwache Betriebe wurden entweder verdrängt oder gaben auf. Abb. 28 zeigt in Verbindung mit Tab. 29 die Verlagerung von Arbeitsplätzen des produzierenden Gewerbes im Gebiet des Umlandverbandes Frankfurt in den 70er Jahren (Gebietsänderungen lassen eine weiter zurückgehende Betrachtung nicht zu). Ansiedlungsgebiete sind u.a. Offenbach, Eschborn (Mittelbereich Vortaunus, etwa 10 km nordwestlich der Innenstadt Frankfurt).

Tab. 29   Bevölkerung und Beschäftigte im Umlandverband Frankfurt 1970 und 1980 bzw. 1977/78

		Bevölkerung		Beschäftigte			
				insgesamt		produzierendes Gewerbe	
		1970	1980	1970	1977/78	1970	1977/78
		%		%		%	
A−C	*Stadt Frankfurt* (1)	45	41	66	63	56	54
D	Stadt Offenbach	8	7	8	7	10	9
E	Landkreise des Umlandverbandes	47	52	26	30	34	37
A−E	*Umlandverband Frankfurt*	100	100	100	100	100	100

(1) vgl. Abb. 36

Quellen: K. ASEMANN 1979, STADT FRANKFURT

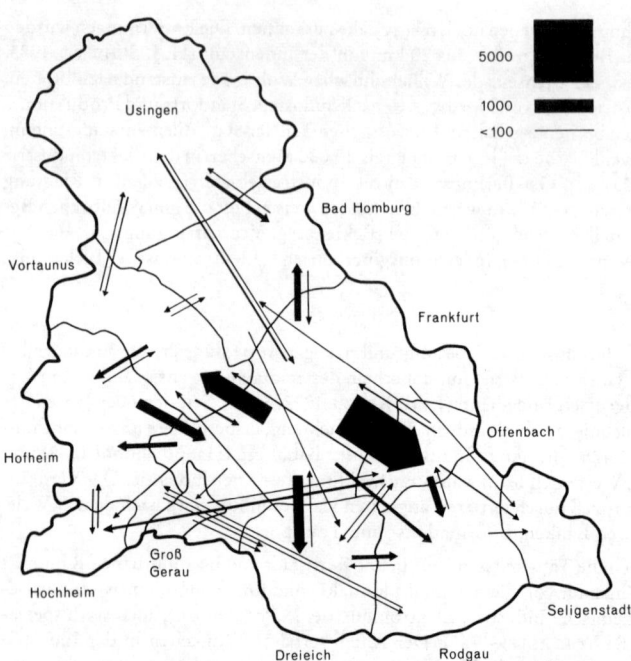

Abb. 28   Verlagerung von Arbeitsplätzen des produzierenden Gewerbes zwischen den Mittelbereichen im Umlandverband Frankfurt 1970–1977/78 (REGIONALE PLANUNGSGEMEINSCHAFT UNTERMAIN, UMLANDVERBAND FRANKFURT)

Beispiel Stuttgart

Stuttgart hat den höchsten Industriebesatz von den größten Städten des Bundesgebietes. Rohstoff-, Energie- und zunehmend Wassermangel förderten eine Spezialisierung auf technologisch hochentwickelte Produkte, insbesondere der Investitionsgüterindustrie (Maschinenbau, Elektroindustrie und Fahrzeugbau). Wie in anderen Verdichtungsräumen nimmt im Raum Stuttgart die Industrietätigkeit in der Kernstadt stark ab und im Umland zu. Verlagerungen aus Stuttgart gab es schon in der 2. Hälfte des 19. Jahrhunderts. Von 1948 bis 1976 wurden 256 Industriebetriebe mit 10 und mehr Beschäftigten in das Umland verlagert, davon 201 vollständig (79 %) und 55 teilweise (STADT STUTTGART 1979/80, S. 141), 49 Betriebe siedelten sich in diesem Zeitraum in der Kernstadt an.

Fast zwei Drittel der im Umland neu gegründeten und verlagerten Industriebetriebe, überwiegend der Investitionsgüterindustrie, wurden in unmittelbar an Stuttgart angrenzenden Gemeinden errichtet. Dabei wird eine raumzeitliche Differenzierung sichtbar: bis 1960 erfolgten Ansiedlungen bevorzugt in stadtnahen, noch wenig industrialisierten Gemeinden der Verdichtungsachsen, danach in weniger verkehrsgünstig gelegenen Achsenzwischenräumen. Lohnintensive Betriebe der Verbrauchsgüterindustrie gaben auf oder verließen den Raum Stuttgart, zuerst Betriebe der Textil- und Bekleidungsindustrie. Diese Branchen waren eine Grundlage der Industrialisierung im 19. Jahrhundert. Vor allem Betriebe der Investitionsgüterindustrie siedeln sich nahe dem früheren Standort an (Erhalt von Agglomerationsvorteilen). Die ringförmige Verdichtung von Wohn- und Arbeitsstätten setzt sich in lockerer bebauten Räumen fort. Die Bodenpreise sind zwar immer noch am höchsten in der Kernstadt, die Unterschiede sind jedoch nicht mehr so groß wie in den 50er und 60er Jahren, als viele Umlandgemeinden mit günstigen Bodenpreisen um die Ansiedlung von Industrie warben (G. ZAHNENBENZ 1984, S. 131). Die Kernstadt hat sich gegenüber dem Umland relativ gut behaupten können (Abb. 29, Tab. 30).

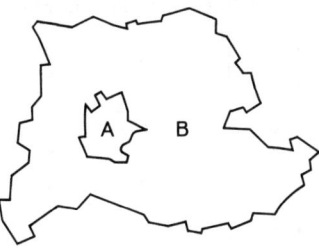

Abb. 29
Abgrenzung der Region Mittlerer Neckar

Tab. 30   Beschäftigungsentwicklung der Industrie in der Region Mittlerer Neckar 1964—1982

	Beschäftigte			Industriebesatz		
	Stuttgart	Umland	Region Mittlerer Neckar	Stuttgart	Umland	Region Mittlerer Neckar
	A	B		A	B	
		1 000			Beschäftigte/1 000 Einwohner	
1964	**155** (1)	289	444	245	199	213 (2)
1974	137	**331**	**468**	223	189	198 (2)
1982	126	309	435	220	173	184 (3)
		%				
1964	35	65	100			
1974	29	71	100			
1982	29	71	100			

(1) Fettdruck = Beschäftigungshöchststand in der Industrie 1964—1982
(2) Betriebe mit 10 und mehr Beschäftigten
(3) Betriebe mit 20 und mehr Beschäftigten

Quelle: R. EVERS, 1986

Von der Kernstadt ausgehende Ansiedlungsimpulse erstreckten sich Mitte der 70er Jahre entlang den Hauptverkehrsachsen bis etwa 25 km ins Umland und verstärkten den Verdichtungsprozeß im Raum Stuttgart (R. GROTZ 1976, S. 22). Moderne Informationstechnologien fördern die Beschäftigungsverlagerung ins Umland und die Ansiedlung moderner Produktionsbetriebe, z.B. der Elektronik. Dabei treten abgeschwächt „Silicon-Valley-Effekte" auf.

Ähnliche Entwicklungstendenzen wie in der Bundesrepublik werden auch aus Verdichtungsräumen anderer Industrieländer berichtet, z.B. aus London und Paris.

Beispiel London
In Greater London nimmt die Industrietätigkeit seit den 50er Jahren, am Außenrand der Region South East seit den 70er Jahren absolut ab (Tab. 31). Neuansiedlungen und Erweiterungen gleichen die Arbeitsplatzverluste durch Stillegungen, Verlagerungen und Verkleinerung der Betriebe nicht aus. Greater London verlor von 1955 bis 1983 fast eine Million Arbeitsplätze in der Industrie, insbesondere in Inner London.

Tab. 31 Beschäftigungsentwicklung der Industrie in der Region South East 1955–1983

		1955	1961	1966	1971	1976	1983	1961–1976 %
					1 000			
A	Inner London		724	.	500			
B	Outer London		705	.	593			
A+B	Greater London	1 550 (1)	1 429	1 309	1 093	827	607	– 42
C	übrige Region South East		959	1 114	1 168	1 099		+ 15
A–C	Region South East		2 388	**2 423**	2 261	1 926		– 19
					%			
A	Inner London		30	.	22			
B	Outer London		30	.	26			
A+B	Greater London		60	54	48	43		
C	übrige Region South East		40	46	52	57		
A–C	Region South East		100	100	100	100		

(1) Fettdruck = Bevölkerungshöchststand in der Industrie 1955–1976

Quelle: GREATER LONDON COUNCIL, LONDON

Von den 1945 bis 1968 in der Region South East verlagerten Industriebetrieben blieben drei Viertel in einem Radius bis 32 km, davon ein Drittel in Greater London (Abb. 30). Über 200 000 neue Arbeitsplätze entstanden in diesem Zeitraum durch Verlagerungen innerhalb der Region South East (P. A. WOOD 1974, S. 143).

Abb. 30 zeigt nur Verlagerungen, die über die Grenzen der einzelnen Zonen der Region South East gehen („Central London", Inner London (Kernstadt), Outer London (Umland in enger Abgrenzung), Outer Metropolitan Area, Outer South East Area, vgl. Abb. 19), nicht Verlagerungen innerhalb der Zonen.

Abb. 30   Industrieverlagerungen in der Region South East 1945—1968 (dargestellt sind nur Verlagerungen zwischen den einzelnen Zonen der Region) (P.A. WOOD, 1974, S. 144—145)

Tab. 32 nennt als Gründe des anhaltenden Beschäftigungsrückganges in der Industrie für den Zeitraum 1966 bis 1974 vor allem Stillegungen und den innerbetrieblichen Abbau von Arbeitsplätzen. Darauf gehen fast drei Viertel der Arbeitsplatzverluste, insbesondere in Inner London, zurück. In Outer London wurden Betriebe dagegen eher verlagert als stillgelegt, u.a. in Fördergebiete in Südwales, Merseyside und Nordostengland. Alte Industriegebiete (des 19. Jahrhunderts) im Norden und Osten von Inner London und im Bereich der alten Dockhäfen, insbesondere die „boroughs" Hackney (3 in Abb. 19), Tower Hamlets im Eastend (8), Newham (9) und südlich der Themse Lambeth (11), Southward (12), Lewisham (13), Greenwich (14) haben in den letzten Jahrzehnten die meisten Industriearbeitsplätze verloren. Neugründungen fehlen hier fast völlig. Es gibt allerdings auch kaum geeignete und preiswerte Ansiedlungsflächen in Greater London (eine Ausnahme sind die Docklands für Betriebe mit geringer Umweltbelastung). Industrie mit moderner Technologie bevorzugt Standorte in der Nähe der Flughäfen Heathrow und Gatwick und an der Autobahn M 4 in Richtung Reading (J. HALL 1985, S. 151, vgl. auch H.-W. WEHLING 1986 und J. H. LOWRY 1975, S. 47 ff.).

Tab. 32 Beschäftigungsentwicklung der Industrie in Greater London 1966—1974

	1966	1974	1983	1966—1974	
		1 000		1 000	%
Industriebeschäftigte	1 280	890	607	− 390	100
1. durch Veränderungen der Zahl der Betriebe				− 275	71
1. Neugründungen				10	
2. Stillegungen				− 183	44
3. Zweigbetriebe				− 8	3
4. Verlagerungen				− 94	24
aus London in Trabantenstädte			− 26		
in Fördergebiete			− 22		
in sonstige Räume			− 49		
nach London			3		
2. durch innerbetriebliche Veränderungen				−115	29
1. Zunahme				6	
2. Abnahme				− 121	

Quelle: R. DENNIS, 1978, S. 66—69

Beispiel Paris

Wie im Verdichtungsraum London nimmt im Verdichtungsraum Paris die Beschäftigung in der Industrie insgesamt ab. Seit den 70er Jahren werden die Arbeitsplatzverluste in Paris und in der „Petite Couronne" durch Industrieansiedlungen in der „Grande Couronne" nicht mehr ausgeglichen (Abb. 31, Tab. 33; zur Abgrenzung vgl. Abb. 20).

Auch hier überwiegen Stillegungen und der innerbetriebliche Arbeitsplatzabbau. Industrieflächen werden in Wohn- und Gewerbeflächen (u.a. für Bürotätigkeiten) umgewidmet. Vor allem in der Kernstadt nimmt der Anteil tertiärer Tätigkeiten in der Industrie zu (in Verwaltung, Handel, Dienstleistungen, Forschung, Entwicklung), der Anteil der Produktionstätigkeiten ab. Der Industriering am Rande der Kernstadt wird zunehmend aufgebrochen, Industrietätigkeiten gehen in das Umland.

Zunahme Abnahme

+	–	
.	o	< 250
•	o	250 – 1 000
•	o	1 000 – 5 000
●	O	5 000 – 10 000
●	O	> – 10 000

Abb. 31
Beschäftigungsentwicklung der
Industrie in der Agglomération
Parisienne 1962–1977
(M. J. MOSELEY 1980, S. 187)

0   5   10 km

Tab. 33   Beschäftigungsentwicklung der Industrie in der Ile-de-France 1968–1982 (1)

		1968	1975	1982	1968–1982
			1 000		%
A	*Paris*	**510** (2)	376	284	− 44
B	*Petite Couronne*	585	**594**	489	− 16
	Hauts-de-Seine	293	**314**	268	− 9
	Seine-Saint-Denis	**176**	169	135	− 23
	Val-de-Marne	**116**	111	86	− 26
C	*Grande Couronne*	260	**351**	330	+ 27
	Seine-et-Marne	65	**83**	75	+ 15
	Yvelines	89	**133**	123	+ 38
	Essonne	47	71	71	+ 51
	Val-d'Oise	59	**64**	61	+ 3
A–C	*Ile-de-France*	**1 355**	1 321	1 103	− 19
			%		
A	Paris	38	28	26	
B	Petite Couronne	43	45	44	
C	Grande Couronne	19	27	30	
A–C	Ile-de-France	100	100	100	

(1) ohne Bauindustrie
(2) Fettdruck = Beschäftigungshöchststand in der Industrie 1968–1982

Quelle: IAURIF, PARIS, M. J. MOSELEY, 1980

Beispiele aus den USA

Im Osten der USA befanden sich Ende des 19. Jahrhunderts Industrie und Arbeitskräfte vorwiegend im Stadtzentrum (A. J. SCOTT 1982).

Da ältere Siedlungsstrukturen und Institutionen überwiegend fehlten, konnte die Industrie die Stadtzentren stärker umformen als in europäischen Städten. Industriestandorte hatten Priorität vor Wohnstandorten. Zwischen den Produktionsstandorten und den Wohngebieten der Arbeiter bestand eine enge Beziehung, die Ober- und obere Mittelschicht zog an den Stadtrand. Die funktionale Nutzungstrennung war noch gering (R. A. WALKER 1978).

Erst nach dem Zweiten Weltkrieg geht die Industrie bevorzugt in den suburbanen Raum und seit den 70er Jahren in das weitere Umland und in den ländlichen Raum. Der sehr starke Dekonzentrations- und Suburbanisierungsprozeß der Industrie wird überlagert von einer großräumigen Umverteilung der Industrietätigkeit. Die Industriebeschäftigung nimmt absolut in den Verdichtungsräumen im Norden und Nordosten der USA ab (u.a. in New York, Chicago, Detroit, Pittsburgh, Boston) und im Westen und Süden zu (u.a. in Dallas und Houston), vgl. M. J. GREENWOOD 1982, S. 124–125, A. J. SCOTT 1982, S. 189–190.

Tab. 34 zeigt an zwei Beispielen die Verschiebung der Industrietätigkeit wie der Arbeitsplätze insgesamt in den suburbanen Raum. Doch während hier die Industriebeschäftigung auch absolut sinkt, steigt die Gesamtbeschäftigung weiter an.

Tab. 34   Beschäftigungsentwicklung in der Industrie in den Räumen Philadelphia und Pittsburgh 1960–1980

	a. Beschäftigte in der Industrie			b. Beschäftigte insgesamt		
	Philadelphia	Umland 1 000	SMSA	Philadelphia	Umland 1 000	SMSA
1960	**262** (1)	326	**588**	**789**	856	1 645
1970	215	**364**	579	764	1 114	1 878
1980	130	351	481	625	**1 365**	1 990
	%			%		
1960	45	55	100	48	52	100
1970	37	63	100	41	59	100
1980	27	73	100	31	69	100
	Pittsburgh	Umland 1 000	SMSA	Pittsburg (1)	Umland 1 000	SMSA
1960	**59**	**249**	**308**	**222**	610	832
1970	40	236	276	193	678	871
1980	25	215	240	171	**767**	**938**
	%			%		
1960	19	81	100	27	73	100
1970	14	86	100	22	78	100
1980	10	90	100	18	82	100

(1) Fettdruck = Beschäftigungshöchststand in der Industrie 1960–1980

Quelle: US DEPARTMENT of COMMERCE, WASHINGTON

Die Gründe der innerregionalen Standortveränderungen entsprechen denen in anderen Industrieländern. In den Kernstädten fehlen Erweiterungs- und Entwicklungsmöglichkeiten, die Standorte sind schlecht erreichbar und teuer. Dagegen bietet der suburbane und ländliche Raum günstige und gut gelegene Flächen, relativ niedrige Kosten, u.a. durch niedrigere Steuern sowie Grün- und Erholungsflächen. Hier sind auch überwiegend die Wohngebiete der weißen Bevölkerung (A. J. SCOTT 1982). Die Suburbanisierung der Industrie wurde stark gefördert durch den Bau von Fern- und Umgehungsstraßen. Eine Folge ist der Verfall der Kernstädte im Norden und Nordwesten der USA mit starker Industriebrache und „industrial blight" in weiten Teilen am Rande der Innenstädte.

Beispiel Tokyo
Erste Industrieansiedlungen außerhalb von Tokyo gingen in den 20er Jahren nach Süden in Richtung Yokohama, dem damals einzigen Tiefseehafen der Tokyobucht. Hier entstand die Keihin-Küstenindustriezone, die durch Rüstungsindustrie seit den 30er Jahren und Ausbau der Grundstoff- und Produktionsgüterindustrie stark ausgeweitet wurde. Seit den späten 50er Jahren entstand auf der gegenüberliegenden Seite der Tokyobucht zwischen Tokyo und Chiba und über Chiba hinaus die Keiyô-Küstenindustriezone (W. FLÜCHTER 1985).

Die Verschlechterung der Standortbedingungen im Raum Tokyo durch Ansiedlungsbeschränkungen und zunehmende Agglomerationsnachteile (hohe Bodenpreise und Verkehrsdichte, schlechte Erreichbarkeit) und attraktive Angebote in anderen Teilen Japans verstärkten den Beschäftigungsrückgang in der Kernstadt seit den 60er Jahren, im Tama Distrikt und in den Präfekturen Kanagawa, Saitama und Chiba seit den 70er Jahren (Tab. 35).

Tab. 35   Beschäftigungsentwicklung der Industrie in der Tokyo Metropolitan Region 1955–1980

		1955	1960	1965	1970	1980	1955	1980
				1 000			%	
A	Stadt Tokyo	701	1 133	**1 220** (1)	1 148	811	92	79
B	Tama Distrikt	63	124	185	**235**	217	8	21
A+B	Präfektur Tokyo	764	1 257	**1 405**	1 383	1 028	100	100
C	Präfekturen Kanagawa, Saitama und Chiba	442	780	1 164	**1 528**	1 488		
A–C	Tokyo Metropolitan Region (= Keihin)	1 206	2 037	2 569	**2 911**	2 516		
				%				
A	Stadt Tokyo	92	90	87	83	79		
B	Tama Distrikt	8	10	13	17	21		
A+B	Präfektur Tokyo	100	100	100	100	100		
(1) Fettdruck = Beschäftigungshöchststand in der Industrie 1955–1980								

Quelle: STADT TOKYO

In der Kernstadt Tokyo ist der Anteil kleiner Betriebe hoch; er nimmt noch zu. Fast die Hälfte der Beschäftigten ist in Betrieben mit weniger als 30 Arbeitskräften tätig (im Durchschnitt Japans etwa 15 %), vor allem in Betrieben der Konsumgüterindustrie sowie in Zulieferbetrieben

großer Unternehmen, u.a. der Metall- und Elektroindustrie. Stadtteile mit einer hohen und an-
haltenden Konzentration kleiner Betriebe sind z.b. Katsushika (11 in Abb. 58) im Nordwesten
Tokyos, wo überwiegend Güter des täglichen Bedarfs hergestellt werden und Ota (10) im Süden
Tokyos mit Zulieferbetrieben des Maschinenbaus.

Fast die Hälfte der neuen Arbeitsplätze auf Neuland in der Tokyobucht entfällt auf größere und
große Industriebetriebe, u.a. der Eisen-, Stahl- und der chemischen Industrie. Sie konnten sich
hier ansiedeln, da Neuland bis 1972 von einem Ansiedlungs- und Erweiterungsverbot für Betriebe mit mehr als 1 000 qm Fläche (nach 1972 mehr als 500 qm) in Tokyo ausgenommen war.

Veranlaßt durch günstige Kredite, stark verbilligte Grundstücke und gute Verkaufsangebote für
die alten Betriebsgrundstücke werden seit Ende der 60er Jahre Betriebe auf neue Flächen an der
Küste verlagert, z.B. Klein- und Mittelbetriebe der Stahl- und Metallverarbeitung aus Ota
(10 in Abb. 58) und Betriebe der Holzverarbeitung aus Koto (9). Beide Stadtbezirke sind hoch
verdichtet und weisen eine starke Funktionsmischung, schlechte Verkehrsverhältnisse und erhebliche Umweltschäden auf. Betriebe der Stahlverarbeitung wurden u.a. in dem Haneda Stahl-
komplex im Keihin Neuland Nr. 3 (Abb. 15 in W. FLÜCHTER 1985, S. 55) angesiedelt (25 ha),
der Metallverarbeitung in Keihin Nr. 6 (40 ha) und der Holzverarbeitung und des Holzhandels
im Neulandgebiet Shin-Kiba (75 ha). Auf den von der Industrie aufgegebenen Flächen entstanden Anfang der 70er Jahre überwiegend Wohn- und Bürogebäude, später auch Kleinparks,
Spielplätze und Infrastruktureinrichtungen (W. FLÜCHTER 1985, S. 56).

Rund ein Sechstel der etwa 1 200 bis 1980 in der Satellitenstadt Sagamihara (1 in Abb. 58) errichteten Industriebetriebe wurde aus der Kernstadt Tokyo verlagert. Die geringe Ansiedlungs-
steuerung und der Wunsch nach großen, preiswerten und gut erreichbaren Grundstücken fördert die Zersiedlung im suburbanen Raum. Das Angebot an Ansiedlungsflächen ist meist zufällig.

Abb. 32 faßt abschließend die Beschäftigungsentwicklung der Industrie in fünf Verdichtungsräumen der Industrieländer (London, Paris, New York, Sydney und Tokyo) zusammen.

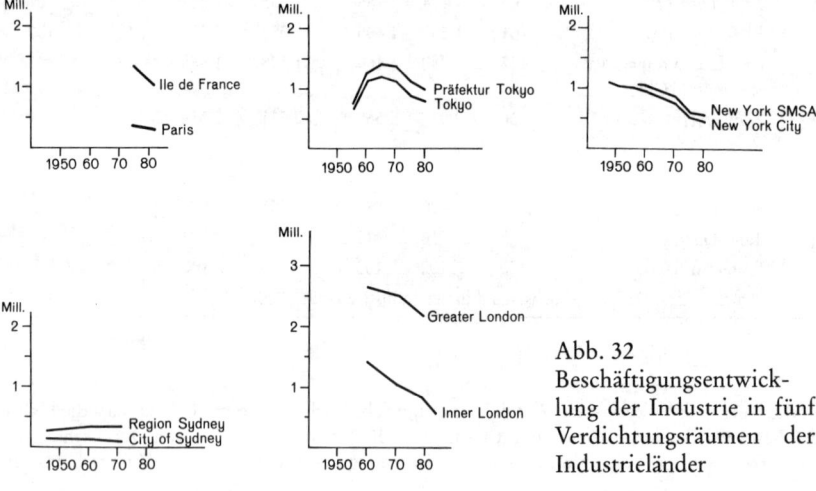

Abb. 32
Beschäftigungsentwick-
lung der Industrie in fünf
Verdichtungsräumen der
Industrieländer

3.3.4   Industriesuburbanisierung in sozialistischen Ländern

Besondere Schwierigkeiten machen Aussagen zu Suburbanisierungsprozessen in den osteuropäischen Staatshandelsländern. Empirische Arbeiten sind nicht möglich, der Datenausweis und die Berichte über Standort-, Investitions- und Mobilitätsentscheidungen reichen nicht aus.

Trotz Beschränkung der Industrieansiedlung im 19. Jahrhundert kam es in Moskau zu einer starken Entwicklung der Stadtwirtschaft und zu einer Nutzungsmischung. Erneute Versuche der Produktionsbeschränkung seit den 30er Jahren wurden wenig beachtet. Dies zeigt die Entwicklung der Industriebeschäftigung in der Stadt Moskau (in 1 000):

1913   148
1926   180
1970   1 239   (R. HAHN 1979)

Die Kontrollmöglichkeit der Industrieansiedlung durch den Stadtsowjet ist gering und der Einfluß der Fachministerien groß (J. H. BATER 1980, S. 95). Gründe für eine Dekonzentration der Industrie im Raum Moskau sind die relativ gute Infrastruktur und Agglomerationsvorteile.

In der Kernstadt nimmt die Industrietätigkeit in der Innenstadt und im angrenzenden inneren Ring ab. Störende Betriebe werden entweder stillgelegt oder in das Umland verlagert.

3.3.5   Industriesuburbanisierung in Schwellen- und Entwicklungsländern

Wie für Städte sozialistischer Länder wurden Suburbanisierungsprozesse und Standortveränderungen der Industrie in Städten der Schwellen- und Entwicklungsländer bisher kaum untersucht. Im Unterschied zu den Industrieländern, in denen Industrie das städtische Wachstum mitbestimmt hat und entsprechend der Wachstumsdynamik im Stadtgebiet weit streut, gibt es nur in wenigen Städten Lateinamerikas, Nordafrikas und Asiens ältere Industrie nahe dem Stadtzentrum (wie in Kairo, Bombay, Bangalore), vorwiegend Konsumgüterindustrie (Bekleidung, Textilien, Druckerzeugnisse) und Nahrungs- und Genußmittelindustrie.

In lateinamerikanischen Städten entstehen Industriegebiete seit den 20er Jahren, in islamisch-orientalischen Städten seit den 50er Jahren und in Städten Schwarzafrikas seit den 60er Jahren. Sie sind in der Regel geplant und liegen am Stadtrand, bevorzugt an Bahnlinien oder an Ausfallstraßen und Umschlageinrichtungen (vgl. z.B. für São Paulo M. STORPER 1984, S. 144).

Neue Industriebetriebe entstehen aber nicht nur in oder am Rande großer Städte, sondern auch in der Nähe dieser Städte, in Afrika z.B. in Tema bei Accra, Thika bei Nairobi, Kafue bei Lusaka (vgl. A. O'CONNOR 1983). Es handelt sich um geplante dezentrale Industrieansiedlungen, die gleichwohl noch die Agglomerationsvorteile der Hauptstädte nutzen.

In Bombay liegen ältere Textilbetriebe aus dem 19. Jahrhundert in dicht bebauten Vierteln am Rande der Innenstadt (WARD E. in Abb. 60), neuere moderne Betriebe am Stadtrand, darunter der optischen, pharmazeutischen und elektronischen Industrie und des Fahrzeugbaus. Im Raum Manila wurden 1960 bis 1975 alle größeren Industriebetriebe außerhalb der Kernstadt angesiedelt, Abb. 33:

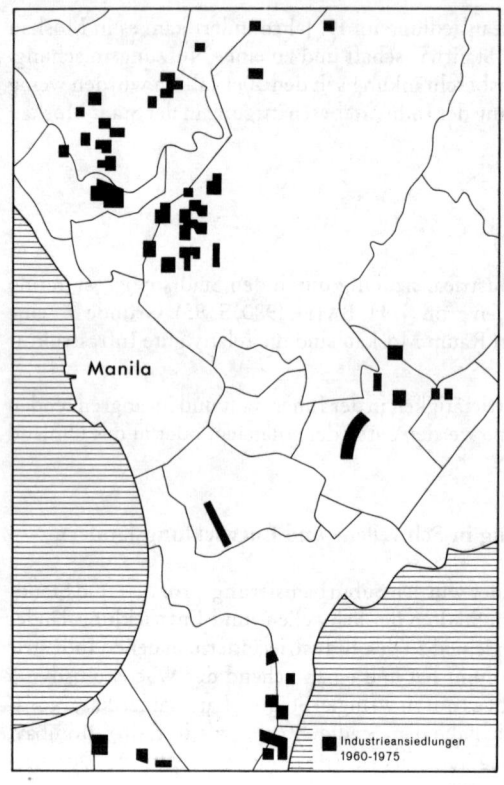

Abb. 33
Industrieansiedlungen im Verdichtungsraum Manila 1960–1975 (DEPARTMENT OF PUBLIC WORKS, TRANSPORTATION AND COMMUNICATIONS, MANILA)

3.4   Suburbanisierung des tertiären Sektors

Die Suburbanisierung des tertiären Sektors ist der am spätesten einsetzende Dekonzentrations- und Reorganisationsprozeß in den Verdichtungsräumen der marktwirtschaftlichen Industrieländer, wenn auch Auslagerungen flächenintensiver Funktionen, z.B. Krankenanstalten und Kasernen, an den jeweiligen Stadtrand schon im 19. Jahrhundert erfolgten. Auch hier erfolgt eine Tätigkeitsverschiebung in das Umland. Entsprechend der Bevölkerungs- und Industriesuburbanisierung wird als *Suburbanisierung des tertiären Sektors* die *innerregionale Dekonzentration im tertiären Sektor* bezeichnet. Sie ist erkennbar an der *Zunahme des Umlandanteils der Beschäf-*

tigung oder der Arbeitsplätze des tertiären Sektors im Verdichtungsraum und an der *Abnahme des Anteils der Kernstadt.* Die Suburbanisierung des tertiären Sektors erfolgt durch Stillegungen, innerbetriebliche Beschäftigungsänderungen, vollständige oder teilweise Verlagerungen und Zuzüge und Ansiedlungen in der Kernstadt und im Umland. Da tertiäre Arbeitsplätze in der Industrie nicht gesondert aufgeführt sind, wird der tertiäre Sektor in der amtlichen Statistik zu niedrig, der sekundäre Sektor zu hoch ausgewiesen.

Die Suburbanisierung des tertiären Sektors ist verbunden einerseits mit der Konzentration höher- und höchstrangiger Tätigkeiten in der Kernstadt (im höchstrangigen Zentrum) und der Ausweitung und Ausdifferenzierung der Funktionen, andererseits mit der Dekonzentration und Streuung niederrangiger, flächenextensiver und nicht publikumsorientierter Tätigkeiten im Verdichtungsraum. Die Reorganisation des tertiären Sektors begann in Europa und in Nordamerika im 19. Jahrhundert mit der Citybildung, der Professionalisierung (Ausbildung spezialisierter Berufe) und Entstehung von Branchenvierteln. Konzentration und Streuung sind zwei allgemeine Standortprinzipien im Handel und Gewerbe. Eine Suburbanisierung im tertiären Sektor kann selbst in den Industrieländern erst nach dem Zweiten Weltkrieg beobachtet werden, zuerst im Einzelhandel, später bei Banken und Versicherungen. In Schwellen- und Entwicklungsländern ist die Suburbanisierung im tertiären Sektor erst in Ansätzen sichtbar.

Abb. 34 beschreibt für nordamerikanische Städte die Funktionsdifferenzierung in den Stadtzentren. Die Citybildung, d.h. die Konzentration höher- und höchstrangi-

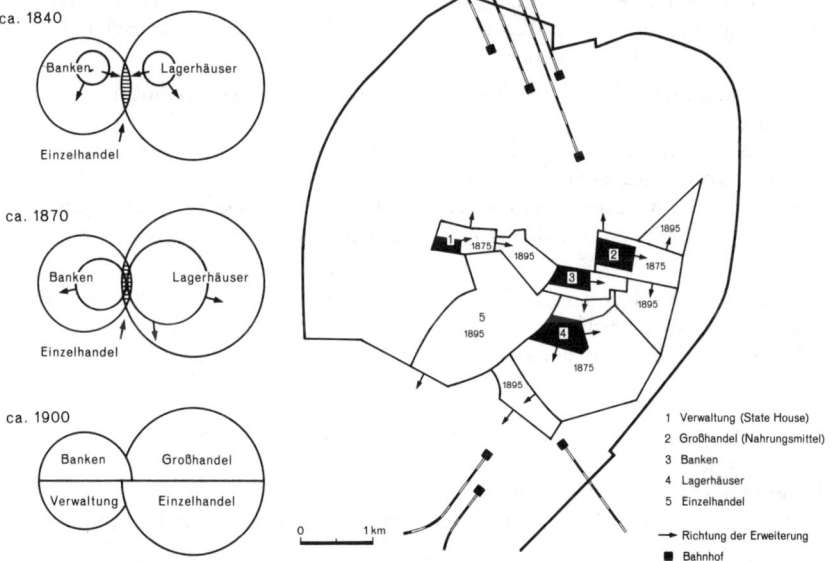

Abb. 34   Zentrenbildung im 19. Jahrhundert in Nordamerika (H. CARTER 1983, D. WARD 1966)

ger tertiärer Tätigkeiten und die Bildung von Branchenvierteln, erfolgte jedoch ähnlich wie in anderen Industrieländern. Sie ist Bedingung und Folge der Suburbanisierung im tertiären Sektor.

1. Um 1840 waren Lagerhäuser, Banken und Handelsbetriebe räumlich stark konzentriert. Das Lagerhaus, eine Verbindung von Produktion, Handel und Lagerhaltung, war der wichtigste Gebäudetyp. Warenproduktion und -distribution wurden danach zunehmend getrennt, die Absatzreichweite wurde größer.

2. Lagerhäuser und Banken rückten weiter auseinander. Der Einzelhandelssektor, räumlich noch stark begrenzt, wurde zunehmend durch den Lagerhaussektor und den Bankensektor eingeengt. Bis Mitte des 19. Jahrhunderts gab es vorwiegend Gemischtwarenläden. Danach entstanden Fachgeschäfte und räumliche Konzentrationen von Geschäften, in den 80er Jahren Warenhäuser mit mehreren Fachabteilungen.

3. Mit der Tätigkeitsausweitung und funktionalen Spezialisierung entstanden um 1900 Branchenviertel (Banken-, Versicherungs-, Verwaltungs-, Groß- und Einzelhandels-, kulturelle und Vergnügungsviertel, in Landeshauptstädten Regierungs- und Diplomatenviertel). Im Einzelhandel kamen in den 20er Jahren Kleinpreisgeschäfte hinzu (breites Sortiment einfacher Artikel niedriger Preisstufe), Kaufhäuser (breites Fachsortiment) und Versandhäuser, nach dem Zweiten Weltkrieg Selbstbedienungsläden und Verbrauchermärkte.

Beispiele für Tätigkeitskonzentration und Branchenviertel gibt es in fast allen Verdichtungsräumen, für Bankenviertel in London (City) schon im 18. Jahrhundert, in New York (Wall Street) seit Anfang des 19. Jahrhunderts, in Berlin (Dorotheenstadt und Umgebung, (6) in Abb. 10, in unmittelbarer Nähe des Regierungsviertels) seit der 2. Hälfte des 19. Jahrhunderts.

Die innerstädtischen Zentren können u.a. nach dem Anteil der Geschoßfläche tertiärer Nutzungen an der Gesamtfläche abgegrenzt werden (vgl. D. T. HERBERT, C. J. THOMAS 1982, R. E. MURPHY, J. E. VANCE JR 1954). Das innerstädtische Hauptgeschäftszentrum wird auch „City" genannt im Sinne einer einzigartigen Konzentration von zentralörtlichen Funktionen der höchsten Stufe, Geschäften und Dienstleistungen (B. HOFMEISTER 1980, S. 67; zur Citygliederung und -abgrenzung vgl. H. HEINEBERG 1986, S. 36).

Initiatoren und Träger der Citybildung und Suburbanisierung des tertiären Sektors sind in marktwirtschaftlichen Ländern privatwirtschaftliche und öffentliche Unternehmen, die Kommune, andere Gebietskörperschaften und staatliche Einrichtungen.

3.4.1 Merkmale der Suburbanisierung des tertiären Sektors

1. *Funktions- und Branchensegregation*
Dekonzentration und Reorganisation des tertiären Sektors sind eng verbunden:

in den *Kernstädten*
– Einerseits kommt es zur Citybildung, einer *Konzentration höher- und höchstran-*

giger Tätigkeiten (Leitungs-, Verwaltungs-, Kontroll-, Finanzierungs-, Handels-, Versorgungs-, Beratungs-, Vermittlungsfunktionen). Es handelt sich vorwiegend um spezialisierte informations-, kontakt-, beratungs- und flächenintensive Tätigkeiten in Hauptverwaltungen, Banken, Versicherungen, Werbeagenturen, Maklerbüros, in der Rechts- und Wirtschaftsberatung sowie in Waren-, Kaufhäusern und Fachgeschäften. Die Citybildung ist verbunden mit einer Zunahme der Bodenpreise, der Verkehrsdichte und der baulichen Verdichtung.

– Andererseits werden *niederrangige, renditeschwächere und flächenextensive Tätigkeiten* (Routinetätigkeiten in öffentlichen und Unternehmensverwaltungen, Versorgungsfunktionen, konkurrenzschwache Betriebe) verdrängt. Banken- und Versicherungsverwaltungen sind stärker an zentrale Standorte gebunden als Industrieverwaltungen. Funktionen einzelner Straßen, ganzer Viertel, werden im Laufe der Zeit durch diese Selektionsprozesse verändert. Die Branchen-, Betriebs- und Nutzungsvielfalt nimmt in der Kernstadt ab, die Uniformität zu.

– In den USA und vereinzelt in Europa (G. HEINRITZ, E. LICHTENBERGER 1984) ist es durch die Schließung von Geschäften und die Aufgabe von Versorgungseinrichtungen zu „commercial blight" (Verfall von Geschäftszentren) gekommen. Durch den Verlust an Wohnbevölkerung erscheinen zumindest Teile der Innenstädte insbesondere abends und am Wochenende verödet. Es gibt große Unterschiede zwischen Tag- und Nachtbevölkerung.

– *Erweiterungen des Hauptgeschäftszentrums folgen den Verkehrsachsen* und der Lage der Mittel- und *Oberschichtwohngebiete* (asymmetrische Cityerweiterung, z.B. im Frankfurter oder Londoner Westend). Sie werden beeinflußt durch die topographische Ausstattung.

im *suburbanen Raum*
– Das *Angebot für den kurz- und mittelfristigen Bedarf* der Haushalte und Unternehmen wird breiter (durch Einzelhandel, Banken, Kfz-Betriebe, persönliche Dienstleistungen, u.a. durch Ärzte, Friseure, Reinigungen).

– Ansiedlungen *flächenextensiver und verkehrsintensiver Tätigkeiten* sind in den USA und in Europa vorwiegend am Straßennetz orientiert, in Japan am Schienen- und Straßennetz, u.a. Großhandel, Speditionen, Auslieferungslager, Kundendienststellen (gut erreichbare Gewerbegebiete, Gewerbeparks, Handwerkshöfe, Verbrauchermärkte, SB-Warenhäuser, Fachmärkte und vollständig oder teilweise überdachte Einkaufszentren (Waren- und Kaufhäuser, Supermärkte, Fachgeschäfte und Dienstleistungen).

– In den suburbanen Raum gehen zunehmend auch *Tätigkeiten mit geringem Publikumsverkehr*. Dazu gehören routinierte und weniger auf direkte persönliche Kontakte angewiesene Tätigkeiten (Behörden, Unternehmensverwaltungen, Forschung und Entwicklung), die neue Bürostandorte in ruhiger attraktiver Lage aufsuchen. Hamburg (Geschäftsstadt Nord), Frankfurt (Eschborn), Paris (La Défense) sind Beispiele der Trennung von Verwaltungs- und Hauptgeschäftszentrum.

Die Funktions- und Branchensegregierung führt zur Verlagerung von Kunden- und Kaufkraftströmen (abnehmende Nachfrage und Umsätze in der Kernstadt, Zunahme im suburbanen Raum) und zur Umverteilung der Arbeitsplätze im tertiären Sektor. Trotz eines relativen Bedeutungsverlustes der Kernstädte und einer Stärkung der Mittelzentren im Umland blieben bisher in Europa und Japan die Kernstädte stärker als in den USA die höchstrangigen regionalen Versorgungszentren.

2. Innerregionale Zentrensysteme

Das Innenstadtzentrum in den Kernstädten westlicher Städte (vgl. zur Terminologie H. HEINEBERG 1986, S. 34) läßt sich allgemein in ein Hauptgeschäftszentrum, ein Verwaltungs- und ein kulturelles Zentrum differenzieren. Dazu kommen im Laufe der Zeit gewachsene Subzentren, Nachbarschaftszentren und Ladengruppen für den Nahbedarf.

Subzentren entstanden zuerst in Vorstädten, Ende des 19. Jahrhunderts an Vorortbahnhöfen. Nach dem 2. Weltkrieg wurden außerhalb des hierarchischen Zentrensystems Einkaufszentren, Fachmärkte und Bürostädte errichtet.

Im Hauptgeschäftszentrum konzentriert sich das höchstrangige Einzelhandelsangebot auf wenige Haupteinkaufszentren, Straßenabschnitte und Plätze, Galerien und Einkaufspassagen.

Bekannte Einkaufsstraßen großer Städte sind z.B.

- die Fifth Avenue und die Madison Avenue in New York,
- die Oxford Street und Bond Street in London,
- die Champs Elysées und Rue du Foubourg St. Honoré in Paris
- die Zeil in Frankfurt (sie soll die umsatzstärkste Einkaufsstraße in der Bundesrepublik sein),
- die Bahnhofstraße in Zürich,
- die Gorkijstraße in Moskau,
- die Ginza in Tokyo.

Beispiele für Einkaufspassagen gibt es in fast jeder größeren Stadt der westlichen Länder. Architektonisch herausragend sind die im 19. Jahrhundert gebaute Galerie Saint-Hubert in Brüssel und die Galleria Vittorio Emanuelle II in Mailand (vgl. J. F. GEIST 1978).

Bei zunächst noch relativ geringer Motorisierung und kompakter Bebauung wurden in den 50er Jahren in Europa die Stadtteilzentren ausgeweitet. Seit den 50er Jahren entstanden in den USA, seit den 60er Jahren in Europa neue Angebotsformen im suburbanen Raum (Verbrauchermärkte, Einkaufszentren). Sie veränderten zunehmend das Verbraucherverhalten und die Konsumgewohnheiten (vgl. J. S. ADAMS 1970). Geplante und ungeplante Einkaufszentren erreichen das Angebot gewachsener Mittelzentren, in den USA selbst der Hauptgeschäftszentren (CBD) der Kernstädte.

Das gegenwärtig einzige empirisch noch faßbare Beispiel eines eigenständigen nicht abendländisch-westlich beeinflußten Geschäftszentrums stellt das Geschäftszentrum großer orientalisch-islamischer Städte dar. Es entspricht dem CBD und der City großer westlicher Städte (E. WIRTH 1974, S. 214). Der Bazar entstand als räumlich klar strukturierter, funktional vielfältig verbundener zentraler Geschäftsbezirk weit früher als die Geschäftszentren westlicher Städte (E. WIRTH 1974, S. 221 ff.). In der Mitte der Altstadt liegt der Zentral- oder Hauptbazar mit Einzelhandel, Großhandel, Dienstleistungen, Handwerk und Gewerbe, in den Wohnbezirken der Quartierbazar (S. 209–212). Am Rande der alten orientalisch-islamischen Stadt hat sich meist ein westlich geprägtes Geschäftszentrum entwickelt, das baulich stärker als der Bazar die Bedeutung der wirtschaftlichen und administrativen Funktionen zeigt.

Auch in früheren Kolonialländern mit vorkolonialer Stadtentwicklung und in größeren Städten Lateinamerikas ergänzt funktional meist ein modernes westliches Zentrum das ältere Zentrum.

Das Hauptgeschäftszentrum ist räumlich meist an Büro- und Verwaltungshochhäusern erkennbar. Sie markieren den Raum höchster Nutzungs- und Kommunikationsdichte. Die ersten Hochhäuser wurden Ende des 19. Jahrhunderts in den Metropolen westlicher Länder errichtet, vor allem in New York. Seit den 20er Jahren entstehen sie auch in den Metropolen der Schwellen- und Entwicklungsländer (z.b. in Santiago de Chile, São Paulo, Rio de Janeiro, Buenos Aires), seit den 30er Jahren in Moskau.

3. Veränderungen im Infrastrukturbedarf
Die Bevölkerungssuburbanisierung (Veränderungen der Haushalts-, Alters- und Sozialstrukturen) vergrößert Ungleichgewichte der Infrastruktur. In der Kernstadt bleiben Einrichtungen z.T. ungenutzt, u.a. Gesundheitseinrichtungen und Schulen, im suburbanen Raum entstehen Versorgungsdefizite und spürbare Engpässe.

3.4.2 Gründe der Suburbanisierung des tertiären Sektors

Abb. 35 gibt einen Überblick über wichtige Gründe der Suburbanisierung des tertiären Sektors, die im Anschluß erläutert werden sollen.

3.4.2.1 Gründe der Stillegungen und Verlagerungen aus der Kernstadt

1. Hohe Grundstückskosten (fehlende oder zu teuere Flächen)
Bei allgemein zunehmendem Flächenbedarf (Geschäfts-, Büro-, Lager, Parkflächen) und steigenden Grundstückspreisen, Pacht- und Mietzahlungen und dadurch sinkenden Realumsätzen je Flächeneinheit verdrängen höherrangige und flächenintensive Tätigkeiten niederrangige und flächenextensive tertiäre Tätigkeiten. Dem entspricht die Hypothese, daß an den zentralen Standorten jene Tätigkeiten überwiegen, die die höchsten Flächenerträge erzielen.

2. Sinkendes Kunden- und Kaufkraftpotential
Durch die Bevölkerungsabnahme verlieren vor allem Anbieter für den kurz- und mittelfristigen Bedarf Nachfrage. Betroffen sind u.a. Einzelhandel, Gastronomie und persönliche Dienstleistungen.

3. Verschlechterte Erreichbarkeit für Kunden, Lieferanten und Arbeitskräfte
Insbesondere für Tätigkeiten mit hohen Transportkosten, u.a. für Großhandelsunternehmen und Speditionen, verschlechtert sich die Standortgunst.

	1	**2**
	Kernstadt	**Umland/suburbaner Raum**
	Gründe der Stillegungen und Verlagerungen	
tätigkeitsbezogene Gründe	verringerter Bedarf an einem zentralen Standort	
externe Gründe	Förderung der Dezentralisierung	
standortbezogene Gründe	hohe Grundstückskosten (fehlende oder zu teure Flächen)	
	sinkendes Nachfrage- und Kaufkraftpotential	
	verschlechterte Erreichbarkeit für Kunden, Lieferanten und Arbeitskräfte	
	Nutzungs- und Investitionsbeschränkungen	
	Gründe der Ansiedlung und Konzentration	**Gründe der Ansiedlungen**
tätigkeitsbezogene Gründe	höher- und höchstrangiges Angebot (Nachfrage- und Kaufkraftpotential)	neue Angebotsformen
standortbezogene Gründe	repräsentative Adresse	Flächenangebot
	Agglomerationsvorteile	gestiegenes Nachfrage- und Kaufkraftpotential
		Erreichbarkeit
		Lage und Umweltqualität
		Agglomerationsvorteile
		neue geplante Zentren

Abb. 35   Gründe der Suburbanisierung des tertiären Sektors

4. *Verringerter Bedarf an einem zentralen Standort*
Aufgrund der allgemein verbesserten Verkehrs-, Informations- und Kommunikationsmöglichkeiten nimmt für viele tertiäre Tätigkeiten die Bindung an Innenstadtstandorte ab. In den USA begrenzt der abnehmende Bedarf an zentralen Standorten die CBD-Erweiterungen seit den 20er Jahren.

5. *Nutzungs- und Investitionsbeschränkungen*
Beschränkungen betreffen vor allem das Maß der Nutzung, z.B. bei historischer Bausubstanz.

6. *Förderung der Dezentralisierung*
Zur Verhinderung einer als übermäßig empfundenen Konzentration tertiärer Tätigkeiten, insbesondere Bürotätigkeiten ohne starken Publikumsverkehr, in der Innenstadt und einer Ausweitung des Hauptgeschäftszentrums in Wohngebiete wurden und werden Verlagerungen und dezentrale Ansiedlungen direkt oder indirekt gefördert. Ein anderer Grund ist der Versuch, eine gewisse Nutzungsvielfalt zu erhalten. In Europa bestimmen Planung und Wirtschaftsförderung stärker als in den USA Verlagerungen und neue Standorte.

3.4.2.2 Gründe der Ansiedlungen im suburbanen Raum

1. *Flächenangebot*
Große Grundstücke sind in der Kernstadt knapp und teuer, im Umland eher und auch günstiger erhältlich. Sie werden gesucht von flächenextensiven Handelsformen, z.B. von Verbrauchermärkten und Einkaufszentren, aber auch für die räumliche und organisatorische Zusammenfassung gestreuter Standorte, Erweiterungen, Lagereinrichtungen und Parkplätze.

2. *Gestiegenes Nachfrage- und Kaufkraftpotential*
Durch die Bevölkerungszunahme im suburbanen Raum vergrößert sich das Nachfragepotential für den Einzelhandel, die Gastronomie und persönliche Dienstleistungen (Handel und Dienstleistungen folgen der Bevölkerungssuburbanisierung).

3. *Erreichbarkeit*
Die Erreichbarkeit der Umlandstandorte wurde durch den Ausbau des Straßennetzes und des öffentlichen Personenverkehrs stark verbessert. Gut erreichbare Standorte liegen z.B. an Ausfallstraßen, Schnellstraßen und Haltestellen öffentlicher Verkehrsmittel.

4. *Neue Angebotsformen*
Großflächige und auf dem Individualverkehr ausgerichtete Angebotsformen, z.B. Verbrauchermärkte, SB-Warenhäuser, Einkaufszentren können in ebenerdiger Bauweise und mit großen, kostenlos nutzbaren Parkplätzen nur am Stadtrand gebaut werden.

5. *Lage und Umweltqualität*
Attraktive Standorte für Bürotätigkeiten, Forschungs- und Entwicklungseinrichtungen liegen in Gebieten mit geringer Umweltbelastung, lockerer Bebauung und landschaftlich reizvoller Umgebung.

6. *Agglomerationsvorteile*
Neue Medien und Kommunikationsformen, verbesserte Verkehrswege und -mittel
ermöglichen eine weite Standortstreuung auch von Einrichtungen mit hohem Bedarf
an Informationen, Kontakten und Erreichbarkeit.

7. *Neue geplante Zentren*
Neue geplante Zentren bieten Verwaltungen, Handel und Dienstleistungen Ansied-
lungsmöglichkeiten.

3.4.2.3   Gründe der Konzentration in der Kernstadt

1. *Höher- und höchstrangiges Angebot*
Güterangebot und Dienstleistungen mit hoher Spezialisierung und großem Einzugs-
bereich (hohe und höchstrangige zentrale Tätigkeiten) konzentrieren sich im innerstädtischen Hauptgeschäfts- und Verwaltungszentrum und in Branchenvierteln, z.B.
Bankenviertel.

2. *Repräsentative Adresse*
Für Hauptverwaltungen, Verbände oder „Top"kanzleien werden gut erreichbare
und gut gelegene Standorte gesucht, an einem Park, Fluß- oder Seeufer (Prestige-
standorte).

3. *Agglomerationsvorteile*
Die Innenstädte der Kernstädte sind Knotenpunkte im regionalen, nationalen, z.T.
auch internationalen Verkehrs- und Kommunikationsnetz geblieben. Sie bieten tertiären Tätigkeiten mit geringem Flächenbedarf und hohen Anforderungen an Informationen, Kontakten und Erreichbarkeit noch immer die relativ besten Standorte
(Standort- und Urbanisierungsvorteile, vgl. Kap. 8.2). Direkte persönliche Kontakte
lassen sich häufig nicht durch moderne Kommunikationsverbindungen ersetzen (vgl.
G. TÖRNQVIST 1970).

3.4.3   Suburbanisierung des tertiären Sektors in Industrieländern

Studien der Standortveränderungen im tertiären Sektor lassen mehrere gleichzeitige
Prozesse erkennen, die Funktionsspezialisierung und – konzentration im Stadtkern,
Verlagerungen und Neugründungen im Umland. Die Citybildung verdrängt nicht
nur Bevölkerung und Industrie aus der Kernstadt, sondern auch bevölkerungs- und
industriebezogene Tätigkeiten, die der Nutzungskonkurrenz unterliegen.

In *Deutschland* sind Innenstadtzentren seit den 70er, verstärkt seit den 90er Jahren
des letzten Jahrhunderts entstanden. Seit Ende des Jahrhunderts gehen kleine Einzel-
handelsbetriebe in dicht bewohnte innenstadtnahe Viertel. Ihre Standorte streuen bei
gleichzeitig verstärkter Spezialisierung im Handel und Konzentration höherrangiger
Betriebe im Zentrum.

Die Zentrenbildung war verbunden mit einem z.T. sehr starken Bevölkerungsrückgang in den Haupteinkaufsstraßen, z.B. 1871–1910

Hohe Straße	(Köln)	— 47 %
Königstraße	(Stuttgart)	— 45 %
Alter Wall	(Hamburg)	— 72 %
Neuer Wall	(Hamburg)	— 63 %
Marienplatz	(München)	— 44 %

(S. SCHOTT 1912)

Am Beispiel Frankfurt soll die Suburbanisierung des tertiären Sektors in der Bundesrepublik erläutert werden.

(a)   Stadtgebiet Frankfurt

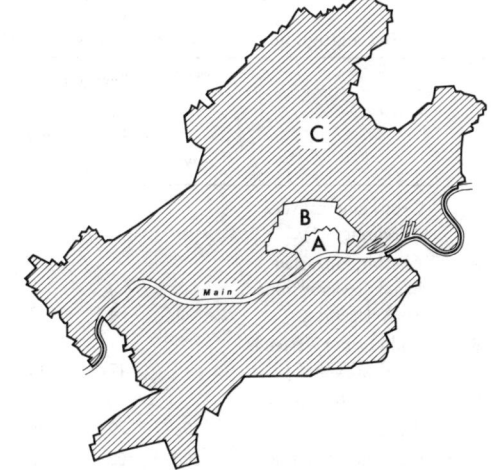

(b)
Ausweitung der Frankfurter City
(Phasen, Richtung)

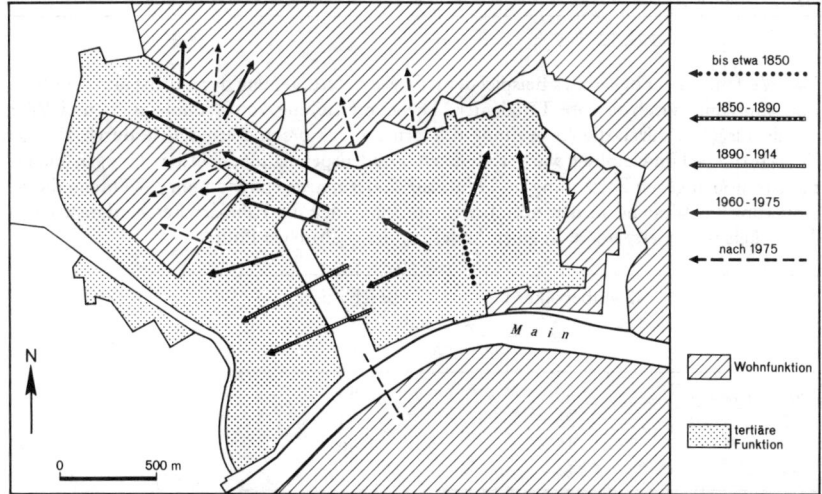

Abb. 36   Ausweitung der Frankfurter City (K. VORLAUFER, 1981, S. 117)

122   3 Suburbanisierungsphase

Beispiel Frankfurt
Der Anteil des Stadtzentrums Frankfurts (A in Abb. 36) an der Beschäftigung in tertiären Tätigkeiten im Verdichtungsraum insgesamt geht seit den 70er Jahren zurück. Der Beschäftigungs-
schwerpunkt verschiebt sich zum Stadtrand (Tab. 36). Arbeitsplatzverluste im Groß- und Einzelhandel werden durch die Arbeitsplatzzunahme im Verkehr, in der Nachrichtenübermittlung,
in Kreditinstituten, Versicherungen und öffentlichen Dienstleistungen nicht mehr ausgeglichen.
Im Kreditgewerbe werden Leitungs- und Verwaltungsfunktionen und zentrale Dienstleistungen dezentralisiert, entsprechend den Veränderungen der Bevölkerungs- und Arbeitsstättenver-
teilung. Abb. 36 zeigt auch, daß die Citybildung und Dekonzentration tertiärer Funktionen in
der Kernstadt schon im 19. Jahrhundert einsetzte.

Tab. 36   Beschäftigungsentwicklung in Frankfurt 1961–1977

		Fläche	Bevölkerung		Beschäftigte		Beschäftigtenanteil tertiärer Sektor
			1961	1977	1961	1977	1977
		%	%		%		%
	Gebiet innerhalb des Alleenrings (1)						
A	Altstadt, Innenstadt, Bahnhofsviertel (innerh. des Anlagenrings)	1	4	2	24	19	88
B	Stadtbezirke Westend, Nordend, Ostend	3	17	13	15	13	85
C	Gebiet außerhalb des Alleenrings	96	79	85	61	68	61
A–C	Stadtgebiet Frankfurt	100	100	100	100	100	100
(1) vgl. Abb. 36							

Quelle: K. ASEMANN, 1979

Das Westend ist ein bekanntes Beispiel der teilweisen Verdrängung der innenstadtnahen Woh-
nungsnutzung durch tertiäre Tätigkeiten. Die Umwandlung von Wohnhäusern und Villen
wurde ausgelöst durch die Ausweitung des tertiären Sektors und ermöglicht durch die Stadt
Frankfurt. Die Umwandlung war verbunden mit Bodenspekulation, Hausbesetzungen und De-
monstrationen gegen Zerstörung und Nutzungsänderungen (Umwidmung). Während die Bevölkerung im Westend in den 60er Jahren abnahm, stieg die Zahl der Beschäftigten. Dieser
Trend kehrte sich erst um nach einer Änderung der städtischen Politik:

	Wohnbevölkerung im Westend	Beschäftigte
	1 000	
1961	40	39
1970	23	54
1977	18	46
1984	23	.

Quelle: STADT FRANKFURT

Die Arbeitsplatzumverteilung im tertiären Sektor geht über die Kernstadt hinaus ins Umland, insbesondere in die angrenzenden Gemeinden Eschborn, Oberursel und Maintal. Von 1970 bis 1977 hat die Stadt Frankfurt 40 000 tertiäre Arbeitsplätze verloren, das Umland (Gebiet des Umlandverbandes) 28 000 gewonnen (Abb. 37).

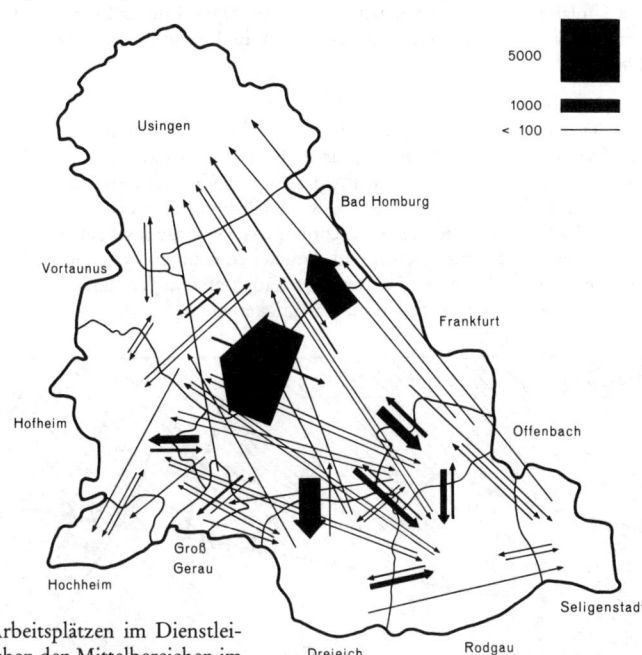

Abb. 37
Verlagerung von Arbeitsplätzen im Dienstleistungsbereich zwischen den Mittelbereichen im Umlandverband Frankfurt 1970–1977/78
(REGIONALE PLANUNGSGEMEINSCHAFT UNTERMAIN, UMLANDVERBAND FRANKFURT)

Tab. 37   Beschäftigungsentwicklung des tertiären Sektors im Gebiet des Umlandverbandes Frankfurt 1970 und 1977

		Bevölkerung		tertiärer Sektor		Beschäftigung Handel		Kredit- und Versicherungsgewerbe	
		1970	1980	1970	1977	1970	1977	1970	1977
		%		%		%		%	
A–C	*Stadt Frankfurt* (Abb. 36)	45	41	75	68	69	58	89	79
D	Stadt Offenbach	8	7	6	6	7	7	3	4
E	Landkreise	47	52	19	26	24	35	8	17
A–E	*Umlandverband Frankfurt*	100	100	100	100	100	100	100	100

Quelle: UMLANDVERBAND FRANKFURT

1977 entfielen etwa die Hälfte der Bevölkerung (1950 38 %) und 30 % der Beschäftigten im Umlandverband auf die Landkreise. Im Handel liegt der Beschäftigtenanteil der Umlandkreise höher als im Durchschnitt des tertiären Sektors, im Kredit- und Versicherungsgewerbe (stärkere Konzentration) jedoch deutlich darunter. Aber auch in diesem Sektor ist der Beschäftigtenanteil des Umlands seit 1970 stark gewachsen. Das Main-Taunus Einkaufszentrum im Frankfurter Umland war 1964 das erste Einkaufszentrum in der Bundesrepublik (H. HEINEBERG, A. MAYR 1984).

Beispiel London
Das Stadtzentrum von London besteht seit mehr als 300 Jahren aus zwei Teilzentren, dem Wirtschaftszentrum City of London (7 in Abb. 19) mit Banken und Versicherungen und dem Regierungs- und Verwaltungszentrum, der City of Westminster (6 in Abb. 19). Abb. 38 zeigt die Entwicklung der Märkte und Läden im 19. Jahrhundert in der City of Westminster (Westend). Seither hat sich in Inner London nicht nur das Versorgungsangebot erheblich ausgeweitet und differenziert, auch Büroflächen und -tätigkeiten nahmen stetig zu.
Die Verstärkung höherrangiger tertiärer Tätigkeiten in der Innenstadt beschleunigte die Suburbanisierung niederrangiger tertiärer Tätigkeiten.

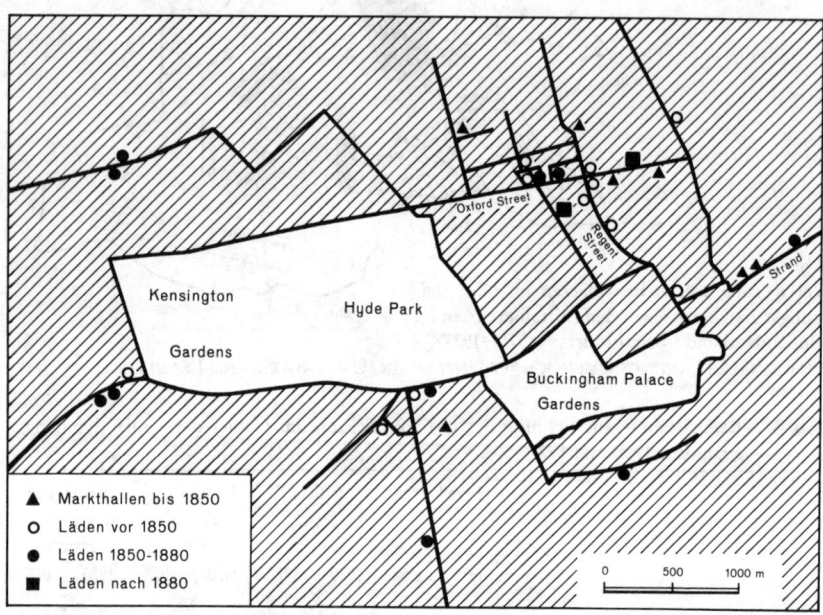

Abb. 38   Versorgungsangebot in Märkten und Läden im Londoner Westend im 19. Jahrhundert (H. CARTER, 1983, S. 166 nach SHAW)

Neuere Entwicklungstendenzen des tertiären Sektors im Verdichtungsraum London läßt die Tab. 38 erkennen:

– Von Greater London nach außen nimmt die Beschäftigung in tertiären Tätigkeiten absolut und relativ zu. In Greater London übertrifft die Zunahme Bank- und Wirtschaftsdienste die Abnahme im Handel. In der übrigen Region South East nimmt dagegen die Beschäftigung in

Tab. 38 Beschäftigungsentwicklung des tertiären Sektors in der Region South East 1961–1978

		tertiärer Sektor			Beschäftigte Handel 1 000			Bank- und Wirtschaftsdienste		
		1961	1976	1978	1961	1971	1978	1961	1971	1978
A	*Inner London*	1 783	1 671	·	416	308	·	279	297	·
B	*Outer London*	864	·	·	235	240	·	45	82	·
A+B	*Greater London*	**2 647**	2 679	**2 719** (1)	**651**	548	521	324	379	**411**
C+D	übrige Region South East	1 736	2 159	**2 550**	421	478	**560**	75	134	**201**
A–D	*Region South East*	4 383	4 838	**5 269**	1 072	1 026	**1 081**	399	513	**612**
						%				
A	Inner London	40	35	·	39	30	·	70	58	·
B	Outer London	20	20	·	22	23	·	11	16	·
A+B	Greater London	60	55	52	61	53	48	81	74	67
C+D	übrige Region South East	40	45	48	39	47	52	19	26	33
A–D	Region South East	100	100	100	100	100	100	100	100	100

(1) Fettdruck = Beschäftigungshöchststand 1961–1978

Quelle: GREATER LONDON COUNCIL, LONDON

allen Untergruppen des tertiären Sektors noch zu. Der Beschäftigtenanteil des tertiären Sektors hat stark zugenommen:

	1952	%	1983
Inner London	63		85
Outer London	53		77
übrige Region South East	58		66

Quellen: W. F. LEVER 1981, GREATER LONDON COUNCIL

– In Greater London nehmen insbesondere höchstrangige tertiäre Arbeitsplätze zu, u.a. in Ministerien (Westminster), in Hauptverwaltungen sowie in national und international bedeutsamen Dienstleistungen. Beispiele dafür sind die Konzentration von Banken (City), Zeitungen (Fleet Street, neuerdings Docklands), Ärzten (Harley Street), Modebetrieben (Bond Street) und Niederlassungen ausländischer Unternehmen. Bank- und Wirtschaftsdienste sind auch hier im Unterschied zum Handel stark konzentriert (1961 81 %, 1978 67 % in Greater London), die Spitzenmieten sind in der City außerordentlich hoch, dreimal so hoch wie z.b. im Frankfurter Bankenviertel (FAZ Nr. 88 vom 16.4.1986).

– Am Stadtrand von London entstanden große Einkaufszentren, z.b. Brent Cross, 1976 fertiggestellt (74 300 m² Verkaufs- und 210 000 m² Grundstücksfläche, V. J. BUNCE 1983). Im Stadtkern dominieren dagegen Warenhäuser und Handelsketten. Durch die Aufgabe kleiner Einzelhändler verliert hier der Einzelhandel an Vielfalt und Individualität.

Drei Viertel der 1963 bis 1979 aus „Central London" verlagerten Büroarbeitsplätze blieben in der Region South East (Tab. 39).

Tab. 39   Dezentralisierung von Büroarbeitsplätzen aus „Central London" 1963–1979

	Verlagerte Betriebe	Verlagerte Büroarbeitsplätze 1 000	Bürofläche 1982 Mill. m²
Region South East	1 808	116,8	24,8
davon nach			
Greater London	814	51,5	17,1
Outer Metropolitan Area	734	44,0	4,5
übrige Region	260	21,3	3,2
übriges Großbritannien	414	43,3	20,6
	2 222	160,1	45,4
	%	%	%
Region South East	81	73	55
davon nach			
Greater London	36	32	38
Outer Metropolitan Area	33	28	10
übrige Region	12	13	7
übriges Großbritannien	19	27	45
	100	100	100

Quellen: H. HEINEBERG, 1985, S. 105, M. BATEMAN, 1985, S. 68

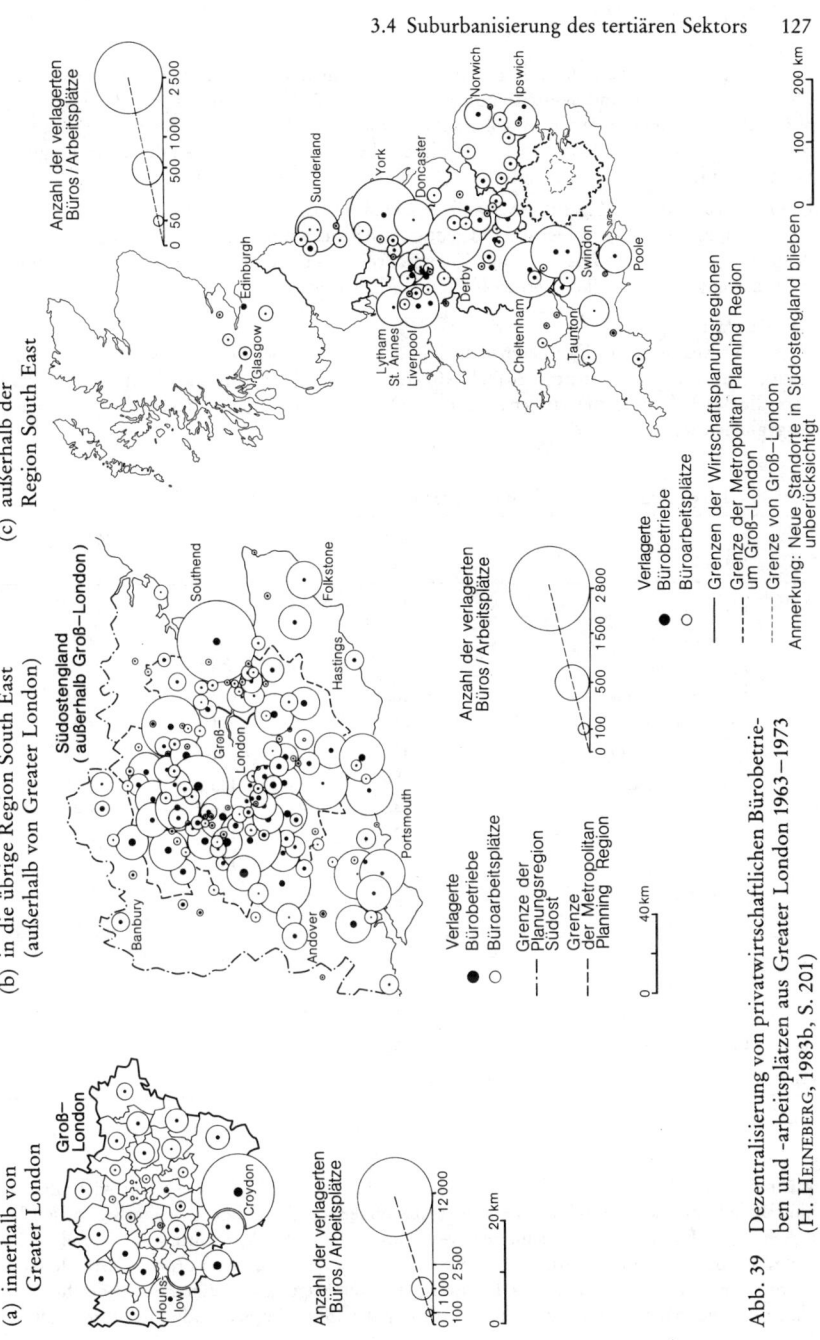

Abb. 39 Dezentralisierung von privatwirtschaftlichen Bürobetrieben und -arbeitsplätzen aus Greater London 1963–1973 (H. HEINEBERG, 1983b, S. 201)

Die Ansiedlungsschwerpunkte liegen in einem 25 km-Radius, insbesondere Croyden und Hounslow im Süden und Westen von Outer London (Abb. 39). Gründe für die ausgeprägte Süd- und Westwanderung von Bürobetrieben, „quasi eine Fortsetzung der früheren Verlagerung von Büros aus der City von London in das Londoner Westend" sind u.a. der Flughafen Heathrow und bevorzugte Wohngebiete (H. HEINEBERG 1983, S. 200).

Die Förderung von Verlagerungen publikumsferner tertiärer Tätigkeiten aus Greater London wurde aufgegeben, als sich hier die Beschäftigungschancen insgesamt verschlechterten und die Widersprüche zwischen Fortzugs- und Zuzugsanreizen – London sollte zu einem internationalen Bürozentrum entwickelt werden – offensichtlich wurden.

Beispiel Paris
Wie in der Region South East nehmen auch in der Ile-de-France die Arbeitsplätze im tertiären Sektor zum Außenrand hin noch zu (Tab. 40). Seit Mitte der 70er Jahre stagniert in der Kernstadt Paris die Beschäftigung im tertiären Sektor, so daß die Verluste im sekundären Sektor nicht mehr ausgeglichen werden.

Tab. 40   Beschäftigungsentwicklung des tertiären Sektors in der Ile-de-France 1968 – 1982

		1968	1975 1 000	1982	1968–1982 %
A	Paris	1 357	1 444	1 478 (1)	+ 9
B	*Petite Couronne*	720	883	986	+ 37
	Hauts-de-Seine	302	356	404	+ 34
	Seine-Saint-Denis	200	249	271	+ 36
	Val-de-Marne	218	278	311	+ 43
C	*Grande Couronne*	446	611	681	+ 53
	Seine-et-Marne	99	124	133	+ 34
	Yvelines	148	195	219	+ 48
	Essonne	108	154	188	+ 74
	Val d'Oise	91	138	141	+ 55
A–C	*Ile-de-France*	2 523	2 938	3 145	+ 25
			%		
A	Paris	54	49	47	
B	Petite Couronne	28	30	31	
C	Grande Couronne	18	21	22	
A–C	Ile-de-France	100	100	100	

(1) Fettdruck = Beschäftigungshöchststand im tertiären Sektor 1968–1982

Quellen: IAURIF PARIS, M.J. MOSELEY, 1980

Während die politische, administrative und kulturelle Bedeutung der Kernstadt weiterhin zunimmt, sinkt die ökonomische Bedeutung, insbesondere bei direkt bevölkerungsbezogenen Tätigkeiten wie Einzelhandel, Gesundheitswesen und öffentlicher Verwaltung. Paris und die inneren Vororte („Petite Couronne") sind weit besser als die äußeren Vororte („Grande Couronne") mit Bildungs- und kulturellen Einrichtungen ausgestattet. Vier Fünftel der Studienplätze und der Museen von nationaler Bedeutung der Ile-de-France sind in der Kernstadt.

Das Hauptgeschäftszentrum hat sich aus den Arrondissements VIII und IX (Abb. 20) nach Westen in die benachbarten Arrondissements XVI und XVII verschoben, insbesondere zur Porte Maillot. Die Kernstadt weist sehr ausgeprägte Tätigkeitskonzentrationen auf, das Arrondissement IX von Bürotätigkeiten, XII (Italie) und XIII (Illots de Rapée, Gare de Lyon) von informationsverarbeitenden Tätigkeiten, VII und XVI von Regierungs- und diplomatischen Tätigkeiten.

Bis 1977 wurden in der Agglomération Parisienne (Abb. 20 und 40) fünf Einkaufszentren mit mehr als 80 000 m² und fünf mit 40 000 bis 80 000 m² Verkaufsfläche errichtet, alle außerhalb der Kernstadt, in der Ile-de-France insgesamt 86 Geschäftszentren mit mehr als 3 000 m² Verkaufsfläche. Trotz weiterer Ansiedlungen (Ende 1982 99 Zentren) ist der suburbane Raum weit schlechter versorgt als die Kernstadt, wenn der Einzelhandelsbesatz als Maßstab gewählt wird. In der Kernstadt kamen 1983 55 Einzelhandelsbeschäftigte auf 1 000 Einwohner, in der „Petite Couronne" 19 und in der „Grande Couronne" 14. Dieses ungünstige Verhältnis erklärt sich daraus, daß im Umland weniger personalintensive Selbstbedienungsläden, Warenhäuser und Filialbetriebe dominieren (A. DELOBEZ 1985).

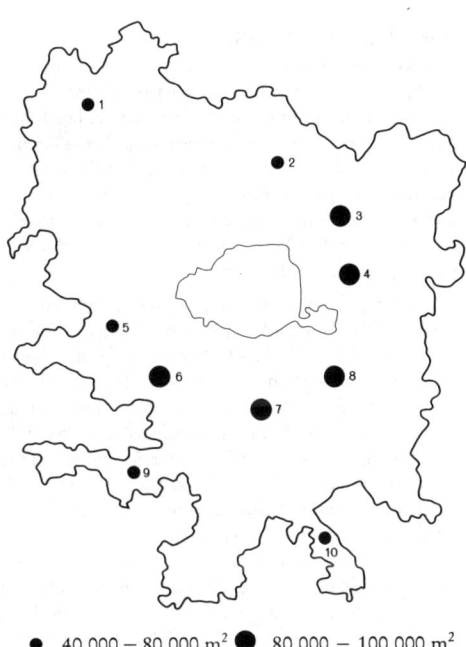

1 Les Trois Fontaines
  (Cergy-Pontoise)

2 Les Flanades
  (Sarcelles)

3 Parinor
  (Aulnay-sous-Bois)

4 Rosny 2

5 Parly 2
  (Le Chesnay)

6 Vélizy

7 Belle Epine
  (Rungis)

8 Créteil Soleil

9 Bures

10 Evry 2

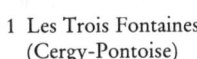

Abb. 40   Einkaufszentren mit mehr als 40 000 m² Fläche in der Agglomération Parisienne 1977
(M. J. MOSELEY, 1980, S. 189)

Tertiäre Tätigkeiten sollen in neuen Bürozentren angesiedelt werden, u.a. in Montparnasse (Kernstadt), seit den 60er Jahren in La Défense (Umland). Im Département Hauts-de-Seine mit La Défense haben die Büroflächen und -arbeitsplätze von 1968 bis 1982 absolut am stärksten zugenommen. La Défense liegt im Bogen der ersten Seineschleife nur etwa 3 km nordwestlich des

Stadtzentrums in Verlängerung der historischen Achse Louvre-Tuillerien-Place de la Concorde-Champs Elysées-Arc de Triomphe. Dieses Bürozentrum verstärkt jedoch aufgrund seiner Nähe zur Innenstadt faktisch die Büroflächenkonzentration in der Kernstadt und damit den Zentrum-Peripherie- und West-Ost-Gegensatz der Arbeitsplatzverteilung in der Ile-de-France.

In den „Entwicklungspolen" im Umland stieg die Zahl der Arbeitsplätze insgesamt stark an, nicht nur in La Défense, auch in den flughafennahen Standorten Orly-Rungis und Le Bourget-Roissy, weniger in den älteren „Entwicklungspolen" Versailles und St. Denis. In Rungis am südlichen Stadtrand von Paris wurde auch der neue Großmarkt errichtet, er war bis 1969 in den „Hallen" im ersten Arrondissement (Abb. 20). Hier entsteht ein Verkehrs-, Handels- und Dienstleistungszentrum.

Ein Viertel des Beschäftigungszuwachses in den „Entwicklungspolen" entfällt auf Industrie, drei Viertel auf tertiäre Tätigkeiten, vor allem auf den Einzelhandel. In Créteil und Bobigny, den Präfekturhauptorten der Départements Val-de-Marne und Seine-St. Denis, nahmen insbesondere Bürotätigkeiten zu. Um Versailles und St. Denis (Départements Yvelines und Seine-St. Denis) entstanden eigene suburbane Entwicklungen.

Beispiele aus Nordamerika
Bereits um 1785 entstand in New York ein Groß- und Einzelhandelsbezirk, um 1800 in Boston (Abb. 34). Die ersten Luxusgeschäfte eröffneten um 1805 in New York, in den 30er Jahren des 19. Jahrhunderts in Boston. Anfang des 19. Jahrhunderts bildeten sich auch kleine Bankbezirke, zuerst in New York (Wall Street zwischen 1805 und 1810, R. A. WALKER 1978, S. 176). Nach 1840 weitete sich in den größeren Städten der USA der Lagerhausbezirk stark aus. Produktionstätigkeiten trugen bis Ende des Jahrhunderts stärker zur räumlichen Verdichtung bei als Handel und Dienstleistungen trotz geringerer Flächenproduktivität und trotz des höheren Flächenbedarfs. Seit den 90er Jahren differenzieren sich Bank-, Einzelhandels- und Industrietätigkeiten im Hauptgeschäftszentrum aus.

Die Arbeitsplatzverschiebung des tertiären Sektors von der Kernstadt in das Umland ist in den USA stärker als in anderen Industrieländern. Dies gilt jedoch z.B. nicht für den Verdichtungsraum New York (Abb. 49). Hier ist aufgrund der räumlichen Abgrenzung der Beschäftigtenanteil der Kernstadt noch sehr hoch (Tab. 41), die Dekonzentration nimmt aber zu, insbesondere im Handel (1954 5 %, 1981 15 % Beschäftigungsanteil im Umland), weniger bei Bank-, Versicherungs- und Immobiliendiensten (1954 3 %, 1981 4 %). In den USA befinden sich hochrangige Verwaltungstätigkeiten überwiegend in der Kernstadt, hochrangige Einzelhandelsstandorte jedoch im Umland. Geschäfte, Motels und Restaurants werden bevorzugt an Ausfallstraßen errichtet, Einkaufszentren mit Waren aller Bedarfsstufen an Schnittpunkten im Schnellstraßennetz. Zwölf der zwanzig größten Geschäftszentren der USA im Jahre 1977 sind seit den 50er Jahren im suburbanen Raum entstanden. Einkaufszentren in den USA unterscheiden sich von Einkaufszentren in Europa im Waren- und Dienstleistungsangebot, aber auch im „recreational shopping". Damit ist die Verbindung von Einkauf, Erholung und Unterhaltung gemeint (vgl. P. DICKEN, P. E. LLOYD 1984, S. 79–80). In den USA gibt es kaum gewachsene Geschäftszentren am Stadtrand.

In den 60er Jahren entfiel z.B. in den Räumen Detroit, Chicago und Los Angeles noch nicht einmal ein Zehntel des Einzelhandelsumsatzes der SMSA auf das Hauptgeschäftszentrum oder Innenstadtzentrum (CBD) (H. J. NELSON. W.A.V. CLARK 1976, S. 255). Die innerstädtischen Gegensätze sind groß, einerseits Luxusgeschäfte z.B. in der 5th Avenue in New York (in einem früheren Oberschichtwohngebiet), andererseits „commercial blight" in der Bronx und in Brooklyn als Folge starker sozialer und ethnischer Veränderungen. Die große Versorgungsbedeutung der im suburbanen Raum errichteten Einkaufszentren zeigt die Abb. 41 (Atlanta).

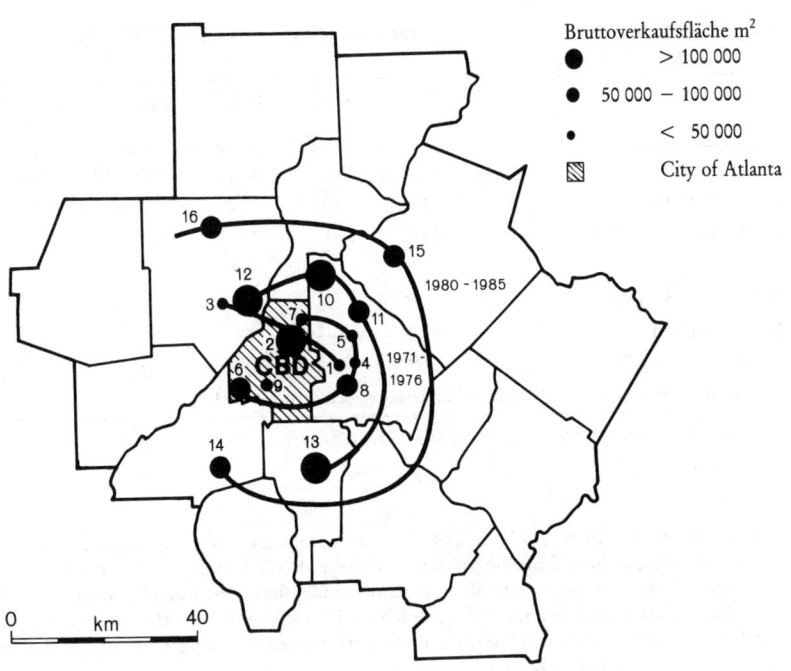

	Fertig-stellung	Brutto-verkaufs-fläche m^2	Waren-häuser	Läden
1 Belvedere Plaza	1955	40 900	1	49
2 Lenox Square	1959	121 800	3	207
3 Cobb Center	1964	37 200	1	30
4 Columbia Mall	1964	37 200	2	18
5 North Dekalb Mall	1965	45 300	1	60
6 Greenbriar Mall	1965	69 700	2	85
7 Phipps Plaza	1968	40 400	2	60
8 South Dekalb Mall	1969	77 800	2	91
9 Mall West End	1971	32 500	1	44
10 Perimeter Mall	1971	111 500	3	168
11 Northlake Mall	1971	91 500	3	110
12 Cumberland Mall	1973	105 500	4	123
13 Southlake Mall	1976	102 200	4	113
14 Shannon Mall	1980	69 700	3	96
15 Gwinnett Place	1984			
16 Cobb				

Abb. 41   Einkaufszentren in der Atlanta SMSA 1985 (B. D. DENT, 1985)

Tab. 41   Beschäftigungsentwicklung des tertiären Sektors in der New York SMSA
1954—1981

		1954	1960	1970	1981	1954—1981
				1 000		%
A	*New York City*	2 328	2 464	**2 867** (1)	2 788	+ 20
B	*Umland*	134	176	260	**340**	+ 154
A+B	*New York SMSA*	2 462	2 640	3 127	**3 128**	+ 27
				%		
A	New York City	95	93	92	89	
B	Umland	5	7	8	11	
A+B	New York SMSA	100	100	100	100	

(1) Fettdruck Beschäftigungshöchststand im tertiären Sektor 1954—1981

Quelle: US DEPARTMENT of LABOUR, WASHINGTON

In Chicago (B. J. L. BERRY, 1976, S. 228—229) entstanden die ersten vier regionalen Einkaufszentren bis 1960, weitere fünfzehn größere und mehr als 100 kleinere bis Mitte der 70er Jahre. 1960 lagen die Zentren noch mehr als 40 km auseinander und mehr als 20 km vom „Loop" entfernt. Diese Einkaufszentren und kilometerlangen Handels- und Dienstleistungszonen entlang der Ausfallstraßen decken den täglichen und mittelfristigen, z.T. auch langfristigen Bedarf der Bewohner des suburbanen Raumes.

In Atlanta hatten 1981 allein fünf Einkaufszentren (2, 10—13 in Abb. 41) mehr Kunden als der CBD, der zumindest im Einzelhandel nicht mehr das zentrale, den gesamten Verdichtungsraum versorgende Geschäftszentrum ist (vgl. Tab. 42). Er versorgt vor allem Büroarbeitskräfte, Besucher und Bewohner der Innenstadt (vgl. B. HOFMEISTER 1985b, S. 66).

Tab. 42   Umsatzentwicklung im Einzelhandel der Atlanta SMSA 1954—1982

		1954	1963	1972	1982
			%		
A	*City of Atlanta*	74	62	47	22
B	*Umland*	26	38	53	78
A+B	*Atlanta SMSA*	100	100	100	100
	(CBD)	(29)	(19)	(7)	(2)
	größere Einzelhandelszentren (1) in der Kernstadt		8	7	4
	größere Einzelhandelszentren (1) im Umland		5	11	13

(1) mindestens 25 Geschäfte

Quelle: US BUREAU of THE CENSUS, WASHINGTON, B.D. DENT, 1985

New York hat vor Chicago und der Bundeshauptstadt Washington die weitaus größte Büroflächenkonzentration in den USA und die größte absolute Zunahme an Bürofläche von 1960 bis 1975 (Tab. 43).

Tab. 43   Entwicklung der Bruttobürofläche in ausgewählten CBDs der USA 1960–1975

Kernstädte	Fläche des CBD	Anteil an der Stadtfläche	Bruttobürofläche des CBD		
	km²	%	1960	1975	1960–1975
			Mio m² = km²		%
New York	23,3	3,0	16,3	26,9	+ 65
Chicago	3,1	0,5	4,4	7,8	+ 77
Los Angeles	9,1	0,75	1,5	3,9	+ 160
Philadelphia	6,5	1,9	2,4	3,9	+ 63
Houston	3,9	0,3	1,4	3,4	+ 143
Dallas	3,6	0,5	1,4	2,2	+ 57
Washington	4,4	2,8	3,3	6,6	+ 100
San Francisco	10,4	8,9	1,5	3,4	+ 127
Boston	7,0	5,9	2,2	4,2	+ 91

Quelle: R. B. ARMSTRONG, 1979, S. 89

In den 50er Jahren lag der weitaus größte Teil der Büroflächen noch im CBD. Seither ist der Anteil stetig und z.T. rapide zurückgegangen, z.B. in Houston von 95 % auf 50 % 1980 (G. GAD 1983, S. 38). In New York ist der Anteil etwas niedriger, in Boston, Washington, San Francisco etwas höher (rund 70 %). Viele Bürokomplexe wurden an Einkaufszentren angelagert. In der SMSA Atlanta (Abb. 41) entfällt trotz der Neubauten von Bürohochhäusern in der „downtown" nur noch etwa ein Viertel der Bürofläche auf die Kernstadt.

Hauptverwaltungen mit kaum standardisierbaren Kontakten und Kommunikationsbeziehungen gehen weit zögernder als routinierte und allgemeine Verwaltungstätigkeiten in den suburbanen Raum. Mehr als drei Viertel der Hauptverwaltungen der 500 größten US-Unternehmen lagen 1975 in den Kernstädten der SMSA's, in Manhattan 90 von 104 Hauptverwaltungen (87 %) der SMSA, in Chicago 29 von 44 (66 %), in Los Angeles 14 von 21 (67 %), in Detroit 5 von 13 (38 %). Standorte für neue Hauptverwaltungen werden auch in den stark wachsenden Verdichtungsräumen im Süden (Houston, Dallas, Atlanta) überwiegend im Stadtkern gesucht (R. B. ARMSTRONG 1979, S. 86–87).

In den kanadischen Verdichtungsräumen gab es bis in die 60er Jahre im Unterschied zu europäischen und US-amerikanischen Städten keinen Bürosektor außerhalb des Stadtkerns, die Beschäftigungskonzentration im Stadtkern ist daher höher. Eine detaillierte Rekonstruktion der Entwicklung der Stadtzentren von Montreal und Toronto durch GAD (1983) zeigt, daß zwischen 1890 und 1930 grundlegende Strukturveränderungen erfolgten: die Entmischung der Einzelhandels- und Bürostandorte im Stadtzentrum. Mit der Herausbildung von Büro- und Bankenvierteln entstand außerhalb des Stadtkerns ein Netz von Bank- und Versicherungszweigstellen, kleinen Anwaltskanzleien und anderen kundenorientierten Büros (G. GAD 1983, S. 48). Die Entwicklung in den Räumen Montreal und Toronto ähnelt sehr der in den Räumen New York und London.

Anfang der 70er Jahre waren in Toronto zwei Drittel der Bürobeschäftigten im „Central Corridor" tätig (Abb. 42), der nur 3 % der Fläche des Verdichtungsraumes Toronto einnimmt (G. GAD 1979, S. 283), insbesondere in Banken und Werbeagenturen. Anfang der 50er Jahre befanden sich nur sehr wenige Büros außerhalb des Stadtzentrums. Bis Anfang der 80er Jahre hat sich das Bild sehr verändert. Viele Industrieverwaltungen, Rechtsanwälte, Wirtschaftsprüfer und Steuerberater haben das Stadtzentrum verlassen oder Standorte gleich außerhalb des Zentrums gesucht, während Hauptverwaltungen von Banken und Versicherungen und Börsenmakler überwiegend im Stadtzentrum geblieben sind (Tab. 44). Der Suburbanisierungstrend gilt z.B. auch nicht allgemein für Rechtsanwälte. Große Anwaltsbüros bleiben ebenso im Stadtzentrum

Tab. 44   Anteil der Büros außerhalb des Stadtzentrums von Toronto
etwa 1978−1981

(ausgewählte Tätigkeiten)	%
Wirtschaftsprüfer, Steuerberater	63
Industrieverwaltungen	45
Rechtsanwälte	39
Werbeagenturen	23
Versicherungen (Hauptverwaltungen)	16
Ausländische Banken (Hauptverwaltungen	0
Kanadische Banken (Hauptverwaltungen)	0

Quelle: G. GAD, 1983, S. 42

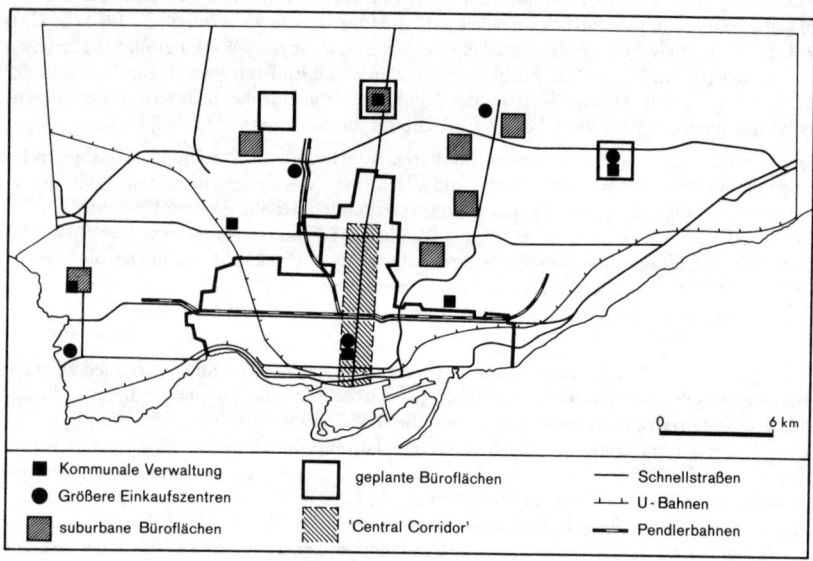

Abb. 42   Einkaufszentren und Büroflächen in Metropolitan Toronto 1974 (G. GAD, 1979, S. 279)

wie Werbeagenturen (G. GAD 1983, S. 43). Große ausländische Unternehmen gehen eher in den suburbanen Raum als große inländische Unternehmen, da sie weniger auf Agglomerationsvorteile angewiesen sind. Es besteht eine zunehmende Tendenz zur Teilverlagerung, zuerst der Erdölkonzerne, dann der Banken und Großunternehmen verschiedener Branchen. So werden u.a. Datenzentren, Verkaufs- und Kundenkreditabteilungen und Hypothekenverwaltungen ins Umland verlagert. Zwischen Stadtzentrum und suburbanem Raum besteht ein offensichtlicher qualitativer Unterschied der Standort- und beruflichen Anforderungen.

Bevorzugte Standorte im Umland liegen an Schnittpunkten von Schnellstraßen und öffentlichen Verkehrslinien, Abb. 42.

Beispiel Tokyo

In den japanischen Verdichtungsräumen setzte der Suburbanisierungsprozeß des tertiären Sektors relativ spät ein, eng gebunden an das Schienennetz. Eine größere räumliche Streuung gibt es nur bei höheren Forschungs-, Entwicklungs- und Bildungseinrichtungen, z.B. Universitäten. Durch die weit ausgreifende Bevölkerungs- und Industriesuburbanisierung (Tab. 24 und 35) und den Ausbau des Verkehrsnetzes weitete sich das Zentrensystem in das Umland aus.

1. Die räumliche Ausweitung des Zentrensystems in das Umland war verbunden mit einer relativen Bedeutungsminderung der Kernstadt, des Hauptgeschäftszentrums Ginza/Nihonbashi (1 in Abb. 43) und der vier Ringzentren Shibuya (2a), Shinjuku (2b), Ikebukuro (2c) und Ueno (2d) an der staatlichen Ringbahn, der Yamanote-Linie.

2. Relativ gestärkt wurden dagegen spezialisierte Zentren in der Innenstadt:
   - Asakusa (4a in Abb. 43), 1−2 km östlich des Ringzentrums Ueno mit Tempel, Vergnügungs- und Einkaufsstätten, ein Anziehungspunkt für Touristen,
   - Akasaka (4b), ein luxuriöses Vergnügungs- und Restaurantviertel nahe dem Regierungsviertel Kasumigaseki,

Haupt-, Subzentren:

Hauptzentrum

| 1 Ginza/Nihonbashi | 3 Marunouchi |

Ringzentren: Spezialzentren:

2a Shibuya   4a Asakusa
2b Shinyuku   4b Akasaka
2c Ikebukuro   4c Akihabara
2d Ueno   4d Kanda-Ochanomizu

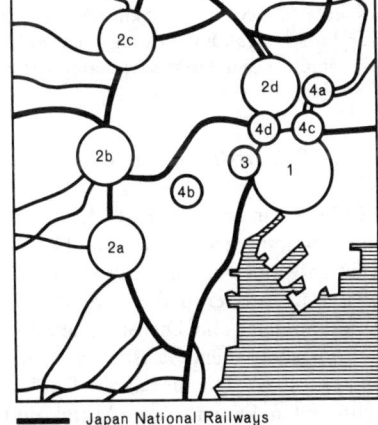

Abb. 43
Zentrensystem in der Innenstadt Tokyo

━━━ Japan National Railways
━━━ Private Bahnen

- Akihabara (4c), 2 km nördlich des Bahnhofs Tokyo, ein Fachzentrum für Elektro- und elektronische Artikel mit Groß-, Einzelhandel und Systemhäusern und
- Kanda-Ochanomizu (4d), 2 km nordwestlich des Hauptzentrums für Bücher und Antiquitäten.

In den Ringzentren und in den spezialisierten Zentren wird in Tokyo wie in den Innenstädten von Osaka und Nagoya ein zunehmender Teil der Geschäfte, Restaurants und Dienstleistungen unterirdisch errichtet, gut erreichbar mit Schienenverkehrsmitteln.

3. Gestärkt wurden auch die Subzentren an den Knotenpunkten des Massenverkehrs im Umland. Die wohnungsnahe Grundversorgung erfolgt hier immer mehr durch Lokal- und Nachbarschaftszentren und durch neue Angebotsformen (Supermärkte, Discountläden, Gemeinschaftswarenhäuser). Lokalzentren an den Bahnhöfen der Vorortlinien umfassen bis etwa 100 kleine Läden, Supermärkte, Restaurants und Schenken. Das Angebot der kleineren Nachbarschaftszentren ist schmaler als das der Lokalzentren, ihre Verkehrsanbindung schlechter.

Warenhäuser gibt es in Japan nur in höchstrangigen Zentren, überwiegend in den Millionenstädten, insgesamt etwa 350 Filialen 1980 (in der Bundesrepublik etwa 1500 mit einem schmaleren Sortiment und geringeren Umsätzen). Warenhäuser bieten in Japan traditionell hochwertige Gebrauchsgüter an, z.T. in Luxusboutiquen. Sie sind neben Modehäusern und Boutiquen Innovationszentren des Handels und der internationalen Mode, z.B. das Mitsukoshihaus im Nihonbashi-Viertel (1 in Abb. 43). Sie haben auch ein breiteres Dienstleistungs- und Freizeitangebot (Bankfilialen, Arztpraxen, Restaurants, Theater, Galerien). Da es in Japan wenig Museen gibt, sehen die meisten Japaner Kunst entweder im Tempel oder im Warenhaus, z.B. Bilder naiver Maler, chinesisches Porzellan, Kunst aus der UdSSR.

Trotz starker Zunahme der Bürofläche in Tokyo verminderte sich wie in New York, Paris und London, der Büroflächenanteil der Kernstadt von etwa 70 % Ende der 60er Jahre auf etwa 60 % Ende der 70er Jahre in der Präfektur Tokyo (A+B in Abb. 22).

Neue Büroflächen sollen auf vier Standorte außerhalb der Kernstadt konzentriert werden; Hachioji (1 in Abb. 22) und Tachikawa (2) im Tama District und Omiya (3) und Chiba (4) in den angrenzenden Präfekturen Saitama und Chiba. Für neue und verlagerte Großhandels-, Lager- und Umschlageinrichtungen wurden verkehrsgünstig gelegene Standorte ausgewiesen (vgl. W. FLÜCHTER 1985, S. 53).

Tsukuba (5 in Abb. 22), 60 km nordwestlich von Tokyo, ist ein Beispiel einer Dezentralisierung von Forschungs-, Entwicklungs- und Bildungseinrichtungen im Raum Tokyo. Es erfolgt hier eine ähnliche Standortkonzentration wie z.B. in Akademgorod bei Novosibirsk.

3.4.4 Suburbanisierung des tertiären Sektors in sozialistischen Ländern

Für Städte in sozialistischen Ländern gilt nicht die enge Verbindung von Stadtkern und hochrangigem Güter- und Dienstleistungssektor. Es gibt auch keine westlichen Städten vergleichbare Suburbanisierung des tertiären Sektors. Die Geschäftszentren weisen nicht oder in älteren Städten nicht mehr die für große westliche Städte typische Handels- und Dienstleistungsvielfalt auf, z.B. ein dichtes Angebot an Beherbergungsbetrieben, Gaststätten, Ärzten, Rechtsanwälten oder Maklern (vgl. H. HEINEBERG 1977). Die für das alte Rußland typischen Märkte sind nach 1930 völlig verschwunden. In den Städten Mittel- und Osteuropas, z.B. in Leipzig, Warschau, Prag, Budapest, Belgrad, blieben in vorsozialistischer Zeit entstandene Geschäftszentren,

Marktplätze, Einkaufsstraßen erhalten. Umfang, Spezialisierung, Branchenkonzentration, Bank- und Versicherungstätigkeiten haben jedoch deutlich abgenommen. Ein Teil der alten Zentren verfällt baulich oder bildet sich funktional zurück. Kolchosmärkte (in Moskau mehr als 20) haben eine wichtige Versorgungsfunktion (vgl. E. GIESE 1979) übernommen. Das Angebot der Kaufhäuser ist durchweg auf das Erd- und Zwischengeschoß begrenzt. Im Erdgeschoß der Wohnblöcke befinden sich meist Läden. Es fehlt das überragende Innenstadtzentrum, die City. Die Einzelhandelsdichte ist im Stadtkern nicht wesentlich höher als in den Außenbezirken, die Länden sind jedoch größer und der Umsatz ist höher. Kleine Subzentren sind in neuen Wohngebieten und Satellitenstädten entstanden. Sie sind abgestuft nach der Zahl der Versorgungseinrichtungen, im Rayon sowjetischer Städte für den kurz- und mittelfristigen Bedarf, im Mikrorayon für den täglichen Bedarf.

In den sozialistischen Städten, auch in Moskau, fehlen ebenfalls die für große westliche Städte und viele Metropolen geringer entwickelter Länder der Dritten Welt typischen Banken- und Vergnügungsviertel. Hauptgeschäftsstraßen mit Fachgeschäften und Kaufhäusern sind meist historische Hauptstraßen alter Zentren osteuropäischer und russischer Städte, in Moskau die Gorkij Straße, in Leningrad der Newski Prospekt. Die Innenstadt-Warenhäuser, GUM am Roten Platz in Moskau (das größte Warenhaus der Sowjetunion) und Gostinnyj Dwor in Leningrad, stammen noch aus der Zarenzeit. Solche bazarähnlichen Einrichtungen gibt es auch in anderen Städten der Sowjetunion, aber nicht mit ähnlich aufwendiger Gründerzeitarchitektur. Die Gorkij Straße, Teil eines alten Handelsweges nach Nowgorod, war im 19. Jahrhundert eine Prachtstraße mit Luxushotels und von Ausländern betriebenen Geschäften des höheren Bedarfs. Der Umbau begann in den 20er Jahren mit dem Bau öffentlicher Gebäude, darunter des zentralen Telegraphenamtes und des Isvestija-Hauses.

Formale Strukturen aus vorsozialistischer Zeit haben sich bis heute erhalten oder sind nicht grundlegend verändert worden. Die „Chinesenstadt" (Kitaigorod), nach dem Kreml der älteste Teil der Stadt (Abb. 23), war seit dem 14. Jahrhundert ein Handelsviertel. Seit den 20er Jahren dieses Jahrhunderts ist sie Standort von Banken, Ministerien und Verwaltungen.

Daß die hauptstädtischen Funktionen nicht im Stadtkern oder in einem Regierungsviertel konzentriert sind, erklärt sich durch den Umzug der Regierung von Leningrad in ein bereits dicht genutztes Stadtzentrum. Zentrale und staatliche Verwaltungs- und Planungsbehörden streuen seither über das Stadtgebiet. Im Mittelpunkt liegt der Kreml mit zentralen Einrichtungen für die gesamte Sowjetunion und Gebäuden der staatlichen Verwaltung und Planung. In den letzten Jahrzehnten wurden Verwaltungsfunktionen im Rahmen der Dezentralisiserungspolitik an den Rand des Stadtkerns verlagert, an den Gartenring (Abb. 23), an Ausfallstraßen und in Zentren des suburbanen Raumes. Verwaltungs- und Handelstätigkeiten, auch Fachgeschäfte, z.B. Buchläden, streuen stärker als in westlichen Städten, kulturelle Einrichtungen, Theater und Museen sind dagegen stärker konzentriert. Zentrale Standorte sind teils ein Erbe der Vergangenheit, teils Ausdruck eines politisch-administrativen Systems, in dem Bodenwert eine geringe Rolle spielt.

3.4.5 Suburbanisierung des tertiären Sektors in Schwellen- und Entwicklungsländern

Schon Anfang dieses Jahrhunderts setzte in den von Europa beherrschten orientalisch-islamischen Städten ein Dekonzentrationsprozeß im tertiären Sektor ein, in den 50er Jahren in den Städten Lateinamerikas, z.B. in Caracas, Bogotá und São Paulo. In vielen Verdichtungsräumen Afrikas hat er noch nicht begonnen.

Gehobene Wohngebiete geben in *lateinamerikanischen* Städten die Ausbreitungsrichtung des Hauptzentrums und die Lage von Subzentren vor. Sie schieben sich mit den Oberschichtvierteln immer weiter nach draußen, z.B. in Caracas linear, in Mexiko Stadt flächenhaft im Winkel zweier Achsen (E. GORMSEN 1981). WILHELMY und BORSDORF (1984) nennen aus Santiago de Chile (Providencia) und Lima (Miraflores) weitere Beispiele gehobener Geschäftszentren in Oberschichtvierteln großer südamerikanischer Städte.

Im innerstädtischen Zentrum kommt es andererseits zu einem Konzentrationsprozeß und zur Funktionsdifferenzierung. Der Einzelhandel, in der kolonialen Stadt an die Peripherie gedrängt (Markthallen), geht ins Zentrum. Es entstehen Geschäftsstraßen, Galerien, Passagen, in neuerer Zeit Fußgängerzonen. Durch Aufnahme weiterer Funktionen werden die Geschäftszentren größer und diversifizierter, z.B. in Caracas das Geschäfts- und Bürozentrum Sabana Grande, in Bogotá das Geschäfts- und Vergnügungsviertel Chapinero.

Die meisten Subzentren entstehen ungeplant an einer Verkehrsachse in Anlehnung an ein Waren- oder Kaufhaus, einen Supermarkt oder Vorortkern und verdrängen Wohnbevölkerung. Geplante Einkaufszentren ("Centros Comerciales") mit Warenhäusern, Fachgeschäften, Restaurants, Kinos, Parkplätzen, entstehen in neuerer Zeit nahe gehobenen Wohnvierteln. Da im Umland kaufkräftige Nachfrage fehlt, haben Bahnhöfe und Schnellstraßen nicht die Ansiedlungsbedeutung wie in Europa und Nordamerika. Doch gibt es z.B. in Bogotá neben den auf den gehobenen Bedarf orientierten Zentren auch kaufkraftbestimmte Zentren für Haushalte mit geringem Einkommen (vgl. J. BÄHR 1976).

Mit der Funktionsdifferenzierung entstehen auch Bürozentren, z.B. in Mexiko-Stadt. Im Verwaltungszentrum CAN, 5 km westlich des Zentrums von Bogotá befinden sich auch Ministerien. In Buenos Aires entstehen seit Anfang der 60er Jahre Verwaltungshochhäuser der Banken, der Versicherungen und der Industrie. Das Hauptzentrum expandiert hier vor allem nach Norden.

Charakteristisch für orientalisch-islamische Städte ist eine zunehmend zweipolige Versorgungsstruktur: Altstadtbazar und neue Geschäftszentren in Stadterweiterungsgebieten. Bazare sind eine Verbindung von Einzelhandel, Großhandel und Produktion (Handwerk), sie sind linear, entlang der Hauptachsen oder kompakt angelegt. Altstadtbazar und neue Geschäftszentren konkurrieren kaum miteinander, sie ergänzen sich (traditionelle Bazarwaren für einkommensschwache Bevölkerung in der Altstadt und benachbarten Vororten, „westliche" Güter und Dienstleistungen in neuen Geschäftszentren). Sekundär- und Tertiärzentren entstanden in Tornähe und in den Vorstädten. Schon die alte islamische Stadt hatte Subzentren außerhalb der Mauern in Vororten.

Wie in den lateinamerikanischen und orientalisch-islamischen Verdichtungsräumen entstehen auch in großen Städten *Süd- und Südostasiens*, aber erst in wenigen afrikanischen (westafrikanischen) Städten Doppelzentren: Neben das alte innerstädtische Zentrum tritt ein neues Zentrum in oder am Rande der Kernstadt. Beide Zentren ergänzen sich funktional. Im alten multifunktionalen Stadtkern kommt es zu einer Funktionsspezialisierung, ethnisch segregierte Stadtviertel werden z.T. abgerissen wie in Kuala Lumpur und Singapur (Chinatown). Die neuen Zentren mit Verwaltungs-, Handels- und Dienstleistungstätigkeiten (Banken, Versicherungen, Hotels, Büros) entwickeln sich in Richtung der gehobenen Wohngebiete. Flächenextensive und verkehrsorientierte Tätigkeiten gehen zunehmend an den Stadtrand.

Abb. 44 zeigt die kommerzielle Suburbanisierung im Raum Manila von 1960 bis 1975. Das zentrale Handels- und Geschäftszentrum in der Innenstadt (San Nicolas und San Miguel, 1 und 2 in Abb. 44) war bis in die 60er Jahre dicht bewohnt. Das neue Handels-, Dienstleistungs- und Verwaltungszentrum Makati (3) mit Banken, Hotels und Luxuswohnungen liegt im suburbanen Raum.

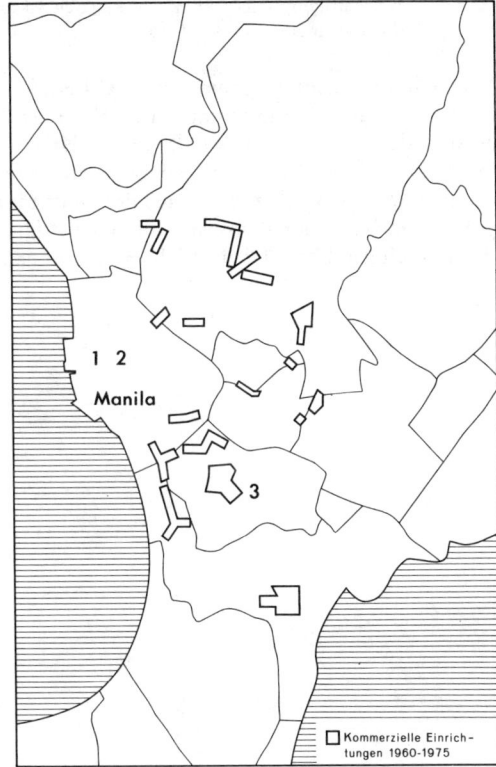

Abb. 44
Kommerzielle Ansiedlungen im Verdichtungsraum Manila 1960–1975 (STADT MANILA)

Abschließend soll die Suburbanisierung im tertiären Sektor auch graphisch verdeutlicht werden. Fehlende Zeitreihen mit Beschäftigungsdaten beschränken die Beispiele jedoch auf Verdichtungsräume in Industrieländern und allein auf die Nachkriegszeit. (Nur für die Bevölkerung werden zeitlich weiter zurückreichende Zeitreihen veröffentlicht und nach Gebietsänderungen meist auch auf den neuen Gebietsstand umgerechnet).

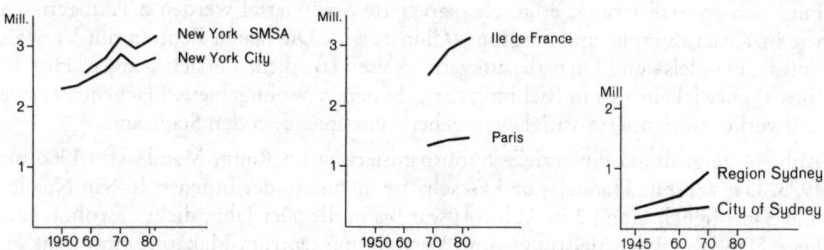

Abb. 45   Beschäftigungsentwicklung des tertiären Sektors in drei Verdichtungsräumen der Industrieländer

In den drei Verdichtungsräumen unseres Beispiels wächst die Beschäftigung des tertiären Sektors im Gesamtraum stärker als in den Kernstädten. Ein kontinuierlicher Anstieg des Anteils der Beschäftigten im Umland läßt sich für die Region Sydney feststellen, während in der SMSA New York mit einem breit abgegrenzten Kernstadtbereich der Beschäftigtenanteil des Umlands nur leicht ansteigt. In der eng abgegrenzten Kernstadt Paris sinkt die Beschäftigung zwischen 1968 und 1982, steigt dann im Umland bis 1975 deutlich an, nimmt danach aber wieder leicht ab.

4 Desurbanisierungsphase

Die Beobachtung, daß in vielen Verdichtungsräumen der marktwirtschaftlichen Industrieländer Bevölkerung und z.T. auch Beschäftigung absolut abnehmen, stützt Vermutungen, der Urbanisierungs- und Suburbanisierungsphase könnte eine Desurbanisierungsphase (Entstädterungsphase) folgen. Desurbanisierung beschreibt eine Entwicklung, bei der die Bevölkerungszunahme im Umland die Bevölkerungsabnahme in der Kernstadt nicht mehr ausgleicht. Der Zeitpunkt ist allerdings auch von der Größe des Bezugsraumes bzw. von Kernstadt und Umland abhängig. Von den mehrfach abgegrenzten Räumen London (Tab. 17) und Tokyo (Tab. 24) verlieren gegenwärtig jeweils die enger abgegrenzten Räume, Greater London und die Präfektur Tokyo, Bevölkerung, während in den weiter abgegrenzten Räumen, Region South East und Tokyo Metropolitan Region, die Bevölkerung noch ansteigt. Der Bevölkerungsschwerpunkt verschiebt sich hier nach außen an den Rand des Verdichtungsraumes.

Da Desurbanisierung in der Regel mit Bevölkerungssuburbanisierung verbunden ist, d.h. mit der Zunahme des Bevölkerungsanteils im Umland, und eine allgemeine Abwendung von Städten, z.B. anhand eines wieder sinkenden Verstädterungsgrades, nicht beobachtet werden kann, könnte statt von Desurbanisierung auch von Suburbanisierung bezogen auf größere Räume, gesprochen werden. Die „erweiterte Suburbanisierung" wird auch als „Exurbanisierung" bezeichnet, als Verlagerung des Bevölkerungswachstums in die angrenzenden ländlichen Raum (vgl. B. BUTZIN 1986, S. 11).

Unabhängig von der Benennung läßt sich nicht übersehen, daß früher einmal sehr wachstumsstarke Räume, die große Binnen- und, wie in den USA, große Einwandererströme aufgenommen haben, absolut Bevölkerung und Arbeitsplätze verlieren. In Europa trifft eine Bevölkerungsabnahme für die Räume Stockholm, Kopenhagen (Abb. 46), London (Tab. 17), Randstad Holland, Brüssel, Ruhrgebiet (Abb. 47), Halle-Leipzig, Karl-Marx-Stadt zu, in den USA (zumindest bis 1980) für große Verdichtungsräume im Nordosten (Boston, New York, Philadelphia, Detroit).

4.1 Merkmale der Desurbanisierung

Zu den allgemeinen Erfahrungen der Desurbanisierungsphase gehören:

1. Stadtentwicklung ist nicht mehr gleichbedeutend mit Zunahme von Bevölkerung und Arbeitsplätzen,

2. Die Verdichtungsräume verlieren Bevölkerung aufgrund von *Wanderungsverlusten* und *Sterbeüberschuß*. Die entscheidende Variable der Bevölkerungsentwicklung sind Wanderungen.

3. Die Suburbanisierung verschiebt sich an den Außenrand der Verdichtungsräume,

4. *Die Industrietätigkeit* (Fertigung) nimmt *im ländlichen Raum* zu (selektive Industrialisierung) und in Verdichtungsräumen ab (Desindustrialisierung durch Verlust von Produktionsbetrieben).

5. Es entstehen *zunehmende Ungleichgewichte* (Disparitäten) *zwischen den Verdichtungsräumen.* Altindustrialisierte Räume (mit Abnahme von Bevölkerung und Arbeitsplätzen) weisen eine deutlich schwächere Wachstumsdynamik auf als jünger industrialisierte und landschaftlich begünstigte Räume (Stagnation oder Zunahme von Bevölkerung und Arbeitsplätzen).

Nicht allgemein belegt sind Beobachtungen einer interregionalen Dekonzentration, einer Umverteilung von Bevölkerung und Arbeitsplätzen von Verdichtungsräumen in ländliche und periphere Räume („counterurbanization"). Träfen sie zu, bedeutete dies die Umkehr eines säkularen Trends.

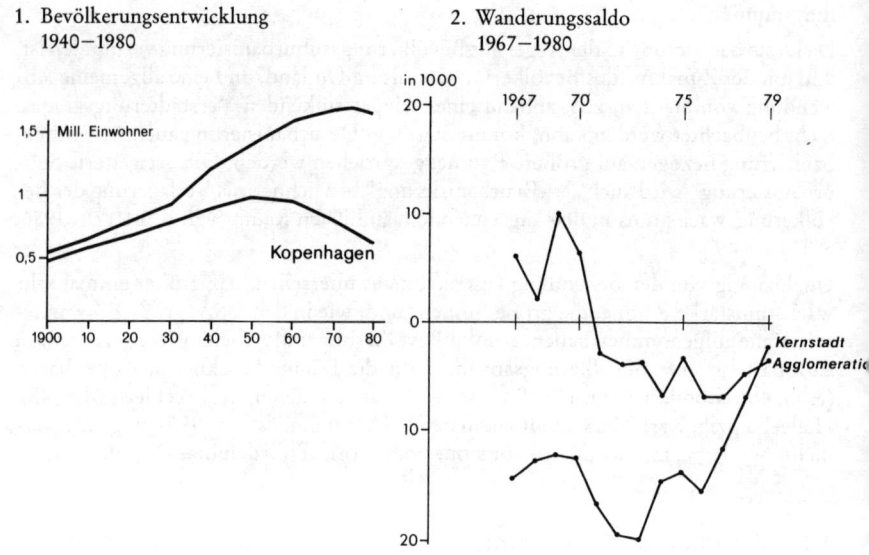

Abb. 46   Bevölkerungsentwicklung und Wanderungssaldo im Verdichtungsraum Kopenhagen (C. M. MATTHIESSEN 1980, B. BUTZIN, 1986)

4.2 Gründe der Desurbanisierung

1. *Neue Verkehrs- und Kommunikationstechnologien*
Neue Informations- und Kontaktmöglichkeiten, Verkehrs- und Kommunikationsmittel erlauben allgemein eine größere Standortstreuung. Die ökonomische Bindung
der Bevölkerung und Arbeitsplätze, insbesondere der Industrie, an Verdichtungsräume nimmt ab.

2. *Strukturschwächen der Verdichtungsräume*
Vor allem Verdichtungsräume mit industrieller Monostruktur (z.b. Bergbau, Montanindustrie) verlieren Bevölkerung und Arbeitsplätze, ebenso Räume mit baulich
und technisch veralteten Produktionsanlagen (z.b. in mehrstöckigen Gebäuden),
schwach entwickeltem tertiären Sektor und geringer funktionaler Spezialisierung.
Als ein Hauptgrund für interregionale Ungleichgewichte wird die relativ geringe Er-
neuerungsfähigkeit der frühindustrialisierten (und entwickelten) Räume angesehen.
An gewerbliche Arbeitsplätze gebundene Dienstleistungen schrumpfen mit einem
Rückgang der gewerblichen Tätigkeiten.

3. *Verbesserte Produktionsbedingungen im ländlichen Raum*
Verbesserte Produktionsbedingungen, u.a. durch den Ausbau der Infrastruktur und
niedrigere Arbeitskosten, werden als ein Grund für Verlagerungen von Arbeitsplätzen in den ländlichen Raum genannt.

4. *Attraktivitätsverlust der Städte*
Die Verdichtungsräume fallen aufgrund der starken Zersiedlung („urban sprawl") als
Siedlungseinheiten, insbesondere in den USA, zunehmend auseinander. Der bauliche Verfall in Teilen des Stadtkerns und neue geplante Siedlungsstrukturen verstärken hier die Tendenz zur Auflösung der Verdichtungsräume als einkernige Funktionalregionen.

5. *Höherbewertung des ländlichen Raumes*
Veränderte gesellschaftliche Wertvorstellungen beeinflussen das Verhalten und die
Standortentscheidungen der Unternehmen und Haushalte für den ländlichen Raum.
Zu diesen Veränderungen tragen allgemein bei eine relativ abnehmende Bedeutung
der Einkommenshöhe, Verbesserungen der Infrastruktur und der Versorgung und
eine stärkere Beachtung von Umweltqualität und Klima. Die Präferenz für landschaftlich attraktive Räume korreliert positiv mit dem Alter und der Nichterwerbs-
tätigkeit.

6. *Demographische Entwicklung*
Die Bevölkerungsabnahme der Verdichtungsräume wird verursacht durch

– einen negativen Wanderungssaldo aufgrund einer abnehmenden Zuwanderung
  aus dem Inland und/oder Ausland oder einer
  zunehmenden Abwanderung in den ländlichen Raum und/oder durch

– ein Geburtendefizit (höhere Sterbe- als Geburtenraten) aufgrund eines veränderten generativen Verhaltens der städtischen Bevölkerung.

4.3   Desurbanisierung in Industrieländern

Eine Untersuchung der Bevölkerungsentwicklung der größten Verdichtungsgebiete
in 18 Ländern, die z.T. weit über Kernstadt und Umland hinausgehen (vgl. zur Kritik
am methodischen Konzept B. BUTZIN 1986, S. 6) etwa von 1950 bis Mitte der 70er
Jahre durch D. R. VINING Jr. und T. KONTULY (1978) zeigt, daß die Zuwanderung
in diese Räume allgemein nachläßt oder gar absolut abnimmt. In 11 der untersuchten
18 Industrieländer, marktwirtschaftliche und Staatshandelsländer, (Norwegen,
Schweden, Dänemark, Niederlande, Belgien, Frankreich, Bundesrepublik, DDR,
Italien, Japan, Neuseeland) geht die Zuwanderung absolut zurück, in vier Ländern
(Niederlande, Frankreich, Bundesrepublik und DDR) seit den 60er Jahren, in den
übrigen seit den 70er Jahren. VINING und KONTULY stellen damit die These von C.
CLARK (1977, S. 280) in Frage, die (Makro)Standorte von Industrie und Bevölkerung
tendierten zu einer Konzentration auf wenige Räume, die (Mikro)Standorte jedoch
zur räumlichen Streuung und Zersiedlung.

In vielen europäischen Verdichtungsräumen wurde die Bevölkerungsabnahme durch
Zuwanderungen aus dem Ausland verzögert und verdeckt. Seit den 50er Jahren lösen
internationale Wanderungen (Zuzüge aus früheren Kolonien und von Gastarbeitern)
Binnenwanderungen ab. Beispiele dafür sind Zuzüge aus Surinam und den holländi-
schen Antillen nach Amsterdam, aus dem Maghreb nach Paris, aus Italien, Portugal
und Spanien nach Zürich, aus Italien, Jugoslawien und der Türkei nach Frankfurt.

Relativ früh und stark haben altindustrialisierte Räume Bevölkerung und Arbeitsplätze verloren, das Ruhrgebiet, das Saarland, die Midlands und der „manufacturing
belt" in den USA.

In *Deutschland* verloren die Ruhrgebietsstädte schon in den 30er Jahren Bevölkerung
(vgl. Abb. 47). Die Zunahme setzte hier nach dem 2. Weltkrieg früher und stärker ein
als in anderen großen Städten, die Abnahme aber bereits Ende der 50er, Anfang der
60er Jahre (Abb. 3 und 4).

Seit den 70er Jahren gleicht allgemein in der Bundesrepublik die Bevölkerungszunahme im Umland die Bevölkerungsabnahme der Kernstädte (vgl. Tab. 45) durch
Geburtendefizit (Sterbeüberschuß) und Wanderungsverlust nicht mehr aus.

Das schon hoch verdichtete Umland der großen Kernstädte verliert seit den 60er Jahren an Attraktivität, vgl. Tab. 46.

Nur das weitere Umland weist Anfang der 80er Jahre noch eine Bevölkerungszunahme auf (vgl. RAUMORDNUNGSBERICHT 1986 der Bundesregierung, S. 24). Im
Ruhrgebiet geht z.B. die Kern-Rand-Wanderung im Süden und Norden über die unter starkem Suburbanisierungsdruck stehende Ruhr- und Lippezone hinaus in den
ländlichen Raum, in die niederbergisch-märkische Zone und in das Münsterland,
„wodurch die von SCHÖLLER (1960, S. 160-163) beschriebene, in den fünfziger Jahren noch deutlich faßbare sozialgeographische Grenze zwischen Ruhrgebiet und
Münsterland entlang der Lippe immer mehr verwischt wird" (M. HOMMEL 1984, S.116).

Kommunalverband Ruhrgebiet

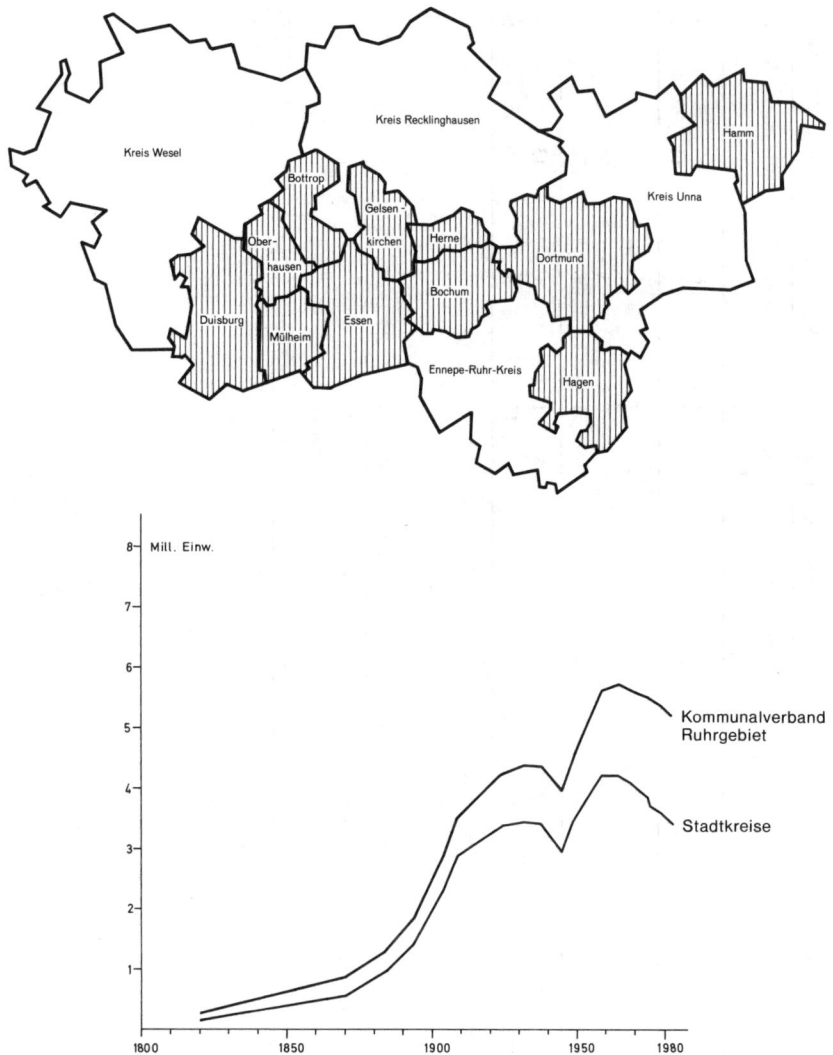

Abb. 47 Bevölkerungsentwicklung im Gebiet des Kommunalverbandes Ruhrgebiet 1820−1984 (KOMMUNALVERBAND RUHRGEBIET)

Tab. 45   Anteil der demographischen Faktoren an der Bevölkerungsabnahme in sieben großen Städten der Bundesrepublik 1984

	Hamburg	Duisburg	Essen	Köln	Frankfurt	Stuttgart	München
				je 1000 Einwohner			
1 Lebendgeborene	8	10	8	11	8	8	8
2 Gestorbene	14	12	14	12	12	11	10
2–1 Geburtendefizit	6	2	6	1	4	3	2
3 Zuzüge	36	28	31	40	63	63	64
4 Fortzüge	41	50	35	51	64	76	67
4–3 Wanderungsverlust	5	22	4	11	1	13	3
Bevölkerungsverlust	11	24	10	12	5	16	5

Quelle: STATISTISCHES BUNDESAMT, WIESBADEN

Tab. 46   Bevölkerungsentwicklung in den Stadtregionen der Bundesrepublik 1950–1970

	Kernstädte vgl. Abb. 63	Ergänzungsgebiet	verstädterte Zonen	Randzonen
			%	
1950–1961	+ 27	+ 30	+ 16	– 0,2
1961–1970	+ 1	+ 20	+ 28	+ 16

Quelle: AKADEMIE FÜR RAUMFORSCHUNG UND LANDESPLANUNG

Seit Mitte der 70er Jahre beschleunigen sich in der Bundesrepublik die großräumigen Unterschiede zwischen strukturstarken Verdichtungsräumen, insbesondere den Räumen Rhein-Main, Stuttgart und München, und strukturschwachen Verdichtungsräumen, z.B. Bremen, Rhein-Ruhr und Saarland. Sie sind eine Folge divergierender Anpassungs- und Veränderungsprozesse. Die strukturstarken Räume sind gekennzeichnet u.a. durch hochqualifizierte Arbeitsplätze in Produktion, Verwaltung und Dienstleistungen, selektive Zuwanderungen von Fachkräften und eine überdurchschnittliche Produktivitätsentwicklung.

Die strukturschwachen Räume werden dagegen u.a. durch Desinvestitionen, Arbeitsplatzverluste und selektive Abwanderungen von Fachkräften bestimmt. Sie weisen einen Produktivitätsrückstand auf, Innovationsdefizite, fehlende Komplementärtätigkeiten z.B. zur Montanindustrie, Umweltbelastungen und eine wachsende Diskrepanz zwischen sozialpolitischen Aufgaben und kommunalem Handlungsspielraum.

Im Unterschied zu den großen, insbesondere altindustrialisierten Verdichtungsräumen gewinnen weniger verdichtete ländliche Räume Arbeitsplätze vor allem in der Industrie. Der relativ günstigen Entwicklung der Beschäftigung entspricht aber nicht die Entwicklung der Arbeitseinkommen. Hier haben sich die großräumigen Disparitäten zwischen den Verdichtungsräumen und den ländlichen Räumen (von 1976 bis 1982) sogar noch verstärkt (F.-J. BADE, H. JACOBY 1986). Die Qualifikation der Arbeitskräfte ist offensichtlich sehr unterschiedlich.

Ausgeprägter und einheitlicher als in der Bundesrepublik ist der Entwicklungstrend in Großbritannien. Alle Verdichtungsräume („conurbations") weisen hier in der Kernstadt und im engeren Umland große und zunehmende Bevölkerungsverluste auf, insbesondere Greater London:

Inner London 1961−1971 − 13,2 %, 1971−1981 − 17,7 %
Outer London 1961−1971 − 1,8 %, 1971−1981 − 5,0 %

Die Verluste erreichen die Außenzone des Verdichtungsraumes (Abb. 48), im Raum London die Outer Metropolitan Area (C in Abb. 19). Auch die Zone der höchsten Bevölkerungsgewinne verschiebt sich nach außen. Doch trotz Zunahme der Reichweite und der Zuwachsraten der Bevölkerungsdekonzentration besteht kein Bruch zum langfristigen Bevölkerungstrend. Bezogen auf einen größeren Verflechtungsraum hält die Suburbanisierung an. Auch die interregionale Bevölkerungsverschiebung in den Süden dauert an.

In den USA bestehen unterschiedliche Entwicklungen nebeneinander: Urbanisierung und Suburbanisierung im Westen und Süden, Desurbanisierung und Suburbanisierung im Nordosten. Im Westen und Süden ist in den 70er Jahren in 87 % bzw. 77 % der Kernstädte die Bevölkerung angestiegen, im Nordosten dagegen nur in 21 %. In den 60er Jahren ging hier die Bevölkerung erst in wenigen Verdichtungsräumen, u.a. im Raum Pittsburgh, zurück, in den 70er Jahren jedoch z.B. auch in vier von fünf Stadtteilen von New York (Abb. 49, Tab. 47). Anfang der 80er Jahre kehrt sich hier der Trend wieder etwas um (vgl. Tab. 47). In allen Stadtteilen New Yorks stieg die Bevölkerung an. Dies ist keine singuläre Entwicklung. Von 1970 bis 1980 ist die Bevölkerung in 78 der 99 Kernstädte gesunken, von 1980 bis 1984 nur noch in 62 Kernstädten.

Der Bevölkerungsschwerpunkt verschiebt sich in den USA weiterhin nach Westen und (seit den 60er Jahren) nach Südwesten. Er lag 1790 etwa bei Baltimore, 1980 bei St. Louis. Der Süden, Abwanderungsgebiet seit mehr als 100 Jahren, ist seit den 70er Jahren Zuwanderungsgebiet weißer und schwarzer Bevölkerung. Die Polarisierung zwischen dem „Sunbelt" (15 US-Staaten oder Staatsteile südlich des 37. Breitengrades) und dem „Frostbelt" ist ein Beispiel räumlich unterschiedlich wahrgenommener Lebens- und Tätigkeitsbedingungen.

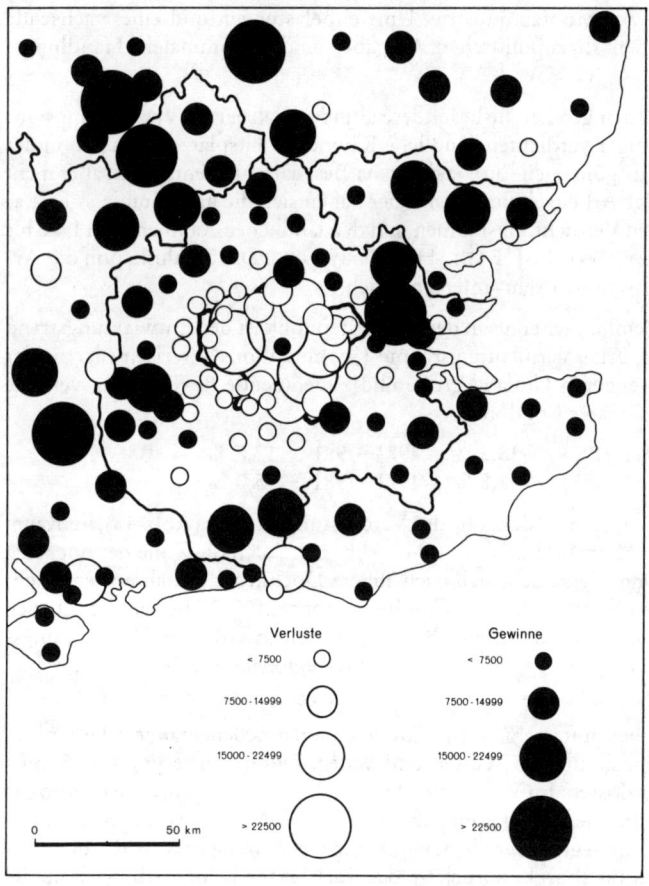

Abb. 48   Bevölkerungsveränderung in der Region South East 1971–1981 (S. ROBERT, W. G. RANDOLPH, 1983, S. 85)

Die Arbeitsplatzentwicklung in den USA entspricht, soweit Daten veröffentlicht sind, der Bevölkerungsentwicklung. Von 1960 bis 1975 nahm die Beschäftigung in den Verdichtungsräumen insgesamt um knapp 9 % zu (im Westen um 25 %, im Süden sogar um 37 %), im Nordosten ging sie jedoch um 12 % zurück. In der 1. Hälfte des 20. Jahrhunderts entfielen auf den „manufacturing belt" etwa 70 % der Industriebeschäftigten der USA, Ende der 70er Jahre nur noch etwa die Hälfte. Hier blieb vor allem ältere, langsam wachsende und rezessive Industrie. Moderne, innovationsintensive Betriebe der elektronischen Industrie, der Raumfahrt und Instrumentenhersteller siedelten sich in der früheren Peripherie an.

1	Manhattan	6	Westchester
2	Bronx	7	Rockland
3	Brooklyn (Kings)	8	Putman
4	Queens	9	Bergen
5	Richmond	1−8	NEW YORK PMSA
1−5	NEW YORK CITY	1−9	NEW YORK SMSA

Abb. 49   Abgrenzung der New York PMSA (Primary Metropolitan Statistical Area)

Tab. 47   Bevölkerungsentwicklung im Raum New York 1790−1984

		1790	1850	1910	1950	1970	1984	1910−1984
				1 000				%
1	Manhattan	33	516	2 332	1 960	1 539	1 456	− 38
2	Bronx	2	8	431	1 451	1 472	1 173	+ 172
3	Brooklyn	4	139	1 634	2 738	2 602	2 253	+ 38
4	Queens	6	19	284	1 551	1 986	1 911	+ 573
5	Richmond	4	15	86	192	295	371	+ 331
1−5	New York City (1)	49	697	4 767	7 892	7 894	7 164	+ 50
6−9	Umland der SMSA-Abgrenzung					2 080	2 047	
1−9	New York SMSA					9 974	9 211	
6−8	Umland der PMSA-Abgrenzung					1 183	1 213	
1−8	New York PMSA					9 077	8 377	

(1) Gebietsstand 1980

Quelle: US DEPARTMENT of COMMERCE, WASHINGTON

Die starken Arbeitsplatzverluste im Nordosten werden u.a. mit einer hoch spezialisierten und veralteten Industriestruktur und mit einer starken gewerkschaftlichen
Organisation der Arbeitskräfte erklärt. Die Ansiedlungen im Westen und Süden
werden dagegen mit niedrigeren Arbeitskosten begründet, dem geringeren Einfluß
der Gewerkschaften, dem höheren Arbeitsethos, erkennbar an geringerer Abwesen-
heit und höherer Arbeitsproduktivität (vgl. J. M. WEBBER 1982) und den geringeren
Steuerbelastungen, Boden-, Energie- und Rohstoffkosten und Umweltschutzauflagen.

Folgen dieser großräumigen Verschiebungen sind zunehmende Ungleichgewichte
auf dem Arbeitsmarkt, in der Einkommensentwicklung und Finanzausstattung der
Kommunen. Eine ähnliche Verschiebung der Arbeitsplatzverteilung erfolgte auch im
tertiären Sektor. Hauptverwaltungen und Großbanken bevorzugten bis in die 60er
Jahre Standorte im Nordosten. Seither nehmen hier zentrale Verwaltungstätigkeiten
und Hilfsdienste nur noch unterdurchschnittlich zu. Mit Produktionsverlagerungen
und Ansiedlungen im Süden und Westen verlassen auch Verwaltungen den Nordosten. Trotz Dezentralisierung und Verlust hochrangiger Tätigkeiten bleiben hier jedoch zentrale Funktionen. Zwischen Wirtschaftsstruktur und Büroflächenbedarf
besteht eine deutliche Beziehung. In den altindustrialisierten Verdichtungsräumen
Philadelphia, Cleveland, Detroit, St. Louis nehmen Bürotätigkeiten kaum noch zu.
Es fehlen Entwicklungsimpulse durch die Industrie. Zentren der Exportwirtschaft
(Boston, New York, Washington, San Francisco, Los Angeles) behielten ihre Bedeutung. Außerhalb des alten Zentrensystems entstanden Büroflächen in stark wachsenden Regionalzentren, in Dallas, Atlanta, Denver und Kansas City (Tab. 43).

In den USA verschieben sich Bevölkerung und Arbeitsplätze nicht nur in den Süden
und Westen, sie nehmen auch stark zu im ländlichen oder „nicht-metropolitanen"
Raum. Bis in die 60er Jahre war der Bevölkerungsanteil des ländlichen Raumes stän-
dig zurückgegangen. Nach 1970 nahmen Zuzüge in den ländlichen Raum und insbesondere in den nicht an Verdichtungsräume angrenzenden Raum zu. Nicht nur ältere
Menschen, die z.B. in die nördlichen Neuenglandstaaten, Rocky Mountains und
Ozard-Ouachita Uplands ziehen, auch jüngere Menschen gehen in den ländlichen
Raum. Die Wachstumsrate der ländlichen Räume („nonmetropolitan areas") war
erstmals seit der Volkszählung 1790 in den 70er Jahren höher (14,3 %) als die der
„metropolitan areas" (10,6 %). Sie wurde überlagert von der großräumigen Umverteilung in den Westen und Süden der USA. Anfang der 80er Jahre lag die Wachstumsrate der „nonmetropolitan areas" wieder etwas unter der Wachstumsrate der „metropolitan areas" (3,4 % bzw. 4,5 %).

Die erheblich höhere Mobilität als in Europa, Japan und Australien und die stärkere
Bedeutung der Städte als Wirtschafts- und Kommunikations-, nicht als Kulturzentren, stützen Vermutungen, in den USA sei die emotionale Bindung an Städte geringer
als in anderen Industrieländern. In vielen Untersuchungen der wirtschaftlichen Entwicklung in den USA wird das starke Wachstum der „nicht-metropolitanen" Räume
in den 70er Jahren herausgestellt und als Bruch eines historischen Trends der Bevöl-
kerungs- und Arbeitsplatzverteilung interpretiert (vgl. M. P. CONZEN 1983). Dabei
wird jedoch übersehen, daß neue Industriearbeitsplätze überwiegend am Rande der
Verdichtungsräume oder in neuen Verdichtungsräumen geschaffen werden.

Aussagen zur Veränderung der industriellen Standortverteilung sind stark abhängig von der Abgrenzung der Raumkategorien. Während der Beschäftigungsanteil der 50 größten Verdichtungsräume (SMSAs) sowohl nach der Abgrenzung von 1969 als der von 1978 abgenommen hat (von 52 % auf 48 % in Tab. 48), ergeben sich je nach Abgrenzung für die übrigen Verdichtungsräume und die „nonmetropolitan areas" entgegengesetzte Entwicklungstrends. Bei unveränderter Abgrenzung der kleineren Verdichtungsräume ist der Beschäftigtenanteil 1978 gleich dem von 1969 geblieben (22 %), bei Anpassung der Raumgrenzen an die Siedlungsentwicklung dagegen stark gewachsen (auf 28 %). Das Umland kleinerer Städte war in den 70er Jahren in den USA der bevorzugte Industriestandort. Nur in diesen Räumen ist die Zahl der Industriearbeitsplätze gestiegen, in den größten Städten und in den „nonmetropolitan areas" hat sie abgenommen.

Die „nonmetropolitan areas" haben bezogen auf die Abgrenzung 1978 absolut und relativ Industriebeschäftigte verloren, bezogen auf die Abgrenzung 1969 jedoch gewonnen. Die äußere Randzone der Verdichtungsräume, die Grenzzone zu den „nonmetropolitan areas", ist die dynamischste Industriezone in den USA. Die industriellen Standortentscheidungen haben sich in den letzten Jahrzehnten nicht grundlegend geändert. Die Reichweite der innerregionalen Verflechtungen hat jedoch aufgrund neuer Transport-, Informations- und Kommunikationstechnologien beträchtlich zugenommen.

Tab. 48   Industriebeschäftigung in den USA 1969 und 1978

	Beschäftigte in den 50 größten SMSAs	Beschäftigte in den übrigen SMSAs	Beschäftigte in „nonmetropolitan areas"	USA
a. Beschäftigungsveränderung (1969 = 100)				
1978 (1)	94	103	117	
1978 (2)	95	129	94	
b. Beschäftigtenanteil in %				
1969	52	22	26	100
1978 (1)	48	22	30	100
1978 (2)	48	28	24	100
(1) Abgrenzung 1969				
(2) Abgrenzung 1978				

Quelle: R. C. ESTALL, 1983, S. 139

Amerikanische Stadtforscher sehen in der Bevölkerungs- und Arbeitsplatzentwicklung der 70er Jahre einen tiefgreifenden Bruch mit bisherigen Entwicklungstrends. Er deutete sich schon seit den 40er Jahren durch zunehmende Wachstumsraten des ländlichen Raumes an und durch die Verschiebung der Wachstumsdynamik an den Außenrand der Verdichtungsräume (R. L. MORRILL, R. SINCLAIR, D. R. DIMARTINO 1984, S. 38). B.J.L. BERRY (1976) bezeichnete die überdurchschnittliche Bevölkerungs- und Arbeitsplatzzunahme im ländlichen Raum als „counterurbanization" und skizzierte eine postindustrielle Gesellschaft. Neue Kommunikationsmedien und Verkehrstechnologien ermöglichen ihr Standorte im ländlichen Raum. Tendenzen der dispersen Verteilung von Bevölkerung und Arbeitsplätzen werden durch Standorte tertiärer und quartärer Tätigkeiten verstärkt. Die Städte zerfallen als funktionale Einheiten. Eine solche Entwicklung hätte Auswirkungen auf die Stabilität des Städtesystems, auf die räumliche Struktur, die interregionalen Verflechtungen und auf das räumliche, wirtschaftliche und soziale Gleichgewicht (vgl. zum Begriff „counterurbanization" H. HEINEBERG 1986, S. 7, B. BUTZIN 1986, S. 8).

Bisher wird vor allem aus den USA und aus Großbritannien eine zumindest zeitweise überdurchschnittliche Bevölkerungszunahme der ländlichen Räume berichtet. Auch in Nordeuropa und in Kanada wird ein verändertes Wanderungsverhalten beobachtet. Räume mit Abwanderungsverlusten seit Jahrzehnten erzielen erstmals wieder absolute Wanderungsgewinne (B. BUTZIN 1986, S. 146). In Europa gibt es jedoch trotz des stark abnehmenden Wachstums der Verdichtungsräume keine Hinweise auf Auflösungserscheinungen dieser Räume, auf eine allgemeine Abkehr von den Städten oder auf eine Abschwächung der innerregionalen Dekonzentration (Suburbanisierung) (vgl. G. TÖNNIES 1979, S. 23, P. D. PHILLIPS, S. D. BRUNN 1980, S. 18). In der Bundesrepublik haben zwar Verdichtungsräume den geringsten Bevölkerungszuwachs, dies ist jedoch kein Beleg einer anhaltenden Desurbanisierung. Durch die Bevölkerungsabnahme und unterdurchschnittliche Zunahme des Bruttoinlandprodukts (BIP) in den strukturschwachen, altindustrialisierten Verdichtungsräumen werden z.b. in der Bundesrepublik nicht die ländlichen Räume gestärkt, sondern Verdichtungsräume mit moderner Wirtschaftsstruktur, insbesondere in Süddeutschland. Dadurch verschärft sich das Süd-Nord-Gefälle. Frühere Wachstumsmotoren, vor allem die räumlich stark konzentrierte Montanindustrie, sind heute Branchen am Ende des Produktionszyklus.

Bevölkerungs- und Arbeitsplatzsuburbanisierung halten ungebrochen an, relativ unabhängig von konjunkturellen Schwankungen. Eine Umkehr dieses seit dem 19.Jahrhundert in den USA und in Europa belegten säkularen Trends ist nicht erkennbar, auch wenn die Entwicklungsdynamik nachläßt. Nicht die Zuwanderung in die Städte nimmt ab, sondern die starke Zuwanderung in große Verdichtungsräume der Industrieländer. Die Bevölkerung kleiner und mittlerer Städte nimmt noch zu. Stärker als früher werden Städte mit hohem Freizeitwert bevorzugt, in der Bundesrepublik z.B. München, in Österreich Salzburg und Innsbruck, in den USA Miami (Florida) und Phoenix (Arizona).

Obwohl durch den Ausbau der Informations- und Kommunikationstechnologie die Standortfreiheit zunimmt bzw. die Standortbindung abnimmt, wird es voraussichtlich keine Verlagerungswelle von Bürobetrieben in landschaftlich attraktive Räume geben. Bei Neuansiedlungen und Verlagerungen werden jedoch stärker dezentrale Standorte in attraktiver Lage mit guter Verkehrsanbindung gewählt werden.

Unabhängig von der räumlichen Umverteilung und Bevölkerungsverschiebung nehmen jedoch städtische Siedlungs-, Lebens- und Wirtschaftsformen (ein Urbanisationsmerkmal, vgl. 2.1.4) allgemein weiter zu.

5 Reurbanisierungsphase

Insbesondere seit dem letzten Jahrzehnt nehmen in allen Industrieländern, aber auch in vielen Schwellen- und Entwicklungsländern private und öffentliche Erhaltungs- und Erneuerungsinvestitionen in den Kernstädten zu, z.T. in spekulativer Absicht. Im Widerspruch zur These der klassischen, in den USA formulierten Stadtentwicklungsmodelle kommt es mit der Ausweitung des Siedlungs- und Verflechtungsraumes und der sozioökonomischen Segregation der Bevölkerung nicht allgemein zu einer baulichen und sozialen Verschlechterung im Stadtkern. Sanierungen und Erneuerungen erfolgen nicht nur in Städten, die nach der Bevölkerungsentwicklung der Desurbanisierungsphase zugeordnet werden können, wie New York und London, sondern auch in Städten der Urbanisierungs- und Suburbanisierungsphase, wie Paris und Athen (Abb. 51 und 52).

Auch der Begriff Reurbanisierung ist nicht eindeutig definiert. Er bezeichnet allgemein Maßnahmen der Sanierung und Erneuerung in der *Kernstadt*. Im Anschluß an die Definition der Suburbanisierung wird hier unter Reurbanisierung die Zunahme des Kernstadtanteils an Bevölkerung und Beschäftigung des Verdichtungsraumes verstanden, entweder weil die Abnahme hier geringer ist als im Umland (insgesamt Verluste) oder weil die Kernstadt erneut wächst.

5.1 Merkmale der Reurbanisierung

Maßnahmen der Stadtgestaltung und des Stadtumbaus, Veränderungen des Wanderungsverhaltens, Veränderungen der Sozial-, Alters- und Haushaltsstrukturen beschreiben die Reurbanisierung.

1. *Maßnahmen der Stadtgestaltung und des Stadtumbaus*

in Wohngebieten
- Die Sanierung, Modernisierung und Wiederherstellung von Altbauten und alten Baustrukturen, z.B. in Gründerzeitvierteln, und die Neubebauung innerstädtischer Flächen sind allgemein sichtbare Merkmale einer baulichen Erneuerung und sozialen Aufwertung der Kernstadt.
- Soweit möglich werden neue Wohnbauflächen in der Kernstadt ausgewiesen.

in Gewerbegebieten
- Leerstehende Büro- und Industriegebäude werden umgebaut, restauriert und modernisiert, brachliegende Gewerbe- und Industrieflächen bebaut.
- Die Hauptgeschäftszentren erhalten neue gestalterische Elemente: integrierte Einkaufszentren, Passagen und Fußgängerzonen, in den USA „shopping gallerias" (B. HOFMEISTER 1985b, S. 61).
- Im Stadtkern werden zusammen mit Bürogebäuden Hotels, Konferenzräume,

Restaurants und Fachgeschäfte errichtet (Folgeeinrichtungen der Konzentration informations- und kommunikationsintensiver Tätigkeiten).

2. *Veränderungen des Wanderungsverhaltens*
Fortzüge aus der Kernstadt gehen zurück, Zuzüge oder Rückwanderungen von Mittel- und Oberschichthaushalten und von jüngeren Menschen im Alter zwischen 20 und 40 mit akademischen Berufen und überdurchschnittlichem Einkommen nehmen zu.

3. *Veränderungen der Sozial-, Alters- und Haushaltsstrukturen*
Eine besonders aufwendige Sanierung, verbunden mit der Verdrängung sozioökonomisch schwächerer Bevölkerung wird als „gentrification" (Veredelung) bezeichnet. (In marxistischer Sicht ist „gentrification" Ausdruck der materiellen und sozialen Bedingungen und Machtverhältnisse in Städten kapitalistischer Länder, vgl. G. J. MERGLER 1984). Die bauliche und soziale Aufwertung der Wohngebiete ist mit einer Abnahme der Bevölkerungsdichte und mit einer erneuten innerregionalen Umverteilung und Segregation der Sozial-, Alters- und Haushaltsgruppen verbunden (Umwandlung von Unter- in Mittelschichtwohnungen, von Miet- in Eigentumswohnungen). Mittel- und Oberschichthaushalte verdrängen Unterschichthaushalte und verschärfen dadurch die innerstädtische Differenzierung und Segregation: einerseits in bestimmten Stadtvierteln Überalterung, andererseits die Verjüngung durch den Zuzug gut verdienender Jungakademiker, „young urban professionals" (Yuppies) und Studenten, und die Auflösung sozial und ethnisch gemischter Wohngebiete.

5.2   Gründe der Reurbanisierung

Gründe der Reurbanisierung sind staatliche und kommunale Investitionen, Subventionen und Verbesserungen der Tätigkeits- und Wohnbedingungen in den Kernstädten sowie deren relative Verschlechterung im Umland. Die Rückkehr in die Stadt ist aber auch Ausdruck neuer Lebensformen.

1. *Verbesserung der Wohnbedingungen und der „mental maps"*
Maßnahmen der Stadtgestaltung und -erneuerung, u.a. Neubau und Sanierung von Wohnungen, Verbesserungen des Wohnumfeldes, Park- und Grünanlagen, haben in vielen Kernstädten die Wohnbedingungen verbessert. Die Unverwechselbarkeit und Individualität historischer Stadtstrukturen, das Stadtimage, die einheitliche Maßstäblichkeit, die Kleinteiligkeit und Vielfalt der baulichen Formen sind hier Gründe der Stadterhaltung (vgl. H. HEINEBERG 1986, S. 61).

Innenstadtnahe Wohnungen in ruhiger, emissionsfreier Lage und in infrastrukturell gut ausgestatteten Altbaugebieten werden zunehmend gesucht, nahe den Arbeitsplätzen und den kulturellen und Freizeiteinrichtungen, die von freiberuflich Tätigen und Angestellten auch genutzt werden, insbesondere von Singles und kinderlosen Paaren.

Wohngebiete mit Gärten in Kernstädten und gut erhaltene Altbaugebiete werden allgemein hoch bewertet.

2. *Verbesserung der Wirtschaftsstruktur*
Die Kernstädte verlieren allgemein Arbeitsplätze in der Industrie, im Handel und in den Transportdiensten. Sie gewinnen jedoch gleichzeitig neue Arbeitsplätze in freiberuflichen und Angestelltentätigkeiten. Insbesondere internationale Unternehmen und Zweigbetriebe ausländischer Unternehmen suchen in Verdichtungsräumen Standorte und eine gute Adresse.

3. *Verschlechterung der Standortbedingungen im Umland*
Die Verkehrskosten und der Zeitaufwand für Fahrten zwischen Wohnung und Arbeitsplatz werden, insbesondere von jüngeren alleinstehenden Personen, als Standortnachteile im Umland empfunden.

Mit der Bevölkerungs- und Arbeitsplatzverdichtung nimmt im Umland die Umweltbelastung zu, der Naherholungs- und Freizeitwert ab.

4. *Veränderungen der Lebensweise*
Kernstädte werden sowohl von jüngeren, beruflich erfolgreichen Haushalten bevorzugt, als auch von Alternativgruppen, die überkommene bürgerliche Lebens- und Arbeitsformen ablehnen.

5.3 Beispiele der Reurbanisierung

In den Innenstädten europäischer und nordamerikanischer Städte gibt es widersprüchliche Erfahrungen: einerseits bauliche Degradierung, hohe Mobilität, starke Nutzungsänderungen, Ghettobildung, andererseits persistente Mittel- und Oberschichtviertel, Sanierung und Modernisierung. Gleichzeitige Beobachtungen von Verfall, Marginalisierung und urbaner Erneuerung bestimmen Überlegungen nach der künftigen Entwicklung und nach der Dauer und Stärke der Reurbanisierung.

Beispiele für Maßnahmen der Stadtgestaltung und des Stadtumbaus und für die Pflege historischer Bauten finden sich heute in fast allen Verdichtungsräumen nicht nur der marktwirtschaftlichen Industrieländer, sondern ebenso der Schwellen- und Entwicklungsländer und der sozialistischen Länder, z.B. in Chicago, Toronto, Boston, London, Paris, Athen, Rio de Janeiro, Kairo, Singapur, Moskau.

In Manhattan, Stadtteil und Siedlungskern von New York, wurden bereits Ende der 20er Jahre im Zuge der Stadtsanierung die Tudor City und die Lincoln Towers errichtet, nach dem Kriege entlang des East River zwischen 14. und 23. Straße Cooper Village und Stuyvesant Town, überwiegend Neubauten und Apartmenthäuser mit teuren Mietwohnungen (vgl. Abb. 50).

Während es in den 70er Jahren fast keinen Neubau von Wohnungen in Manhattan gab, wurden seither eine Reihe großer Wohn- und Büroprojekte errichtet, u.a. auf aufgeschüttetem Boden vor dem World Trade Center die Battery Park City sowie Chatham Towers, Chatham Green und Southbridge Towers im Süden Manhattans. In „downtown" („lower") und „midtown" Manhattan gibt es zahlreiche weitere Beispiele für die bereits seit den 50er Jahren erfolgende Umwandlung leerstehender

Industriebauten in Wohn- und Gewerberäume, u.a. der Umbau der 1870 bis 1890 in Soho („South of Houston Street") errichteten sechsgeschossigen Gußeisenkonstruktionen in Galerien und Ateliers für Künstler. Aufgrund des starken Anstiegs der Bodenpreise ziehen zunehmend Büros in modernisierte „lofts" (Flächen in Lager- und Fabrikgebäuden). Andere Beispiele einer erheblichen Verbesserung des Gebäudebestands durch Modernisierung, Abbruch und Neubau gibt es in Greenwich Village, Chelsea und Harlem (vgl. R. SCHAFFER, N. SMITH 1986).

Anfang 1987 wurden in New York 32 größere Projekte mit 39 000 Wohnungen und 2 Mio Quadratmetern Bürofläche gebaut oder geplant, auf der anderen Seite des Hudson in New Jersey weitere 27 Projekte mit 22 300 Wohnungen und 1.2 Mio Quadratmetern Bürofläche.

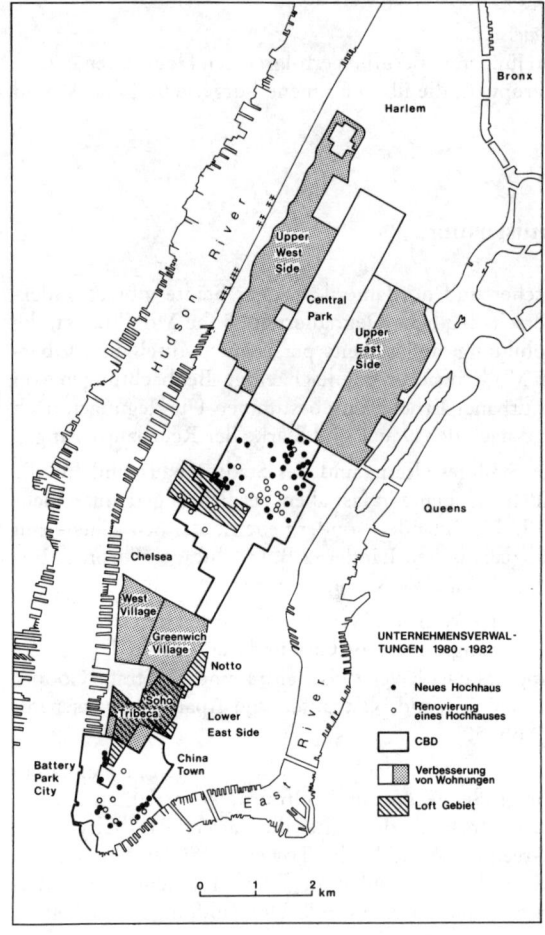

Abb. 50
„Gentrification" in Manhattan

Auch in Boston, Montreal und Toronto engagieren sich Intellektuelle, Künstler und Planer bei der Rekonstruktion, Modernisierung und Erneuerung älterer Stadtviertel und bauhistorisch wertvoller Ensembles. Ein Beispiel aus Boston sind viktorianische, efeubewachsene Häuserzeilen in Beacon Hill (rote Klinkerbauten mit schwarz gestrichenen Tür- und Fensterrahmen). Andere Merkmale der Wiederbelebung der Kernstädte in Nordamerika und ihrer veränderten ökonomischen und gesellschaftlichen Bewertung sind neue Geschäftszentren, Konzerthallen, Museen, Hotels, Schnellbahnen und Fußgängerzonen. Stadtsoziologen vermuten, daß sich die sozioökonomische Segregation eher verstärkt (vgl. R. VOLLMAR 1981, S. 11) und die ärmere Bevölkerung weiter in unattraktivere Wohnlagen abgedrängt wird.

Bis Mitte der 60er Jahre gab es, grob vereinfacht, in den USA die Trennung zwischen Arbeiterhaushalten in der Kernstadt und Angestelltenhaushalten im Umland. Seither nimmt in der Kernstadt der Anteil der Angestelltenhaushalte zu (nach Renovierung verwahrloster und meist von der schwarzen und weißen Unterschicht bewohnter Wohnhäuser), die Segregation sehr armer und sehr wohlhabender Bevölkerung verstärkt sich. Im Umland steigt der Anteil der Arbeiterhaushalte, wenn auch weiterhin Mittelschichthaushalte in das Umland ziehen.

Seit den 60er Jahren nehmen auch in Inner London Oberschichthaushalte und Hauseigentümer absolut zu, darunter viele Ausländer, u.a. aus arabischen Ländern und den USA. Sie verdrängen Haushalte mit niedrigem Einkommen und Mieter, z.B. in Islington und Westminster (2 und 8 in Abb. 19) (C. HAMNETT 1983). 1961 waren in „Central London" 80 % der Wohnungen Miet- und 9 % Eigentumswohnungen, 1981 47 % Miet- und bereits 24 % Eigentumswohnungen. Die Umwandlung der Anfang des Jahrhunderts bis Ende der 30er Jahre errichteten Wohnblöcke ist mit starken Veränderungen der demographischen und ethnischen Struktur verbunden. Auch die anschließende Wohn- und Gewerbezone des 19. Jahrhunderts wird durch Sanierung und Umnutzungen zunehmend aufgebrochen. Die Erneuerungsmaßnahmen betreffen u.a. zentrennahe, industriell-gewerblich durchmischte Wohnviertel des 19. Jahrhunderts (back-to-back-Häuser und spätviktorianische Reihenhausgebiete), wo bis Ende der 60er Jahre zumeist großräumige Flächensanierungen vorgenommen wurden (H. HEINEBERG 1985, S. 113).

Weiter fortgeschritten als in Nordamerika und Europa sind „gentrification„-Prozesse in Australien. Große Teile der innerstädtischen Wohngebiete wurden hier renoviert und modernisiert. Das war verbunden mit einer teilweisen Umkehr der Wanderungsströme und mit räumlichen Veränderungen der Sozialstruktur. Wohnungen und Arbeitsplätze für Arbeiter nehmen ab, für Angestellte zu. Vor allem junge kinderlose Mittelschichthaushalte ziehen in die Innenstadt und modernisieren „terrace houses". Mehr Arbeiter als Angestelltenhaushalte ziehen nun in das Umland. Das früher befürchtete Slumproblem wird zunehmend zu einem „gentrification"-Problem (D. B. COLE 1985, C. A. MAHER 1982, B. HOFMEISTER 1982a).

In vielen Kernstädten gibt es auch Beispiele für die Neugestaltung der gewerblichen Zonen in der Innenstadt. Beispiele aus London sind die veränderte Nutzung der Docklands zwischen Tower Bridge und Barking Creek im Osten der Altstadt (8 in

Abb. 19). Hier entstanden u.a. das London World Trade Center, Wohnungen, Hotels und ein Yachthafen. Ein anderes Beispiel ist die Restaurierung der Covent Garden Markthallen von 1889, 6 in Abb. 19.

Beispiele aus Paris sind die Neubebauung des Hallenviertels (Arrondissement I in Abb. 20), nachdem die zentralen Markthallen nach Rungis verlagert wurden, und der Bau eines Volksparks auf dem früheren Schlachthofgelände La Villette (XIX).

Ein Beispiel aus sozialistischer Stadtplanung ist die Sanierung des historischen Stadtkerns in Ostberlin und die Neubebauung des Nikolaiviertels.

Ein weiteres Indiz für die gestiegene Attraktivität von Innenstadtstandorten sind Investitionen in innerstädtische Einkaufszentren, nachdem Einkaufszentren seit Mitte der 60er Jahre fast ausschließlich im Umland gebaut wurden. M. LEE (1983) bringt Beispiele aus britischen Städten (Manchester, Liverpool, Newcastle), die aus vielen europäischen und auch nordamerikanischen Städten ergänzt werden könnten. Ein Beispiel aus der Bundesrepublik ist das Hanseviertel in Hamburg, die 1981 eröffnete längste glasüberdachte Einkaufspassage in Europa.

Ob diese Sanierungs- und Erneuerungsmaßnahmen eine allgemeine Bewegung zurück in die Kernstadt eingeleitet haben, läßt sich noch nicht schlüssig erkennen. Die Entwicklungstendenzen werden unterschiedlich eingeschätzt (z.B. eher skeptisch von J.B.L. BERRY 1973). Neue Bewohner der Kernstadt kommen überwiegend aus anderen Teilen der Kernstadt, nur relativ wenige aus dem Umland. Die Sanierungsflächen sind meist auch klein, in europäischen Städten auf einige zentrennahe Stadtbezirke beschränkt, in den USA auf wenige Baublöcke. Trotz Renaissancecenter, Trolley Mall und Greektown ist z.B. der Stadtkern von Detroit weiterhin in einem desolaten Zustand.

Gegen eine Reurbanisierung im Sinne einer Bevölkerungsverschiebung zurück in die Kernstadt und damit Verringerung der Suburbanisierung sprechen auch die anhaltende Dezentralisierung von Industrie und tertiärem Sektor, die allgemein zunehmenden Flächenanforderungen von Unternehmen und Haushalten, die Zunahme der Zahl der Haushalte bei unterdurchschnittlicher Entwicklung des Wohnbestands in den Kernstädten, die hohen Mietsteigerungen nach einer Modernisierung oder Umwidmung für tertiäre Nutzungen und auch die Präferenz für suburbane Lebensformen (Wohnen im „Grünen", Häuser mit Gärten). Insbesondere das Wohnungsangebot (Größe bzw. Preis) ist ein Hindernis für eine stärkere Reurbanisierung. In der Bundesrepublik hatten die großen Städte in den 70er Jahren trotz der hohen Zahl fertiggestellter Wohnungen die stärksten Bevölkerungsverluste. J. FRIEDRICHS (1985b, S. 13) meint, daß Hoffnungen auf eine Rückwanderung in die Kernstädte in der Bundesrepublik ebenso unberechtigt sind wie in den USA. Die Rückwanderungsbereitschaft von Haushalten aus dem Umland dürfte unter 10 % liegen. Die Bewegung „back to the city" wird erheblich überschätzt.

6 Zusammenfassende Betrachtung der Entwicklungsphasen der Verdichtungsräume

Die Betrachtung der Entwicklungsprozesse in den Verdichtungsräumen soll abgeschlossen werden durch

1. ein Beschreibungsmodell der Bevölkerungs- und Beschäftigungsentwicklung in Verdichtungsräumen
2. Beispiele der Bevölkerungs- und Beschäftigungsentwicklung
3. Beispiele der räumlichen Siedlungs- oder Bebauungsausweitung
4. Beispiele unterschiedlicher Bevölkerungsentwicklung in Verdichtungsräumen.

6.1 Beschreibungsmodell der Bevölkerungs- und Beschäftigungsentwicklung in Verdichtungsräumen

Abb. 51 beschreibt modellhaft verallgemeinernd die Bevölkerungs- und Beschäftigungsentwicklung in Verdichtungsräumen, in der Kernstadt und im Umland. Dieser „räumliche Zyklus" ist gegliedert in eine Urbanisierungs-, eine Suburbanisierungs-, eine Desurbanisierungs- und eine Reurbanisierungsphase. Urbanisierung und Reurbanisierung sind durch Zentralisierungsprozesse von Bevölkerung und Beschäftigung bestimmt, Suburbanisierung und Desurbanisierung durch Dezentralisierungsprozesse.

Tab. 49 ergänzt die Abbildung durch räumlich differenzierte Angaben zur demographischen Entwicklung (Saldo der natürlichen Bevölkerungsveränderung durch Geburten und Sterbefälle und der räumlichen Bevölkerungsveränderung durch Zuzüge und Fortzüge).

Die vier Entwicklungsphasen der Verdichtungsräume müssen, wie die Beispiele belegen, nicht aufeinander folgen. Zwar folgt häufig der Urbanisierungsphase eine Suburbanisierungsphase, danach aber nicht immer eine Desurbanisierungsphase. Urbanisierung, Suburbanisierung und Desurbanisierung können in einem Land zeitgleich auftreten, ebenso Desurbanisierung und Reurbanisierung (Beispiel USA).

Beziehungen zwischen Bevölkerungsveränderung und Stadtgröße oder Bevölkerungsdichte aufgrund der natürlichen Bevölkerungsveränderung und der Wanderungen, wie sie demographische Modelle herstellen – u.a. R. DREWETT, J. GODDARD, N. SPENCE (1976) und L. VAN DEN BERG, J. VAN DEN MEER (1981) – geben zwar Hinweise auf mögliche Zusammenhänge, erklären aber nicht die Veränderungen der Wachstumsraten von Bevölkerung und Beschäftigung (vgl. Kap. 2.2). Erklärungen der Entwicklungsphasen, z.b. durch Annahmen zu einem „natürlichen" Prozeß von Wachstum und Verfall städtischer Räume, vgl. L. VAN DEN BERG u.a. (1981), erscheinen wenig realistisch. Hypothesen zur Bevölkerungs- und Beschäfti-

gungsentwicklung in den Verdichtungsräumen müssen die staatliche und kommunale Politik, wirtschaftliche und technologische Veränderungen, Veränderungen der
Lebensweise und der gesellschaftlichen Präferenzen einbeziehen und operational
formuliert werden, um überprüfbar zu sein. Die zu den einzelnen Entwicklungsphasen der Verdichtungsräume genannten Gründe werden durch allgemeine Erklärungsmodelle weder ersetzt noch ergänzt.

1. *Stadtentwicklungsphasen*

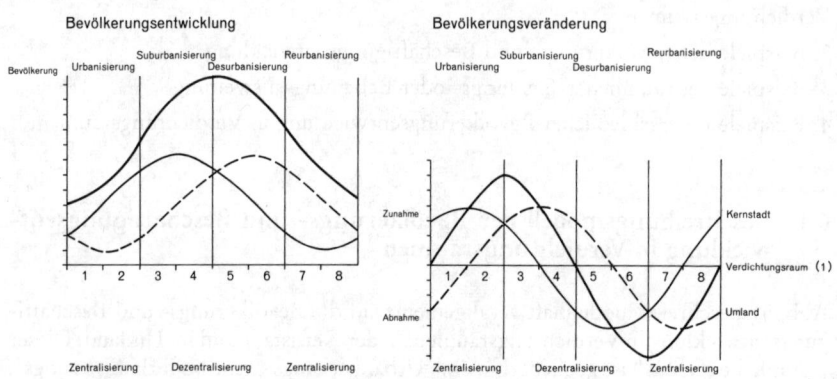

(1) „Functional urban regions" (FUR), L. VAN DEN BERG u.a. 1982, S. 37 und 38.

2. *Empirische Beispiele*
Bevölkerungsentwicklung

1	2	3	4	5	6
Le Havre (1)	Warschau (1)	Los Angeles-	Ile-de-France	Präfektur Tokyo	Greater London
St. Etienne (1)	Krakau (1)	Long Beach SMSA	(Abb. 52, Tab. 19)	(Abb. 52, Tab. 24)	(Abb. 52, Tab. 17)
	Sofia (1)	(Abb. 52, Tab. 21)	Moskau Oblast		New York SMSA
		Metropolitane Region	(Tab. 25)		(Abb. 52, Tab. 21)
		São Paulo			
		(Abb. 52)			
		Metropolitane Region			
		Rio de Janeiro			
		(Abb. 52)			
		Groß-Budapest			
		(Tab. 26)			
		Agglomeration Athen			
		(Abb. 52)			
		Agglomeration Istanbul			
		(Tab. 27)			
		Greater Bombay			
		(Abb. 52, Tab. ⊠)			

Fortsetzung nächste Seite

Bevölkerungsentwicklung

1	2	3	4	5	6
		Randstad Holland (2) 1950–1960	Randstad Holland (2) 1960–1970	Randstad Holland (2) 1970–1978	
			%		
	Kernstadt	+0,83	−0,21	−1,33	
	Umland	+2,72	+4,32	+2,90	
	Verdichtungs- raum	+1,16	+0,68	−0,23	

Beschäftigungsentwicklung

		New York SMSA (Abb. 53)	Region Sydney (Abb. 53)		Greater London (Abb. 53) Ile-de-France (Abb. 53)

(1) L. VAN DEN BERG u.a. (1982)
(2) L. VAN DEN BERG, J. VAN DEN MEER (1981)

Abb. 51   Beschreibungsmodell der Bevölkerungs- und Beschäftigungsentwicklung in Verdichtungsräumen

Tab. 49   Demographische Faktoren der Bevölkerungsentwicklung in den Verdichtungsräumen

Stadtentwicklungsphase	Bevölkerungsveränderung	Demographische Faktoren
Urbanisierung	das Wachstum in der Kernstadt ist größer als im Umland	
im Verdichtungsraum 1 und 2	absolute Zunahme	Urbanisierung
in der Kernstadt 1 und 2	relative Zunahme	der Zuwanderungsüberschuß ist größer als der Geburtenüberschuß
im Umland 1	absolute Abnahme	der Abwanderungsüberschuß ist größer als der Geburtenüberschuß
2	absolute Zunahme	der Geburtenüberschuß ist größer als der Wanderungssaldo

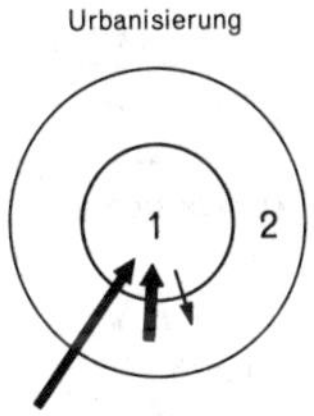

Fortsetzung nächste Seite

Fortsetzung Tab. 49

Suburbanisierung	das Wachstum im Umland ist größer als in der Kernstadt	Suburbanisierung
im Verdichtungsraum 3 und 4	absolute Zunahme	
in der Kernstadt 3	relative Abnahme, absolute Zunahme	Geburten- und Zuwanderungs-überschuß
4	relative und absolute Abnahme	der Abwanderungsüberschuß ist größer als der Geburtenüberschuß
im Umland 3	relative und absolute Zunahme	Geburten- und Zuwanderungs-überschuß (höher als in der Kernstadt)
4	relative und absolute Zunahme	Geburten- und Zuwanderungs-überschuß
Desurbanisierung	Abnahme im gesamten Raum durch Abnahme in der Kernstadt	Desurbanisierung
im Verdichtungsraum 5 und 6	absolute Abnahme	
in der Kernstadt 5	relative und absolute Abnahme	der Abwanderungsüberschuß ist größer als der Geburtenüberschuß (z.T. Sterbeüberschuß)
6	relative und absolute Abnahme	
Reurbanisierung	geringere Abnahme in der Kernstadt als im Umland	
im Verdichtungsraum 7 und 8	absolute Abnahme	
in der Kernstadt 7	relative Zunahme, absolute Abnahme	
8	relative und absolute Zunahme	
im Umland 7	relative und absolute Abnahme	
8	relative und absolute Abnahme	

Quelle: L. VAN DEN BERG u.a. 1982

6.2 Beispiele der Bevölkerungs- und Beschäftigungsentwicklung

Daten der Bevölkerungs- und Beschäftigungsentwicklung über einen längeren Zeitraum sind nur für wenige Verdichtungsräume vorhanden. Die Auswahl der Beispiele
ist deshalb etwas zufällig:

zur *Bevölkerungsentwicklung* (Abb. 52)

- fünf Beispiele aus Industrieländern (Los Angeles-Long Beach SMSA 1880–1980,
  New York SMSA 1800–1980, Greater London 1801–1981, Ile-de-France
  1800–1982 und Präfektur Tokyo 1890–1980),

- drei Beispiele aus Schwellenländern (die Räume Athen 1870–1980, São Paulo
  1870–1980 und Rio de Janeiro 1800–1980),

- ein Beispiel aus Entwicklungsländern (Greater Bombay 1881–1981)

- und zur *Beschäftigungsentwicklung* (Abb. 53) nur vier Beispiele, alle aus Industrieländern (New York SMSA 1950–1984, Greater London 1951–1983, Ile-de-
  France 1968–1982, Region Sydney 1968–1982).

Nach der *Bevölkerungsentwicklung* (Abb. 52) befinden sich sieben der neun Verdichtungsräume in der Suburbanisierungsphase des Phasenmodells (Abb. 51), alle
vier Verdichtungsräume der Schwellen- und Entwicklungsländer (Unterphase 3, vgl.
Abb. 51) und drei der Industrieländer: Los Angeles-Long Beach SMSA (Unterphase
3), Ile-de-France (Unterphase 4) und die Präfektur Tokyo (Unterphase 4). Die
Räume New York und Greater London sind der Desurbanisierungsphase (Unterphase 6) zugeordnet.

Bezogen auf die *Beschäftigungsentwicklung* (Abb. 53) gehören dagegen die Räume
New York und Sydney zur Suburbanisierungsphase, London und Paris zur Desurbanisierungsphase. Nur Sydney kann eindeutig nach Bevölkerung und Beschäftigung (relative Abnahme in der Kernstadt, relative Zunahme im Umland) der Suburbanisierungsphase zugeordnet werden. Die meisten Verdichtungsräume der Bundesrepublik befinden sich in der Suburbanisierungsphase mit Bevölkerungsabnahme der
Kernstädte und -zunahme im Umland (Unterphase 4) und Beschäftigungszunahme
in der Kernstadt und im Umland (Unterphase 3).

6.3 Beispiele der Siedlungs- und Bebauungsentwicklung

Abbildungen der Siedlungs- oder Bebauungsentwicklung in Verdichtungsräumen
finden sich in vielen Atlanten, Lehrbüchern und Monographien, z.B. im ALEXAN-
DER-ATLAS (Ruhrgebiet um 1850 und „heute", Berlin 1780–1939, London
1800–1980), bei P. HAGGETT (1983) London 1850–1958, J. BÄHR, G. MERTINS (1985)
Groß-Santiago 1575–1981, A. L. MABOGUNJE (1969) Ibadan 1830–1963, M. PAIN
(1984) Kinshasa 1881–1975, W. FLÜCHTER (1985) Tokyo 1888–1975.

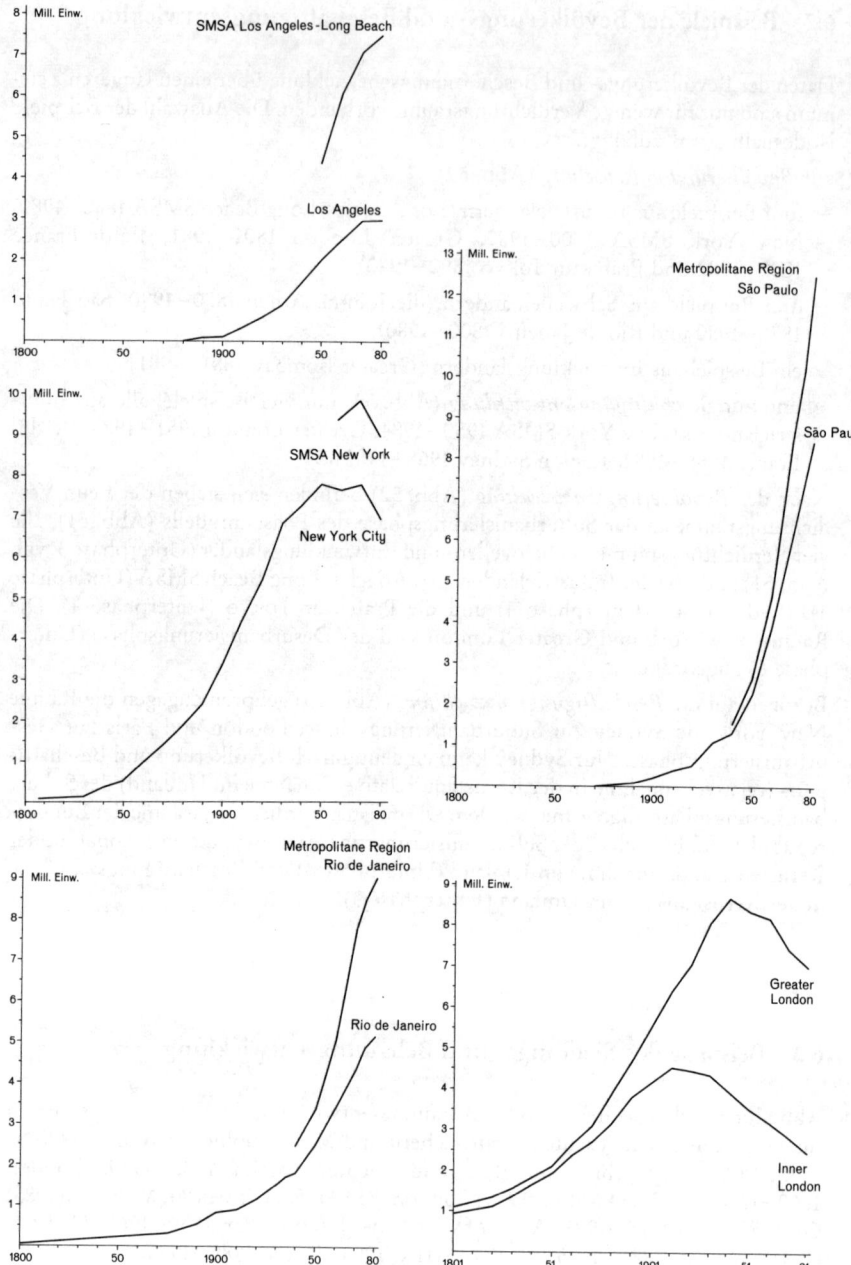

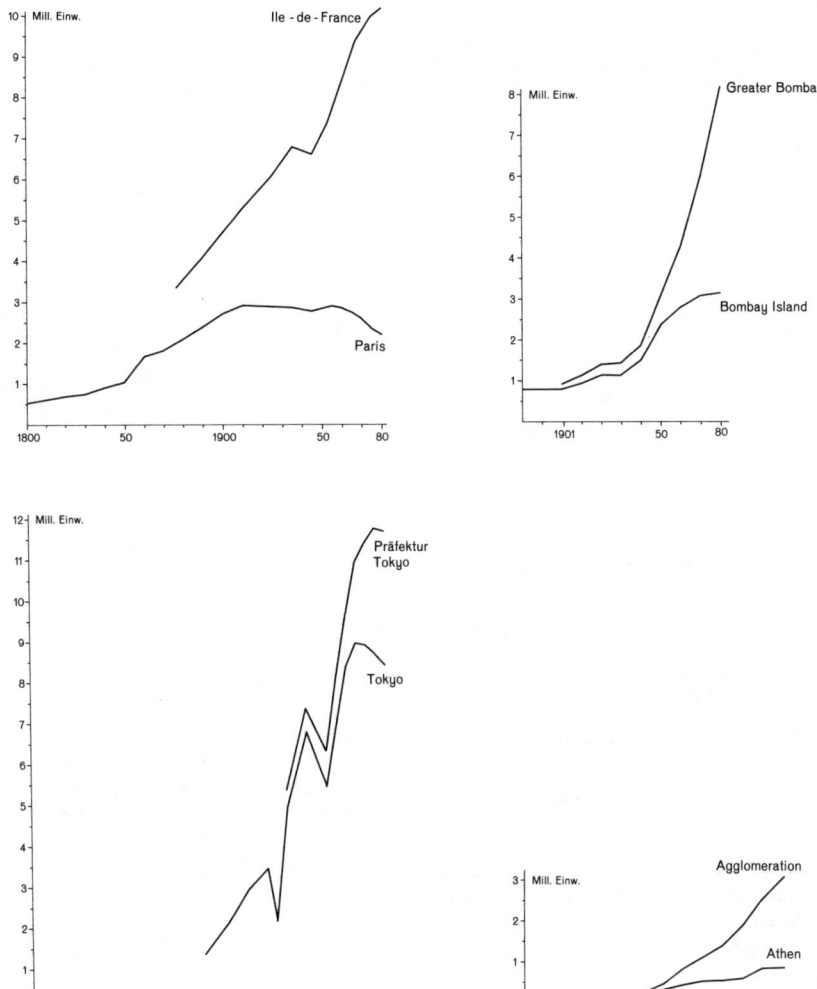

Abb. 52   Bevölkerungsentwicklung in neun Verdichtungsräumen der Industrie-, Schwellen-
und Entwicklungsländer

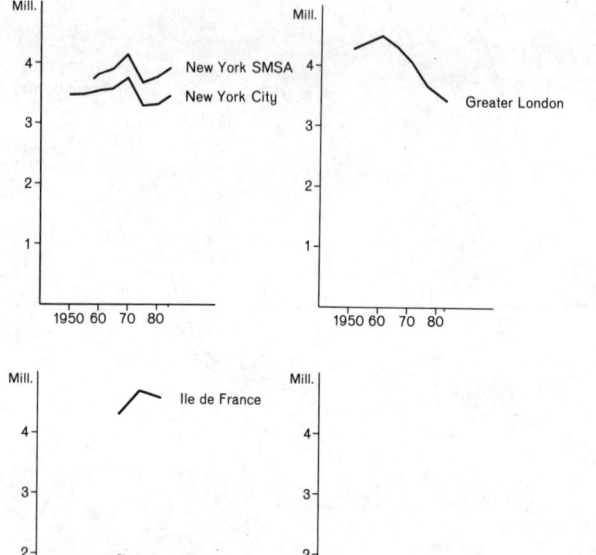

Abb. 53
Beschäftigungsentwicklung in vier Verdichtungsräumen der Industrieländer

Beschäftigungsentwicklung in den 70er Jahren

	Kernstadt/ Kernstädte	Umland	Verdichtungs- raum	Stadt- entwicklungs- phase	Anteil des Umlands 1981 %
New York SMSA	Zunahme	Zunahme	Zunahme	3	12
Greater London			Abnahme	6	
Ile-de-France	Abnahme	Abnahme	Abnahme	6	60
Region Sydney	Abnahme	Zunahme	Zunahme	4	13

Zusammengestellt nach verschiedenen Quellen

Die Abbildungen 54 – 56 zeigen ungeachtet der administrativen Grenzen die Siedlungsausweitung in vier Verdichtungsräumen unterschiedlicher Größe, Wirtschafts- und Gesellschaftssysteme: den Räumen Guatemala (1800 bis 1980), Bogotá (1538 bis 1976), Moskau (1840 bis 1975) und Bagdad (1916 bis 1975). Die starke Siedlungsausweitung in den letzten Jahrzehnten wird klar sichtbar trotz unterschiedlicher Lage und topographischer Eigenheiten, die die Gestalt und Entwicklungsrichtung der Wohn-, Gewerbe-, und Industriegebiete und die Infrastruktur, insbesondere die Verkehrswege, beeinflussen.

Selbst bei abnehmender Bevölkerung und nachlassender wirtschaftlicher Dynamik (wie in den Räumen New York und London) nimmt die Siedlungsfläche weiter zu, gleichzeitig aber auch die Flächenbrache, d.h. die nicht oder nicht mehr genutzte Fläche. Die verbleibende Fläche wird durch Streubebauung und Leitungstrassen weiter eingeschränkt, so daß in vielen Verdichtungsräumen kaum noch größere zusammenhängende Freiflächen und ökologische Ausgleichsflächen vorhanden sind. Werden noch die immissionsbelasteten Flächen einbezogen, wird der enge Planungsraum für künftige bauliche Entwicklungen und für Freizeit- und Erholungsflächen deutlich.

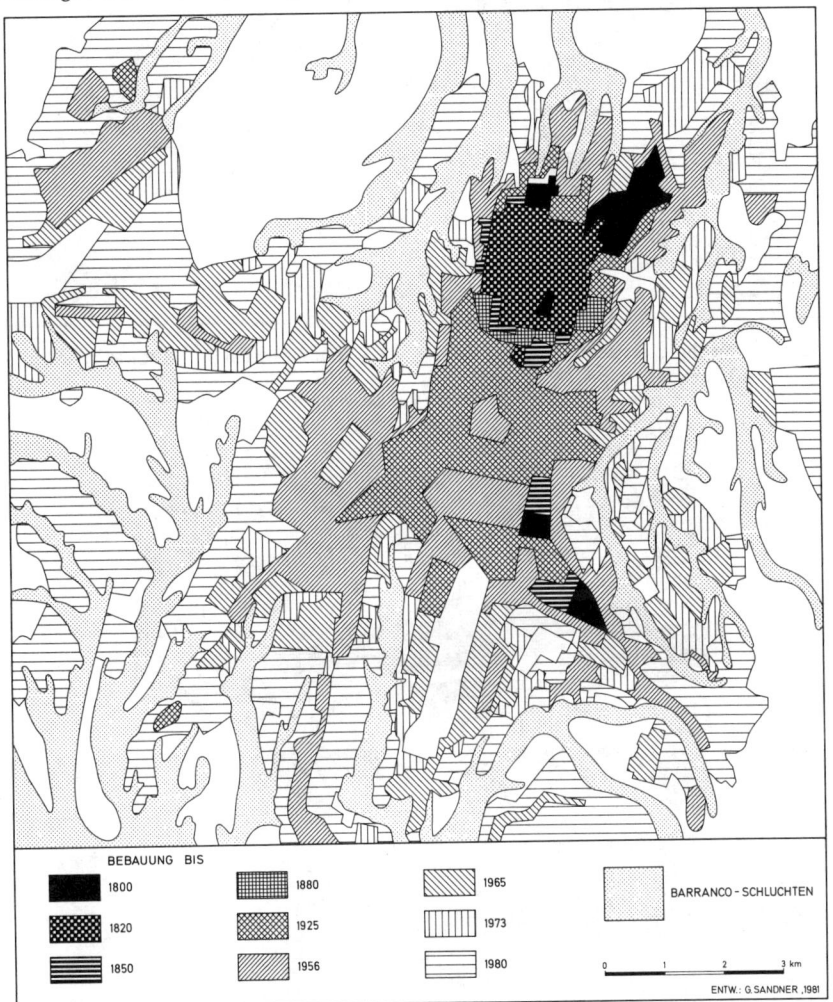

Abb. 54   Siedlungsausweitung in Guatemala 1800–1980 (Entwurf: G. SANDNER 1981)

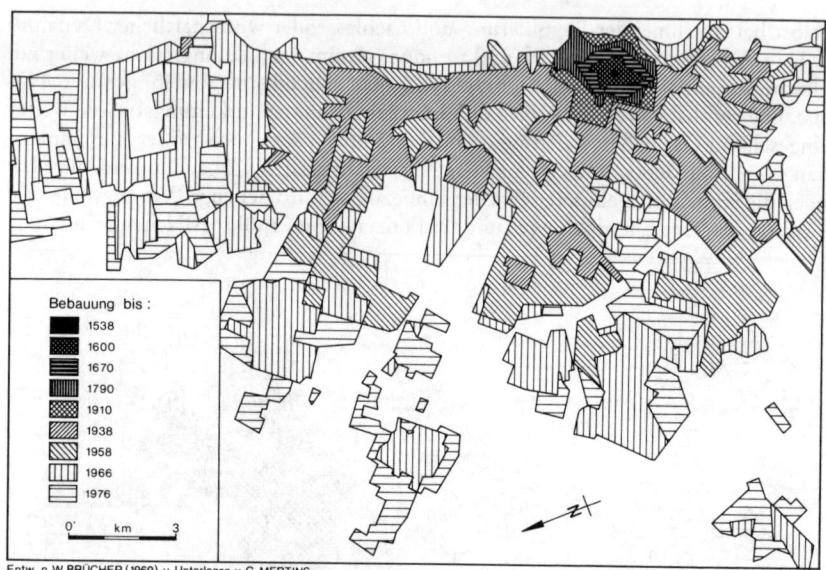

Entw. n. W. BRÜCHER (1969) u. Unterlagen v. G. MERTINS

Abb. 55   Siedlungsausweitung in Bogotá 1538–1976 (Entwurf nach W. BRÜCHER (1969) und
Unterlagen von G. MERTINS)

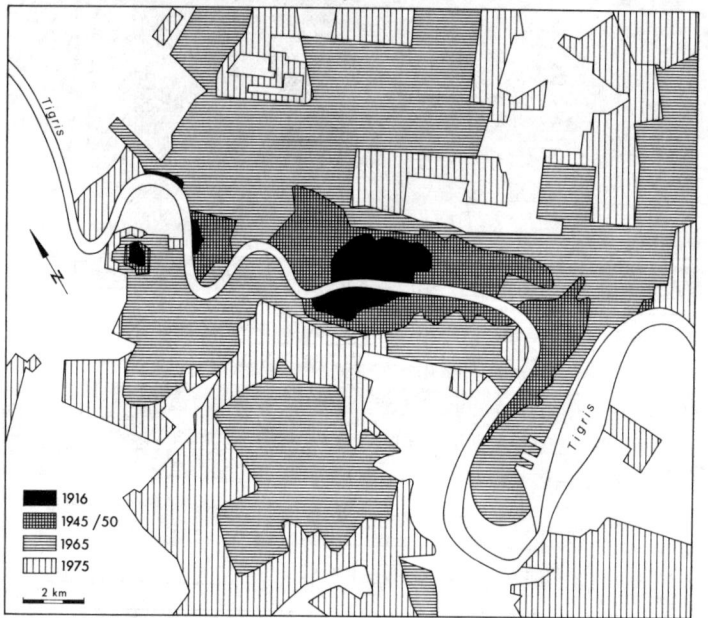

Abb. 56   Siedlungsausweitung in Bagdad 1916–1975 (Entwurf: E. WIRTH 1984)

6.4 Beispiele der unterschiedlichen Bevölkerungsdichte in Verdichtungsräumen

Die Bevölkerungsveränderung in den Verdichtungsräumen kann vor allem durch Veränderungen der Bevölkerungsdichte anschaulich gemacht werden, vgl. Tab. 13 (Entwicklung der Bevölkerungsdichte 1871–1910 in den sechs größten Städten des Deutschen Reiches 1910). In London, einer Stadt mit früher Urbanisierung und Suburbanisierung, nimmt die Bevölkerungsdichte in der „central area" bereits in den 60er Jahren des 19. Jahrhunderts ab, in Westminster (6 in Abb. 19) seit den 50er Jahren, vgl. Tab. 50. Um 1890 war in London der Bevölkerungskrater größer als in Berlin oder Wien (die unterschiedliche Gemarkungsfläche erschwert den Vergleich): in Berlin 326 Einw. je ha im ein-Kilometer-Ring, 540 im ein- bis zwei-Kilometer-Ring um das Rathaus, in Wien 252 Einw. je ha im ersten, 389 im zweiten Ring.

Tab. 50   Bevölkerungsdichte in ausgewählten Verdichtungsräumen
(Einwohner je ha jeweilige Fläche)

1. Städte in Industrieländern		
Berlin	1801 innerhalb der Stadtmauer	113
	1873 Innenstadt	285
	1950 Stadtgebiet Berlin (West)	45
	1980 Stadtgebiet Berlin (West)	40
	1950 Kreuzberg	203
	1980 Kreuzberg	125
London	1801 City of London	467
	1851 City of London	467
	1901 City of London	99
	1981 City of London	18
	1801 Inner London	32
	1851 Inner London	78
	1901 Inner London	150
	1981 Inner London	83
	1801 Outer London	7
	1851 Outer London	17
	1901 Outer London	41
	1981 Outer London	33
Brüssel	1831 Stadtgebiet 1961	240
	1846 Stadtgebiet 1961	285
	1890 Stadtgebiet 1961	442
	1930 Stadtgebiet 1961	482
	1961 Stadtgebiet 1961	410
Paris	1874 innerhalb der inneren Boulevards	720
	zwischen inneren und äußeren Boulevards	320
	zwischen äußeren Boulevards und Stadtmauer	110

Fortsetzung nächste Seite

Fortsetzung Tab. 50

Paris	1876 Stadtgebiet 1982	289
	1911 Stadtgebiet 1982	275
	1954 Stadtgebiet 1982	271
	1982 Stadtgebiet 1982	207
Sydney	1861 City of Sydney	26
	1921 City of Sydney	84
	1971 City of Sydney	50
	1861 Inner Ring	1
	1921 Inner Ring	7
	1971 Inner Ring	43
Tokyo	1980 Stadt Tokyo	144
2. Städte in sozialistischen Ländern		
Moskau	1981 Stadtgebiet	93
Beijing	1982 Stadtgebiet	549
3. Städte in Schwellen- und Entwicklungsländern		
São Paulo	1980 Stadtgebiet	57
	Metropolitan Region	16
Rio de Janeiro	1980 Stadtgebiet	43
	Metropolitan Region	14
Bombay	1971 Bombay Island	451
	Greater Bombay	136
Hongkong	1981 Territorium	48
	Kowloon	757
	New Kowloon	471
	Hongkong Island	150

Zusammengestellt nach verschiedenen Quellen

Im Unterschied zur Urbanisierungsphase, in der die Bevölkerungsdichte in der Kernstadt und im suburbanen Raum zunahm, sinkt in der Suburbanisierungsphase die Bevölkerungsdichte in der Kernstadt, steigt aber im suburbanen Raum. Der Bevölkerungskrater in der Innenstadt wird größer, z.B. in Paris (Abb. 57); Spitzen-

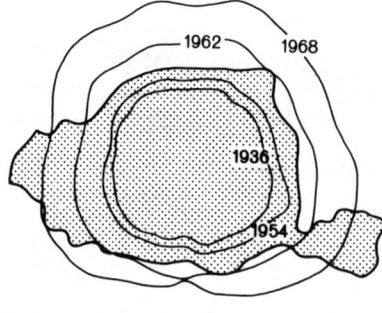

Abb. 57
Zentrifugale Verschiebung der Zone höchster Bevölkerungsdichte in Paris 1936–1968 (P. HAGGETT, A. D. CLIFF, A. FREY 1977, S. 225, nach SANDERS)

werte in der Bevölkerungsdichte weist heute der Außenrand der Innenstadt auf. Die
geringsten Dichtewerte haben in Tokyo die Innenstadtbezirke Chiyoda (1) und
Chuo in Abb. 58.

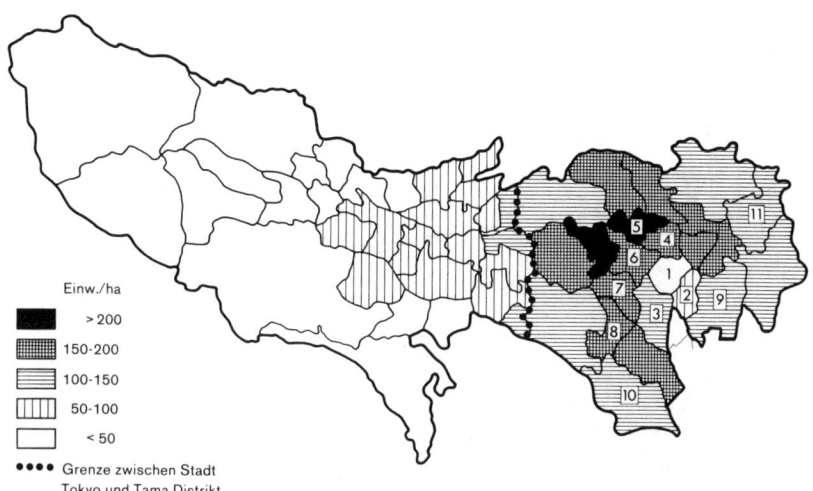

Einw./ha

■ > 200

▨ 150-200

▤ 100-150

▥ 50-100

□ < 50

•••• Grenze zwischen Stadt
Tokyo und Tama Distrikt

Stadtzentrum
1. Chiyoda
2. Chuo
3. Minato

Yamanote Gebiet
4. Bunkyo
5. Toshima
6. Shinkuju
7. Shibuya

8. Meguro
9. Koto
10. Ota
11. Katsushika

	Stadt Tokyo	Tama District
	Einwohner je ha	
1950	93	6
1965	153	13
1980	144	21

Abb. 58   Bevölkerungsdichte in der Präfektur Tokyo 1980 (STADT TOKYO)

Die Veränderung der Bevölkerungsdichtegradienten in vier Verdichtungsräumen,
drei aus marktwirtschaftlichen Industrieländern (Chicago, London und Sydney), ein
Verdichtungsraum aus einem sozialistischen Land (Moskau), zeigt Abb. 59. Der
Dichtegradient ist in Moskau wesentlich höher als in Chicago, London und Sydney.
Er flacht im Stadtkern London bereits seit Anfang des Jahrhunderts ab, in Chicago
seit den 20er, in Moskau und Sydney seit den 50er Jahren und steigt in allen vier

Räumen zum Stadtrand an, in Moskau stärker als in Chicago, London und Sydney. In sozialistischen Städten ist die Randbebauung kompakter und höher und vorrangig an öffentlichen Verkehrsmitteln orientiert.

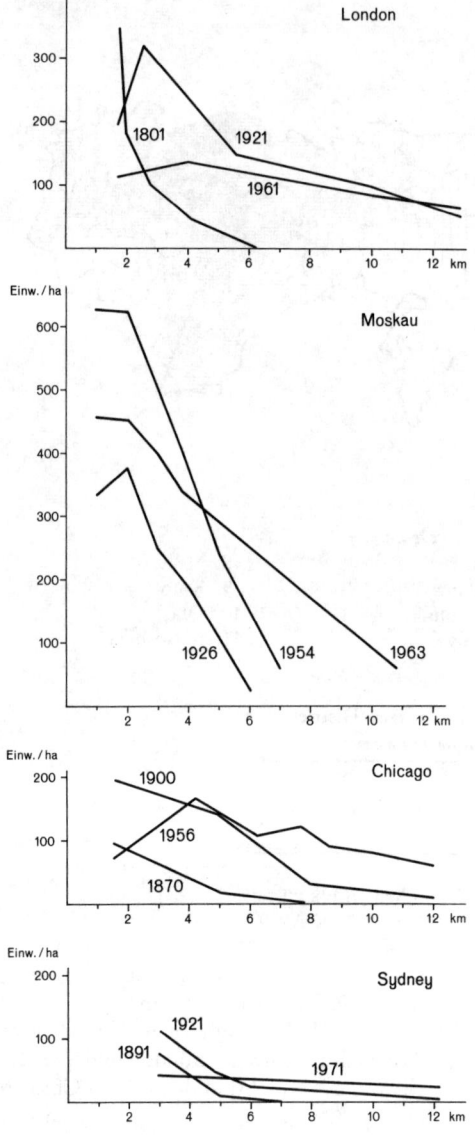

Abb. 59
Veränderung der Bevölkerungsdichtegradienten in vier Verdichtungsräumen

GLICKMAN und WHITE (1979) fanden bei einem Vergleich der städtischen Flächen-nutzungsmuster in Japan, in den USA, in Großbritannien und in der Bundesrepu-blik, daß die Bundesrepublik vergleichsweise weniger suburbanisiert ist. Die Kern-stadtdichte liegt hier etwa 40 % höher als in Großbritannien, der Dichtegradient fällt mit der Entfernung vom Stadtkern mehr als doppelt so steil wie der Dichtegradient der britischen Städte (W. HERDEN 1983).

In den meisten großen Städten der Schwellen- und Entwicklungsländer ist die Bevöl-kerungs- und Arbeitsplatzdichte im Stadtkern nicht nur höher als heute in den gro-ßen Städten der Industrieländer, sie steigt sogar noch an. In Bombay Island (Abb. 60) nahm die Bevölkerungsdichte von 1881 bis 1981 in allen Wards mit Ausnahme der drei Innenstadt-Wards (A − C) und E zu. Die höchste Bevölkerungsdichte weisen Distrikte nördlich des Fort (Ward A) mit sehr hoher Nutzungsdichte (Wohnungen, Einzel- und Großhandel) auf (die „new town" nach 1750, vgl. H. NISSEL 1977, S. 16ff). Die Bevölkerungsdichte erreicht Spitzenwerte von mehr als 2 000 Einwoh-nern je ha in Bhuleshwar (1), Kumbharwada (2) und Kamatipura (3) in Abb. 60.

Abb. 60 bildet die Veränderung der Bevölkerungsdichtegradienten im Raum Bom-bay von 1881 bis 1961 ab: die Zunahme der Bevölkerungsdichte am Rande der Innen-stadt und am Stadtrand, der sich langsam vergrößernde Bevölkerungskrater im Stadt-kern und die Randverschiebung der Zone höchster Bevölkerungszunahme. Die Dichteentwicklung widerspricht z.T. der negativen Bevölkerungsdichtefunktion von C. CLARK (1951) mit einem Kern-Rand-Gefälle der Bevölkerungsdichte (vgl. M. YEATES, B. GARNER 1980, S. 224 ff). Im Unterschied zu westlichen Städten sinkt je-doch die Bevölkerungsdichte nicht, sondern steigt weiter an (vgl. B.J.L BERRY u.a. 1963, E. LICHTENBERGER 1986, S. 130). Sehr hohe Bevölkerungsdichten (bis mehr als 2 000 Einwohner je ha) weisen innerstädtische Wohngebiete großer Städte in Schwel-len- und Entwicklungsländern auf, z.B. in Mexiko Stadt (H.-J. SANDER 1983), Kairo (E. EHLERS 1984), Bombay (N. HARRIS 1978), Hongkong (H. J. BUCHHOLZ, P. SCHÖLLER 1985). In afrikanischen Städten südlich der Sahara ist die Bevölkerungs-dichte weit geringer als in Lateinamerika und Asien, z.B. in den Innenstädten von Dakar, Ibadan und Kinshasa bis etwa 400 Einw. je ha.

Bevölkerungsdichtegradienten sind Verallgemeinerungen empirischer Beobachtun-gen, sie sind flächenabhängig und deshalb kaum vergleichbar. W. HERDEN (1983, S. 433) zeigt z.B. den Einfluß der Eingemeindungen nach Chicago auf die Bevölke-rungsdichte. Räumliche und zeitliche Vergleiche der Dichtewerte müßten auf eine einheitliche Flächeneinheit bezogen werden, z.B. die bebaute Fläche.

Die Veränderung des Bevölkerungsdichtefelds im Verlauf der Stadtentwicklung deu-tet Abb. 61 an.

a. absolute Bevölkerungsdichte
   (N. HARRIS 1978; CENSUS OF INDIA)

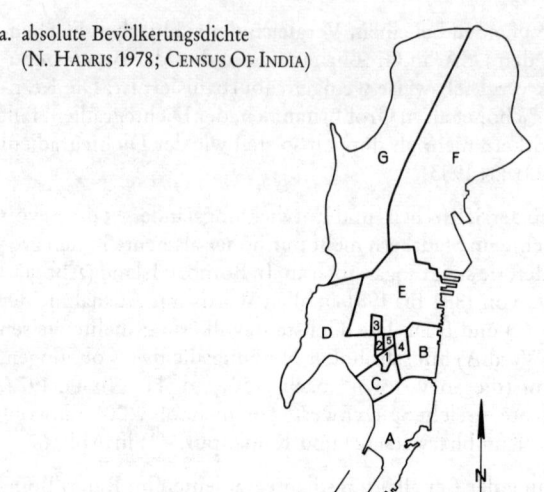

		Einwohner/ha			
Ward	1881	... 1951	1961	1971	1981
A	128		**188**		171
B	628	727 (1)			611
C	1 105		**1 779**		1 396
D	158				**674**
E	151			714	613
F	17				**375**
G	32				**550**
H				267	336
K				121	193
P				57	104
R				30	72
L				203	322
M				57	103
N				89	108
T				37	143

Distrikte höchster Bevölkerungsdichte

1 Bhuleshwar   3 628
2 Kumbharwada   2 676
3 Kamatipura   2 333
4 Umarkhadi   1 957
5 Kharatalao   1 530

(1) Fettdruck höchste Bevölkerungsdichte

b. Dichtegradienten 1881−1961
  (J. E. BRUSH 1974, S. 123)

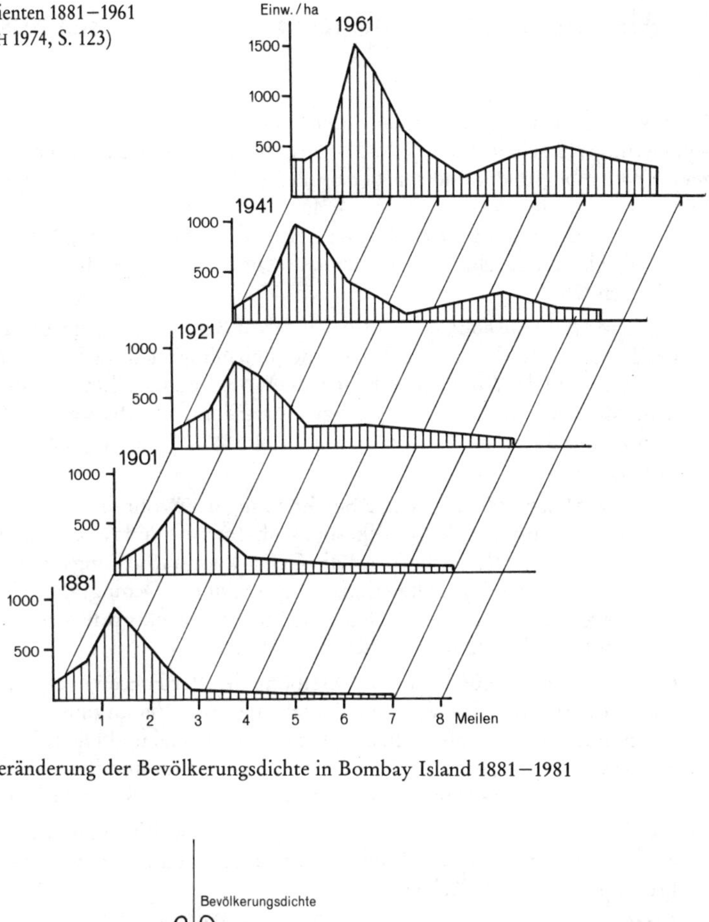

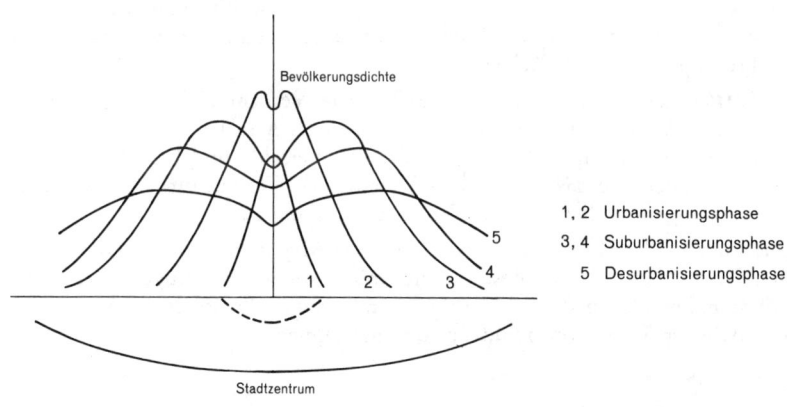

Abb. 60   Veränderung der Bevölkerungsdichte in Bombay Island 1881−1981

Abb. 61   Bevölkerungsdichtefeld in verschiedenen Phasen der Stadtentwicklung

7 Abgrenzung und Gliederung der Verdichtungsräume

Vergleiche großer Städte werden durch unterschiedliche Raumabgrenzungen und -gliederungen erschwert. Diese sind theoretisch und politisch-planerisch jeweils unterschiedlich begründet und stark beeinflußt von den verfügbaren Daten und Erhebungseinheiten der amtlichen Statistik. Die meisten Regionalisierungen beruhen auf Dichte-, Struktur- und Verflechtungsmerkmalen (Kennziffern, Meßzahlen, Indizes). Dabei können mehrere, voneinander nicht unabhängige Merkmalsgruppen unterschieden werden.

- *Städtebaulich-morphologische Merkmale* zur Beschreibung eines zusammenhängend bebauten Gebietes, z.B. die Art der Bebauung nach Karten und Luftbildern, die Höhe und das Alter der Gebäude, die Wohn- und Siedlungsdichte. Städtebauliche Merkmale liegen z.B. der Abgrenzung der „conurbations" in Großbritannien zugrunde (erstmals 1922 durch C. B. FAWCETT) und der „densely inhabited districts" in Japan.

- *Demographische Merkmale* zur Beschreibung der Wohndichte und der Struktur der Bevölkerung, u.a. die Bevölkerungszahl (meist Mindestbevölkerung) und die Bevölkerungsdichte (bezogen auf die Gemarkungs-, Siedlungs- oder Baufläche), die Haushaltsgröße und die ethnische Zuordnung. Demographische Merkmale sind die am häufigsten verwendeten Dichte- und Strukturmerkmale zur Abgrenzung und Gliederung der Verdichtungsräume.

- *Ökonomische Merkmale* zur Beschreibung der Verdichtung von Arbeitsplätzen und Arbeitsstätten, der Wirtschaftstätigkeit und der Versorgung, u.a. die Beschäftigten in Landwirtschaft, Industrie, Gewerbe, Handel und Dienstleistungen (primärer, sekundärer, tertiärer Sektor), die Arbeitsplatz- und Beschäftigungsdichte, die Berufs- und Einkommensstruktur, der Schulabschluß und die Erwerbsquote.

- *Ökologische Merkmale* zur Beschreibung der Umweltbedingungen und Lebensqualität, u.a. Emissionen, Immissionen einschl. Lärm, Abwasser, Müll sowie Frei- und Erholungsflächen.

- *Verflechtungsmerkmale* zur Beschreibung der Verkehrsdichte und Erreichbarkeit (u.a. die Verkehrsströme), zur Beschreibung der Arbeitsplatz- und Versorgungsbeziehungen (Einpendler, Auspendler, Pendlersaldo und Einkaufsfahrten). Berufspendler sind das am häufigsten verwendete Verflechtungsmerkmal zur Abgrenzung und Gliederung der Verdichtungsräume.

Die Auswahl der Merkmale ist vom Zweck der Abgrenzung und Gliederung abhängig. Es werden z.B. zur Bestimmung „überlastungsverdächtiger" Verdichtungsräume andere Merkmale und Merkmalskombinationen benötigt als zur Abgrenzung von Arbeitsmarktregionen und Versorgungsräumen.

7.1   Abgrenzung und Gliederung in Deutschland

Die erste umfassende Abgrenzung „großstädtischer Agglomerationen" in Deutschland erfolgte 1912 durch den Statistiker S. SCHOTT. Als „Agglomeration" bezeichnete er eine „Großstadtgemeinde nebst der von dieser in ihrer sozialen und Bevölkerungsstruktur entscheidend beeinflußten Umgebung... Solche Maßstäbe sind etwa das Vordringen der städtischen Bau- und Wohnweise, die Beziehung zwischen Arbeits- und Wohnort,... die Ausdehnung des Vorortbahnnetzes"[1]) (S. SCHOTT 1912, S. 5). Da diese Merkmale nicht erfaßt waren, griff er eine Methode auf, die nach seiner Kenntnis erstmals auf Daten von Breslau (1871−1880) und 1891 von zehn weiteren Städten angewandt wurde. Danach wurde unabhängig von den Verwaltungsgrenzen zu einer „Agglomeration" die Bevölkerung im 10 km Radius um den Verkehrsmittelpunkt der Großstädte gerechnet (Abb. 62). SCHOTT war sich der Problematik einer solchen Abgrenzung bewußt, sah jedoch darin die einzige Möglichkeit einer vergleichenden Analyse. Im Unterschied zu älteren Arbeiten durch BRÜCKNER und HASSE berechnete er eine „innere Agglomeration" im 5 km Radius und eine „äußere Agglomeration" im 5 km bis 10 km Radius, z.B. in Berlin um das Berliner Rathaus, in Köln um den linksrheinischen Brückenkopf der Köln-Deutzer Rheinbrücke, in München um die Frauenkirche.

Mit „Agglomeration" sind immer wieder größere städtische Gebiete bezeichnet worden, es gibt jedoch keine Abgrenzung, auf die sich die Bezeichnung beziehen könnte. Noch unbestimmter sind Wortverbindungen wie Siedlungsagglomeration, Industrieagglomeration, Bevölkerungsagglomeration.

Die Fläche von 7 854 ha im 5 km Radius wurde 1900 nur in Köln, Frankfurt und München überschritten, 1910 in sechs von 37 Großstädten (S. SCHOTT 1912, S. 47). Besondere Probleme der Abgrenzung hatte SCHOTT bei mehrkernigen „Agglomerationen". Im Rhein-Ruhr-Raum ließ sich noch für 1900 die Berechnung ohne Bedenken durchführen, da die zehn-Kilometerkreise von vier Agglomerationen (Düsseldorf, Elberfeld-Barmen, Essen und Dortmund) innerhalb dieses Raumes sich nicht überschnitten (S. SCHOTT 1912 S. 14). 1910 gab es dagegen neun „Agglomerationen" mit mehrfacher Überschneidung. Von den seither in Deutschland ausgearbeiteten Abgrenzungen sind die bekanntesten die der „Stadtregionen" und der „Verdichtungsräume", zuletzt für Gemeindedaten der Großzählungen 1970.

Die Abgrenzung der „Stadtregion" (Abb. 63) beruhte auf Vorarbeiten von BOUSTEDT. Sie erfolgte 1970 nach zwei Strukturmerkmalen (Agrarquote, Einwohner-Arbeitsplatzdichte) und einem Verflechtungsmerkmal (Auspendler). Die „Verdichtungsräume" wurden durch die Ministerkonferenz für Raumordnung (MKRO) nach § 2, Abs. 1 Nr. 6 des Bundesraumordnungsgesetzes als Räume mit stärkerer Verdichtung von Wohn- und Arbeitsstätten abgegrenzt, ausschließlich nach Strukturmerkmalen. 1968 wurde die Einwohner-Arbeitsplatzdichte und die Zunahme der Bevölkerung oder der Bevölkerungsdichte gewählt, 1970 allein die Einwohner-Arbeitsplatzdichte.

---

[1]) 1887 wurde auf einem internationalen Statistikerkongreß für relativ geschlossene Siedlungen mit mehr als 100 000 Einwohnern die Bezeichnung „Großstadt" vorgeschlagen.

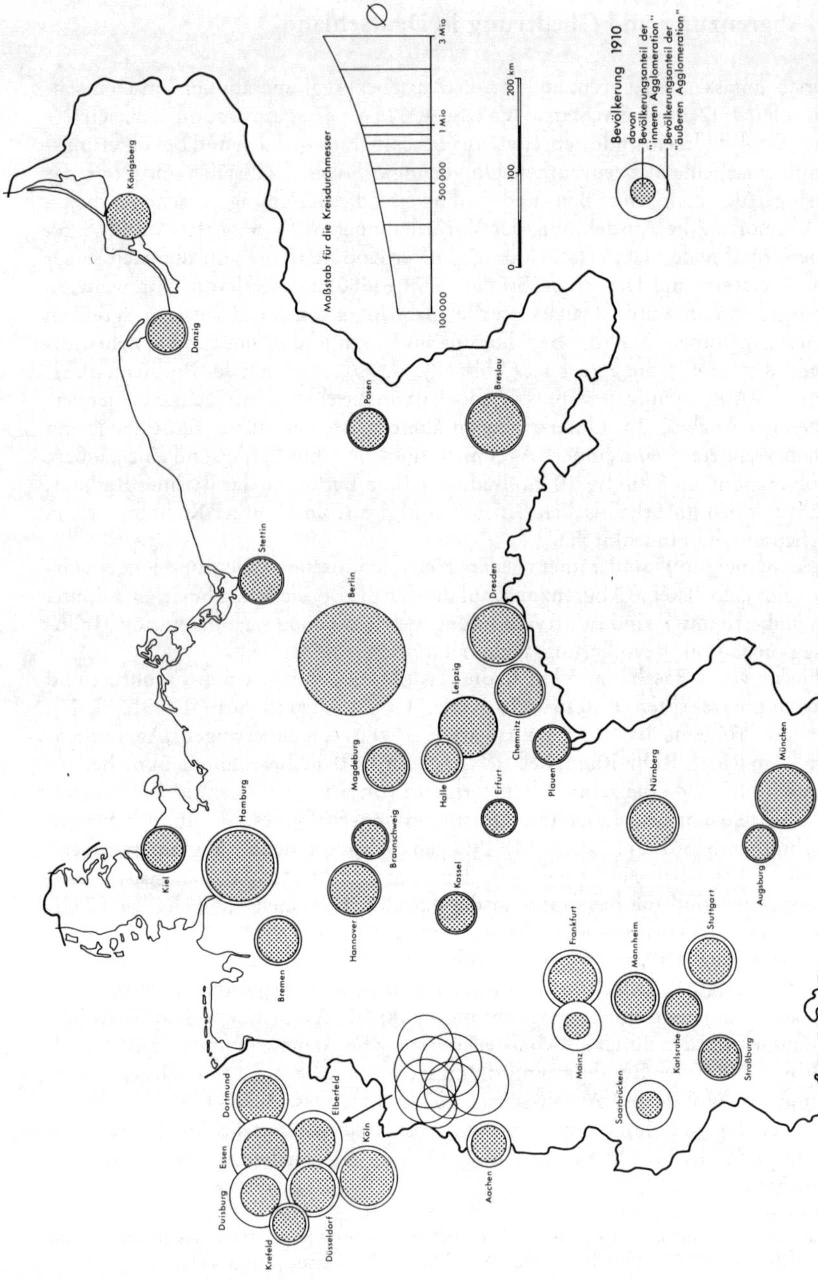

Abb. 62   „Großstädtische Agglomerationen" in Deutschland 1910 (K. SCHLIEBE 1970 nach S. SCHOTT)

Im Modell der Stadtregion werden vier Zonen unterschieden (vgl. O. BOUSTEDT 1975, S. 343–344):

1. Die „Kernstadt" ist das Verwaltungsgebiet der zentralen Stadtgemeinde(n).

2. Das „Ergänzungsgebiet" bilden die an die Kernstadt angrenzenden Gemeinden, die der Kernstadt „sowohl im Siedlungscharakter als auch in struktureller bzw. funktionaler Hinsicht weitgehend ähneln". „Kernstadt" und „Ergänzungsgebiet" werden zum „Kerngebiet" zusammengefaßt.

3. Die „Verstädterte Zone" mit „einer erheblich aufgelockerten Siedlungsweise" bildet den „Nahbereich der Umlandgemeinden". Die Bevölkerung arbeitet überwiegend im Kerngebiet.

4. Die „Randzonen" umfassen die übrigen Umlandgemeinden. Der Anteil der landwirtschaftlichen Erwerbspersonen nimmt zur Peripherie zu. Es werden „nicht unerhebliche, überwiegend auf das Kerngebiet gerichtete" Pendlerströme beobachtet.

Beiden Abgrenzungen fehlt die theoretische Begründung der Merkmalsauswahl. Zeitliche Vergleiche sind zudem nur sehr eingeschränkt möglich:

1. Dichte und Größe der Bevölkerung werden durch kommunale Gebietsreformen beeinflußt. Am 6.6.1961 gab es z.B. in der Bundesrepublik 24 502 Gemeinden, am 27.5.1970 (Stichtag der nächsten Großzählungen) 22 510, am 1.1.1982 8 505 Gemeinden.

Viele Gemeinden, die bei der Stadtregion-Abgrenzung 1961 dem „Ergänzungsgebiet" zugeordnet wurden, gehörten 1970 durch Zusammenlegung mit dünner besiedelten Gemeinden zur „Verstädterten Zone" oder gar zum „Ergänzungsgebiet". Gemeinden, die 1961 noch außerhalb einer Stadtregion lagen und auch 1970 noch nicht dazu gehört hätten, wurden durch Eingemeindungen zu Teilen von „Kerngebieten".

2. Die Vergleichbarkeit der Abgrenzungen wird eingeschränkt durch Veränderungen der Wirtschaftsstruktur (Rückgang des primären, Zunahme des tertiären Sektors) und

3. durch die weiter zunehmende Motorisierung und die damit verbundene starke Ausweitung des Pendlerraumes (der Funktionalregion).

Abb. 64 zeigt am Beispiel des Rhein-Ruhr-Raumes die unterschiedliche Abgrenzung von „Stadtregion" und „Verdichtungsraum": den „Verdichtungsraum" Rhein-Ruhr und die „Stadtregionen" Rhein-Ruhr, Rheydt/Mönchengladbach/Viersen, Bonn/Siegburg, Lüdenscheid und Hamm.

STADTREGION

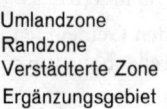

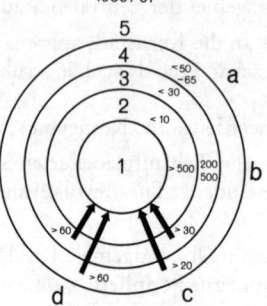

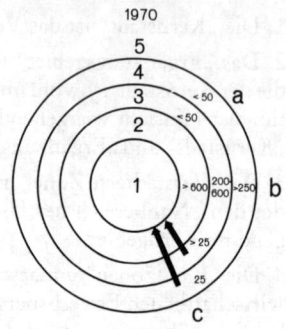

Merkmale:	Merkmale:
a Agrarquote	a Agrarquote
b Einwohnerdichte	b Einwohner-Arbeitsplatzdichte
c in das Kerngebiet auspendelnde Erwerbspersonen in % der Erwerbspersonen insgesamt	c in das Kerngebiet auspendelnde Erwerbspersonen in % der Erwerbspersonen insgesamt
d in das Kerngebiet auspendelnde Erwerbspersonen in % der Auspendler insgesamt	

Mindestgröße der Stadtregion: 80 000 Einwohner

		13.9.1950	27.5.1970
		%	
Anteil an der Bevölkerung	der Bundesrepublik	51,2	62,3
Anteil an der Fläche	der Bundesrepublik	11,8	26,1

Quelle: W. NELLNER 1975

Abb. 63a   Abgrenzung von „Stadtregionen" in der Bundesrepublik Deutschland

VERDICHTUNGSRAUM

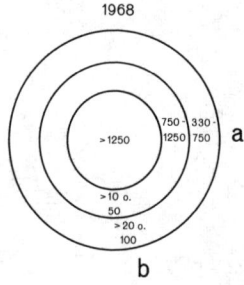

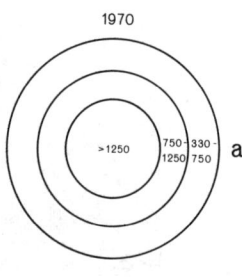

Merkmale:

a Einwohner-Arbeitsplatzdichte
b Zunahme der Bevölkerung oder
der Bevölkerungsdichte 1961–1967

Merkmal:

a Einwohner-Arbeitsplatzdichte

Mindestgröße des Verdichtungsraumes: 150 000 Einwohner
100 km^2
1 000 Einwohner je km^2

		27.5.1970 %
Anteil an der Bevölkerung	der Bundesrepublik	45,5
Anteil an den Beschäftigten	der Bundesrepublik	55,4
Anteil an der Fläche	der Bundesrepublik	7,3

Quelle: G. KRONER 1974

Abb. 63b   Abgrenzung von „Verdichtungsräumen" in der Bundesrepublik Deutschland

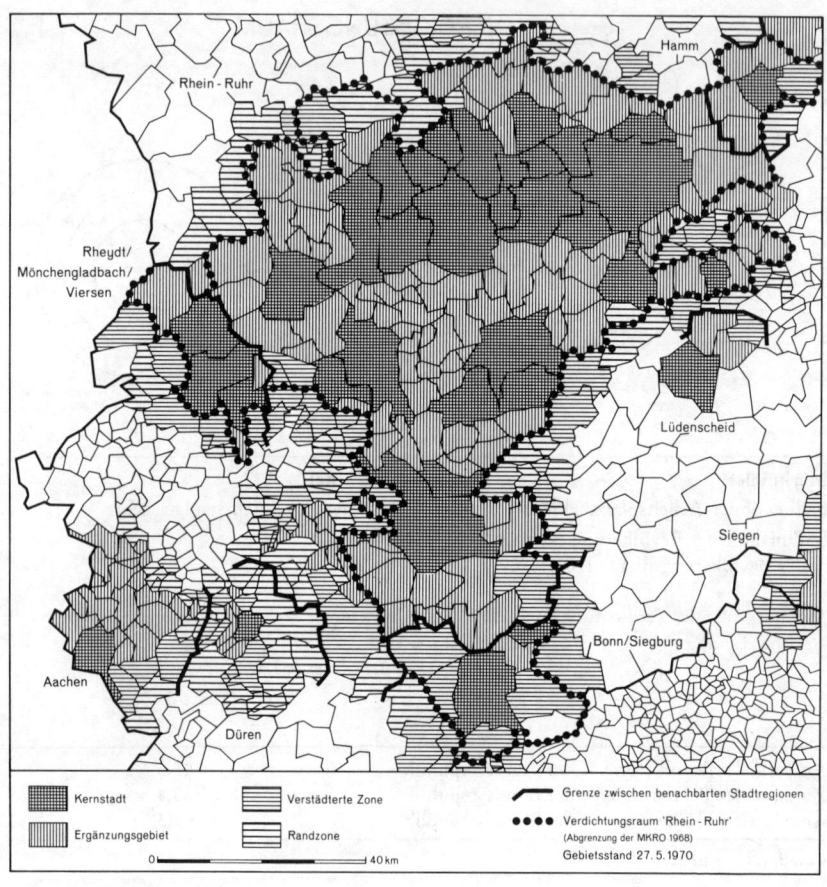

Abb. 64   „Stadtregionen" im „Verdichtungsraum" Rhein-Ruhr 1970
(zugehörige Tabelle nebenstehend auf S. 183)

Stadtregion „Ruhrgebiet" 1950

	a %	b_1 Einw./km²	c %	d %	Fläche km²	Ein- wohner 1 000
Kernstädte	2	2 359			1 429	3 370
Ergänzungsgebiet	4	1 030			578	595
Verstädterte Zone	17	294	37	79	377	111
Randzone	21	197	21	68	425	84
Stadtregion	3	1 481			2 809	4 160

Stadtregion „Rhein-Ruhr" 1970

	a %	b_2 Einw. + Besch./km²	c %	Fläche km²	Ein- wohner 1 000
Kernstädte	1	4 103		2 393	6 722
Ergänzungsgebiet	2	1 186		3 036	2 643
Verstädterte Zone	1	395	46	1 112	357
Randzone	13	169	44	1 327	184
Stadtregion	1	1 790		7 868	9 906

a   Agrarquote
b_1 Einwohnerdichte
b_2 Einwohner-Arbeitsplatzdichte
c   in das Kerngebiet auspendelnde Erwerbspersonen
     in % der Erwerbspersonen insgesamt
d   in das Kerngebiet auspendelnde Erwerbspersonen
     in % der Auspendler insgesamt

Quellen: AKADEMIE FÜR RAUMFORSCHUNG UND LANDESPLANUNG 1960, S. 148–149
AKADEMIE FÜR RAUMFORSCHUNG UND LANDESPLANUNG 1975, S. 125

Verdichtungsraum „Rhein-Ruhr" 1970

a Einw. + Besch./km²	b_1 %	b_2 Einw./km²	Fläche km²	Ein- wohner 1 000
2 264	4	55	6 582	10 417

a   Einwohner-Arbeitsplatzdichte
b_1 Zunahme der Bevölkerung   1961–1967
b_2 Zunahme der Bevölkerungsdichte   1961–1967

Quelle: G. KRONER u.a. 1974, S. 391

G. TÖNNIES (1982, S. 86) vergleicht verschiedene Abgrenzungsmodelle mit Hilfe eines Index, des „Einwohnerkonzentrationsgrades". Dieser ist definiert als Relation von Bevölkerungs- und Flächenanteil:

	Basisjahr	Einwohner-konzentrationsgrad
„Agglomerationsräume" (BREDE, OSSORIO-CAPELLA)	1961	8,8
„Verdichtungsräume" (MKRO)	1970	6,7
„Ballungsgebiete" (ISENBERG)	1968	3,3
„Stadtregionen" (BOUSTEDT)	1950	3,7
	1961	3,2
	1970	2,4

Der Einschluß gering verdichteter Umlandzonen erklärt den niedrigen Einwohnerkonzentrationsgrad in den „Stadtregionen". Der Rückgang der Indexwerte von 1950 bis 1970 weist auf die Ausweitung des suburbanen Raumes hin.

Eine mehrdimensionale Gliederung des Raumes Hamburg in die „urbanen", „suburbanen" und „ländlichen" Teilräume (Abb. 65) belegt, daß die in in diesem Studienbuch zur Erleichterung vergleichbarer Aussagen vorgenommene Gliederung in Kernstadt und Umland bzw. suburbanen Raum, „suburbane" und „ländliche" Gebiete in der Kernstadt und „urbane" Gebiete im Umland verdeckt. H.-J. ECKEY (1978) zählte zum Raum Hamburg alle Gemeinden, deren Bevölkerungsschwerpunkt innerhalb eines Radius von 40 km um den Mittelpunkt Hamburg (Rathaus) liegt (in der amtlichen Statistik „Umkreis Hamburg" mit einer Fläche von 5 127 km^2 im Unterschied zur „Region Hamburg" = Staatsgebiet Hamburg und sechs Randkreise mit einer Fläche von 7 341 km^2). Für jede der 203 Raumeinheiten (92 im Stadtgebiet Hamburg, 111 in Niedersachsen und Schleswig-Holstein) wählte er 53 Variablen aus Erhebungen der Jahre 1968 bis 1970 zur Altersgliederung der Bevölkerung, Haushaltsgröße, Erwerbstätigkeit, Bildung und Ausbildung, Beschäftigung, Bautätigkeit und Gebäudenutzung. Mit der Diskriminanzanalyse, einem statistischen Trennverfahren, wurden dem „urbanen" Raum 39 Raumeinheiten zugeordnet (die Hamburger Innenstadt, die Stadtteile Ohlsdorf und Fuhlsbüttel im Norden, Heimfeld und Harburg im Süden), dem „suburbanen" Raum 93 Raumeinheiten. Im Südosten Hamburgs grenzen der „urbane" und der „ländliche" Raum unmittelbar aneinander.

Die bisherigen Abgrenzungen sind sehr grob, sie berücksichtigen nur ein oder wenige Merkmale. Differenziertere Abgrenzungen werden in der Bundesrepublik mit der gegenwärtig diskutierten Neuabgrenzung von „Verdichtungsräumen" und (anstelle der „Stadtregionen") von „Agglomerationsräumen" angestrebt. Die Unterscheidung zwischen „Verdichtungsräumen" und „Agglomerationsräumen" ist vor allem historisch bedingt. Ziele, Merkmale und Regionalisierungsverfahren sind sehr ähnlich (vgl. G. KRONER 1984, G. TÖNNIES 1982). Mit beiden Abgrenzungen sollen räumliche Belastungen, räumliche Strukturen und funktionale Beziehungen erfaßt werden, beide Abgrenzungen werden auch als Instrumente der Raumordnung angesehen. Regionale Entwicklungsprozesse sollen jedoch stärker auf die nach sozioökonomischen Merkmalen abgegrenzten „Agglomerationsräume" bezogen werden, politische Ordnungsmaßnahmen stärker auf die nach Belastungsmerkmalen abgegrenzten „Verdichtungsräume". Die weitgehende Übereinstimmung der beiden Abgrenzungsmodelle macht die Notwendigkeit einer Ausarbeitung zweier konzeptionell und inhaltlich ähnlicher Modelle nicht ganz einsichtig.

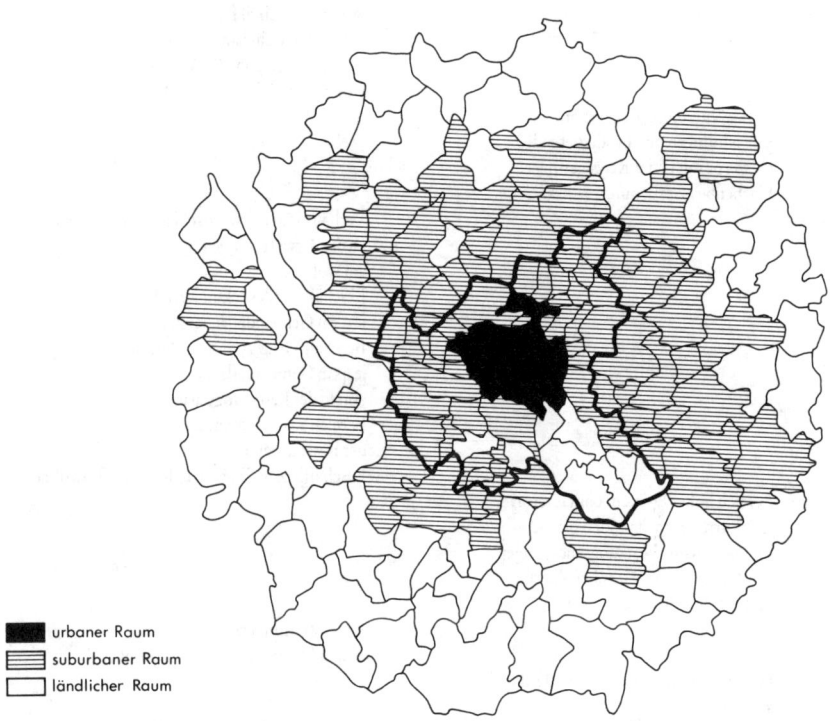

urbaner Raum
suburbaner Raum
ländlicher Raum

Abb. 65   Gliederung des Raumes Hamburg (H.-F. ECKEY 1978, S. 202)

Der Arbeitskreis „Abgrenzung von Agglomerationsräumen" hat 1984 einen Vorschlag zur Abgrenzung und Gliederung von „Agglomerationsräumen" vorgelegt (W. NELLNER u.a. 1984). Tab. 51 gibt verkürzt einige Definitionsmerkmale und

186 7 Abgrenzung und Gliederung der Verdichtungsräume

Merkmale der Abgrenzung und Gliederung wieder. Es sind mit einer Ausnahme auf einen Zeitpunkt bezogene Strukturmerkmale der Flächennutzung, Arbeitsplätze und Haushalte. Gemeindeteile als Grundeinheiten ermöglichen jedoch hier eine trennschärfere Abgrenzung und Gliederung als im Modell der „Stadtregion".

Tab. 51 Vorschlag für eine neue Abgrenzung von „Agglomerationsräumen"

Definitionsmerkmale	vorgeschlagene Merkmale
1.1 *Urbanes Kerngebiet"*	
– geschlossene, überwiegend mehrgeschossige Bebauung	
	– Einwohner + Erwerbstätige am Arbeitsort je qkm Gemeindefläche
	– Anteil der Mehrfamilienhäuser an der Gesamtzahl der Wohngebäude
	– Wohnungen je Wohngebäude
– starke Nutzung durch tertiäre Einrichtungen und produzierendes Gewerbe mit in der Regel geringer Flächenbeanspruchung	
	– Verhältnis der Erwerbstätigen am Arbeitsort zu den Erwerbstätigen am Wohnort
	– Beschäftigte des sekundären Bereichs je qkm Gemeindefläche
	– Beschäftigte des tertiären Bereichs je qkm Gemeindefläche
	– Anteil der Beschäftigten im tertiären Bereich an der Gesamtzahl der Beschäftigten
	– Beschäftigte im Einzelhandel je 100 Einwohner
– Bereich hoher Dynamik mit intensiver Konkurrenz um Standortvorteile fortschreitende Nutzungsänderungen	
– Verdrängung von Wohnbevölkerung und soziale Umschichtungen	
	– Anteil der Einpersonenhaushalte an den Privathaushalten insgesamt
– hohe Dichte des fließenden und ruhenden Verkehrs	

Fortsetzung nächste Seite

Fortsetzung Tab. 51

Definitionsmerkmale	vorgeschlagene Merkmale
1.2 _Urbanes Randgebiet_	
– relativ hohe Bevölkerungs-, Arbeitsplatz- und Siedlungsdichte	
– relativ hohe Siedlungsdichte	
– Stärke und Richtung der Pendlerströme	
– unterschiedliche Bebauungsintensität	
– Wohngebiete – umgeformte Dorfkerne, Viertel früherer städtischer Erweiterung, Neubauviertel der Nachkriegszeit	
– Gewerbegebiet	– Anteil der Beschäftigten im sekundären Bereich an der Gesamtzahl der Beschäftigten
– Verkehrsflächen	
2.1 _Inneres suburbanes Gebiet_	
– relativ stark verstädterter Bereich mit Wohnsiedlungen und Industriebereichen	
– land- und forstwirtschaftlich genutzte Freiflächen	
	– Anteil der Erwerbstätigen in der Land- und Forstwirtschaft an allen Erwerbstätigen
– Zielgebiet meist selektiver Wanderung	
– Hauptquellgebiet der vorwiegend auf den urbanen Raum	
	an den Auspendlern insgesamt
– Städte und ehemalige Dorfkerne sowie neue Versorgungsstandorte mit zentralörtlichen Funktionen	
2.2 _Äußeres suburbanes Gebiet_	

Quelle: W. NELLNER u.a. 1984, S. 32–39

Die bisher in der Bundesrepublik diskutierten Raumkonzepte „Stadtregion" und „Verdichtungsraum" unterscheiden sich auch in der Untergliederung, „Stadtregionen" sind in vier Teilräume gegliedert, „Verdichtungsräume" bisher nicht. Vorgeschlagen wird für diese Räume nach einer Neuabgrenzung eine Gliederung in „Verdichtungskern", „Verdichtungsrandzone" und „Randgebiete" (G. KRONER 1984).

7.2   Abgrenzung und Gliederung im Ausland

In fast jedem Land werden hochverdichtete Räume oder Funktionalregionen, z.B. Arbeitsmarktregionen, abgegrenzt (vgl. W. NELLER 1970), in Großbritannien z.b. „Conurbations" und „Standard Metropolitan Labour Areas" (SMLAs), in der DDR „Ballungsgebiete". Es haben sich bisher keine allgemein gültigen Schwellenwerte für die einzelnen Abgrenzungskriterien wie Flächengröße, Einwohnerzahl durchsetzen können, daher gibt es auch keine einheitliche Definition.

In den USA ersetzen seit 1983 die vom „Office of Management and Budget" ausgearbeiteten Abgrenzungen der „Metropolitan Statistical Areas" (MSA) (Abb. 66), „Standard Metropolitan Statistical Areas" (SMSA) und die „Consolidated Metropolitan Statistical Areas" (CMSA) die „Standard Consolidated Statistical Areas" (SCSA). „Metropolitan Statistical Areas" mit mehr als einer Million Einwohner werden seit 1983 „Primary Metropolitan Statistical Areas" (PMSA) genannt (vgl. Tab. 52). Von 1910 bis in die 40er Jahre wurden „Metropolitan Districts" abgegrenzt, 1950 „Standard Metropolitan Areas" (SMA), 1960, 1970 und 1980 „Standard Metropolitan Statistical Areas" (SMSA).

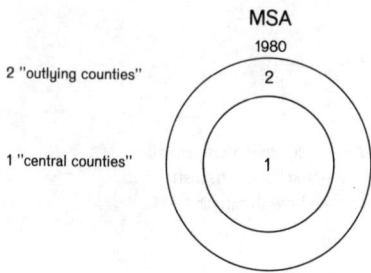

a mindestens 50 % der Bevölkerung lebt in einer „urbanized area"
   mit mindestens 50 000 Einwohnern oder
   mindestens 2 500 Menschen leben in einer Kernstadt („central city") der MSA

b eine der folgenden vier Bedingungen muß zutreffen:

  1. mindestens 50 % der Erwerbstätigen pendeln nach 1
     + Bevölkerungsdichte mindestens 25 Einw. je Quadratmeile
     (10 Einw. je km²)

  2. 40−50 % der Erwerbstätigen pendeln nach 1
     + Bevölkerungsdichte mindestens 35 Einw. je Quadratmeile
     (14 Einw. je km²)

  3. 25−40 % der Erwerbstätigen pendeln nach 1
     + Bevölkerungsdichte mindestens 35 Einw. je Quadratmeile
     (14 Einw. je km²)
     + eine der folgenden Bedingungen:

(Fortsetzung Abb. 66 nächste Seite)

a. Bevölkerungsdichte mindestens 50 Einw. je Quadratmeile
   (19 Einw. je km^2)

b. mindestens 35 % städtische Bevölkerung

c. mindestens 10 % der Bevölkerung oder 5 000 Menschen leben in einer „urbanized area" mit
   mindestens 50 000 Einw.

4. 15−25 % der Erwerbstätigen pendeln nach 1
   + Bevölkerungsdichte mindestens 50 Einw. je Quadratmeile
   (19 Einw. je km^2)
   + zwei der folgenden Bedingungen:

a. Bevölkerungsdichte mindestens 60 Einw. je Quadratmeile
   (23 Einw. je km^2)

b. mindestens 35 % städtische Bevölkerung

c. mindestens 20 % Bevölkerungszunahme zwischen den beiden letzten Zählungen

d. mindestens 10 % der Bevölkerung oder 5 000 Menschen leben in einer „urbanized area" mit
   mindestens 50 000 Einw.

Mindestbevölkerung

eine Stadt in einer „urbanized area" (nach der Definition des Census Bureau) mit mindestens
50 000 Einwohnern; hat die größte Stadt weniger als 50 000 Einwohner
muß die MSA mindestens 100 000 Einwohner haben

Kernstädte

1. die Stadt mit der größten Bevölkerung in der MSA

2. jede Stadt mit mindestens 250 000 Einwohnern
   oder 100 000 Beschäftigten

3. jede Stadt mit 25 000 − 250 000 Einwohnern
   + mindestens 75 Beschäftigte je 100 Einwohner
   + weniger als 60 % der Erwerbstätigen pendeln aus

4. jede Stadt mit 15 000−25 000 Einwohnern
   + mindestens 75 Beschäftigte je 100 Einwohner
   + weniger als 60 % der Erwerbstätigen pendeln aus

bezogen auf die USA	1940	1950	1960	1970	1980	1984
			%			
Anteil an der Fläche	7,0	7,0	8,7	11,0	16,0	16,0
Anteil an der Bevölkerung	52,8	56,1	63,0	68,6	74,8	75,9
Metropolitan Areas	168	168	212	243	318	277
	Metropolitan Districts	Standard Metropolitan Areas (SMA)		Standard Metropolitan Statistical Areas (SCSA, SMSA)		Metropolitan Statistical Areas (CMSA, MSA, PMSA)

Abb. 66   Abgrenzung der „Metropolitan Statistical Areas" (MSA) in den USA (US DEPART-
MENT OF COMMERCE, WASHINGTON)

Die „Metropolitan Statistical Areas" (MSA) sind ähnlich den „Stadtregionen" und „Verdichtungsräumen" in der Bundesrepublik abgegrenzt (BOUSTEDT war von den Abgrenzungen in den USA beeinflußt). Diesen Abgrenzungen entsprechen auch die „Census Metropolitan Areas" in Kanada, die „Zones de Peuplement Industriel et Urbain" in Frankreich und „Städtische Agglomerationen" in der Schweiz.

Die folgende Tabelle 52 zeigt am Beispiel der Bevölkerung die unterschiedlichen Abgrenzungen der „Standard Consolidated Statistical Areas" (SCSA) und der „Standard Metropolitan Statistical Areas" (SMSA) und die sie ablösenden Abgrenzungen der CMSA und der PMSA (Abb. 49) mit 17,8 bzw. 8,4 Mill. Einwohnern 1984.

Tab. 52   Wohnbevölkerung im Raum New York (unterschiedliche Abgrenzungen)

		1.4.1970	1.4.1980	1.7.1984
			1 000	
New York-Newark-Jersey City				
NY-NJ-Conn. SCSA		17 035	16 121	·
New York NY-NJ SMSA	(Abb. 49)	9 974	9 120	9 211
New York-Northern New Jersey				
– Long Island NY-NJ-Conn. CMSA		18 193	17 539	17 807
Bergen-Passaic NJ PMSA		1 358	1 293	1 299
Bridgeport-Milford Conn. PMSA		444	439	441
Danbury Conn. PMSA		136	170	180
Jersey City NJ PMSA		608	557	560
Middlesex-Somerset-Hunterdon NJ PMSA		852	886	922
Nonmouth-Ocean NJ PMSA		670	849	901
Nassau-Suffolk NY PMSA		2 556	2 606	2 653
New York NY PMSA	(Abb. 49)	9 077	8 275	8 377
Newark NJ PMSA		1 937	1 879	1 875
Norwalk Conn. PMSA		128	127	128
Orange County NY PMSA		221	260	274
Stamford Conn. PMSA		206	199	197

Viele „metropolitan areas" sind politisch stark fragmentiert, am stärksten Chicago: über 1 200 Verwaltungskörperschaften einschließlich Sonder- und Schulbezirke (M. P. CONZEN 1983, S. 149). „Counties" sind die Grundeinheiten der „Metropolitan Statistical Areas". Sie versorgen die Bevölkerung mit wichtigen Dienstleistungen, u.a. Polizei-, Straßen-, Gesundheits- und Sozialdiensten (R. J. JOHNSTON 1981, S. 287).

Als „Megalopolis" [1]) bezeichnete J. GOTTMANN (1961) den von ihm untersuchten großen Siedlungsraum an der Ostküste der USA zwischen Boston und Washington

---

[1]) Megalopolis wurde im 4. Jahrhundert v. Chr. eine Siedlung auf dem Peleponnes genannt, die sich zur größten Siedlung Griechenlands entwickeln sollte.

(„Boswash") und fünf weitere Räume mit mindestens 25 Millionen Einwohnern:
- an den großen Seen mit Chicago, Detroit, Cleveland und Pittsburgh (Chipitts),
- zwischen der englischen Südostküste und Lancashire und Yorkshire mit London, Birmingham, Manchester, Liverpool und Leeds (in diesem Raum leben mehr als zwei Drittel der Bevölkerung von England und Wales),
- in Nord- und Mitteleuropa mit der Randstad Holland und den Räumen Rhein-Ruhr, Rhein-Main, Rhein-Neckar und Stuttgart,
- in Japan mit Tokyo, Yokohama, Nagoya, Osaka-Kobe und
- in China mit Shanghai.

In der von Gottmann untersuchten Megalopolis an der Ostküste der USA, dreihundert Jahre die „Main Street of the nation" (1961, S. 8), lebten 1920 etwa 23 Mio. Menschen, 1976 etwa 44 Mio. (M. YEATES 1980, S. 26), d.h. etwa ein Fünftel der Bewohner der USA lebten auf etwa 2 % der Fläche, „an almost continuous stretch of urban and suburban areas from southern New Hampshire to northern Virginia and from the Atlantic shore to the Appalachian foothills" (1961, S. 3).

Zu den Untersuchungsmerkmalen gehören die Bevölkerungs- und Siedlungsdichte, die Infrastruktur, die Erholungs- und landwirtschaftlichen Räume.

GOTTMANN sah drei weitere Megalopolen entstehen:
- in Brasilien mit Rio de Janeiro und São Paulo
- in Norditalien und Südfrankreich mit Marseille, Turin, Mailand, Genua, Florenz und
- in Kalifornien mit Los Angeles, San Francisco („Sansan" zwischen Santa Barbara und San Diego).

Weder GOTTMANN (1961, 1976) noch andere Autoren, die über große zusammenhängende Siedlungssysteme arbeiten (vgl. H. BLUMENFELD 1979, S. 116), legen theoretisch begründete und operationale Untersuchungen vor, die aufgrund von Struktur und räumlichen Verflechtungen die Abgrenzung eines spezifischen Siedlungstyps rechtfertigen. Wie bei der „Ekistics Logarithmic Scale" mit 12 Klassen, darunter Klasse 6 „large city", 7 „metropolis", 8 „conurbation", 9 „megalopolis" (mit 35 bis 250 Mio. Menschen), 10 „urban region", 11 „urbanized continent" und 12 „ecumenopolis" (J. G. PAPAIOANNOU 1967, S. 31), handelt es sich meist um bloße Größenklassifikationen ohne theoretischen Bezug. Die Bezeichnungen verdecken z.T. auch nur Mystifizierungen analytisch durchaus faßbarer Räume (nach Auflösung in Subsysteme, vgl. C. A. DOXIADIS 1969). Es wird nicht deutlich, daß solche Klassifikationen zu „an understanding of the functional and behavioral aspects of a megalopolis, its internal flows and its interconnections" (J. G. PAPAIOANNOU 1967, S. IV) beitragen können. Es bedarf vielmehr Hypothesen zur Siedlungsorganisation und zu den räumlichen Verflechtungen, die in Funktionalregionen und mehrkernigen Raumsystemen abgebildet werden könnten.

Viele Hauptstadtregionen haben politisch einen Sonderstatus, der sich auch räumlich auswirkt, z.B. seit 1790 Washington D.C.. Bis 1846 war dieser „District of Columbia" ein Quadrat von 16 km Seitenlänge in den Bundesstaaten Maryland und Virginia am Potomac, seither ist er beschränkt auf den Staat Maryland. Andere Beispiele für Hauptstadtregionen sind der „Distrito Especial de Bogotá" in Bogotá (1954), der „District Federal" in Brasilien, der „Capital Federal" in Buenos Aires (1880) und das „Australian Capital Territory" in Canberra (1909).

7.3   Kritik an Abgrenzung und Gliederung der Verdichtungsräume

Kritik betrifft Zahl und Auswahl der Merkmale, Gebietsänderungen und Abgrenzungskonzepte.

1. Mit einem Merkmal oder einer Kombination weniger Merkmale können die Räume sehr komplexer Bevölkerungs- und Wirtschaftsentwicklung nicht erfaßt werden. Bevölkerungsdichte und Einwohner-Arbeitsplatzdichte reichen als Ersatzindikatoren nicht aus und lassen keine Rückschlüsse auf die Gründe der Entwicklungsprozesse, auf positive oder negative Wirkungen der Flächennutzung und Wirtschaftsstruktur zu. Die unterschiedlichen Abgrenzungs- und Gliederungskriterien (Dichteziffern, Struktur- und Verflechtungsmerkmale) führen zu großen Unterschieden in Zahl und Größe der Verdichtungsräume.

2. Strukturmerkmale können Richtung und Reichweite der Raumbeziehungen und Stadt-Umland-Verflechtungen nicht erfassen. Verflechtungsmerkmale werden kaum ausgewiesen und berücksichtigt (vgl. W. NELLNER u.a. 1984).

3. Ex post Daten werden Anforderungen der Stadtentwicklungs- und Regionalplanung nicht gerecht. Notwendig sind normative Zielvorgaben. Eine theroretisch begründete Abgrenzung von Prozeßräumen ist allerdings beim gegenwärtigen Stand der Theoriebildung kaum möglich (vgl. I. SCHILLING-KALETSCH 1979).

4. Um Veränderungen und Entwicklungsprozesse erkennen zu können, bedarf es einer konstanten Gebietsabgrenzung. Durch kommunale Gebietsreformen sind im allgemeinen zu große räumlich-statistische Einheiten entstanden, die einen Vergleich mit älteren Abgrenzungen sehr erschweren.

7.4   Daten für Verdichtungsräume

Seit 1963/64 bemüht sich insbesondere das Internationale Statistische Institut um eine vergleichende Agglomerationsstatistik. Auf eine Anfrage nach den Methoden und Merkmalen der Raumabgrenzungen wurde von den nationalen Statistischen Ämtern in 26 Ländern gemeldet, daß statistische Angaben für Verdichtungsräume nach amtlichen Verwaltungseinheiten ausgewiesen werden: in 16 europäischen Staaten (Bulgarien, Bundesrepublik Deutschland, Dänemark, Finnland, Frankreich, Griechenland, Italien, Jugoslawien, Norwegen, Österreich, Polen, Portugal, Großbritannien,

Schweden, Schweiz und Ungarn) und zehn außereuropäischen Staaten (Australien, Indien, Israel, Japan, Kanada, Südkorea, Neuseeland, Zimbabwe, Südafrika und USA). Nur in fünf Ländern waren die Verdichtungsraum-Abgrenzungen staatlich anerkannt. Die am häufigsten verwandten Merkmale Bebauungsdichte, Bevölkerungszahl und Bevölkerungsdichte sind relativ eindeutig und vergleichbar. Bei anderen Merkmalen bestehen erhebliche Definitionsunterschiede, z.B. bei „Erwerbstätigen" und „Pendlern".

8 Erklärungen der Agglomerationsprozesse

8.1 Faktoren der Siedlungsentwicklung

Nicht jede Siedlung wächst zu einer größeren Stadt, nicht jede größere Stadt zu einem Verdichtungsraum. Räumliche, ökonomische und politische Faktoren bestimmten und bestimmen die Stadtentwicklung, Agglomerationsvorteile stärken, Agglomerationsnachteile schwächen die Entwicklungsdynamik.

Die Bedeutung dieser Faktoren für Bevölkerung und Arbeitsplätze (Stadtwirtschaft) kann sich zudem im Laufe der Zeit ändern, u.a.

- die Bewertung der Lage aufgrund von Verbesserungen der Verkehrs- und Kommunikationsverbindungen, Beispiel Dakar.

- die Bewertung von Ressourcen aufgrund von Bedarfsverschiebungen, Substitutionsmöglichkeiten und Veränderungen der Produktionsprozesse, Beispiel Ruhrgebiet.

- die Bewertung von Handels- und Umschlagplätzen in Verbindung mit organisatorischen Veränderungen, Veränderungen der Verkehrsströme und Infrastruktur, Beispiel Timbuktu (Verlust wirtschaftlicher Funktionen).

- die politisch-gesellschaftliche Bewertung durch den Verlust von Regierungs- und Verwaltungsfunktionen, Beispiel Berlin (West).

Die Änderung wichtiger Faktoren oder der Wegfall einer dominanten Funktion kann zu Rückgang, Stagnation, in seltenen Fällen zum Verschwinden einer ehemals großen blühenden Siedlung führen.

Es fehlen konsistente Erklärungsmodelle der Siedlungsentwicklung mit Annahmen zur Bedeutung und Gewichtung der einzelnen Faktoren, der primären und der sekundären Faktoren (Agglomerationswirkungen).

8.1.1 Räumliche Faktoren der Siedlungsentwicklung

1. Ein wichtiger Erklärungsfaktor der Siedlungsentwicklung ist die *Lage einer Siedlung* (Tab. 53). Lagevorteile sind Initialvorteile, die unabhängig von ökonomischen und politischen Faktoren einen Vorsprung vor weniger lagebegünstigten Konkurrenzstädten und die Siedlungskontinuität erklären können. Lagenachteile hemmen dagegen die Siedlungsentwicklung.

Die Lage einer Siedlung wird unter den Gesichtspunkten Sicherheit, Schutz und Erreichbarkeit im Binnenverkehr und im interkontinentalen Verkehr bewertet:

Schutzlage und ein relativ leichter Flußübergang bestimmten die Anlage der römischen Siedlungen London, Paris, Köln und Frankfurt, die bis heute herausragende Zentren im europäischen Siedlungssystem und Verkehrsnetz geblieben sind. Warschau, Prag, Belgrad und Budapest sind weitere Beispiele günstig gelegener Siedlungen im Verkehrs- und Kommunikationsnetz.

Viele große Städte der Industrieländer und viele Umschlagplätze im Kolonialhandel entstanden an günstigen Hafenplätzen, z.b. New York, Salvador (Bahia), Rio de Janeiro, Rotterdam, Marseille, Lissabon, Abidjan, Lagos, Kapstadt, Daressalam, Istanbul, Bombay, Manila, Shanghai, Tokyo, Sydney. Kinshasa, heute eine Millionenstadt, entstand am Endpunkt eines Binnenschiffahrtsweges (Bucht von Galiema), oberhalb der Katarakte der Livingstonefälle.

Lagebegünstigte Knoten- und Etappenpunkte im inner- und interkontinentalen Handels- und Verkehrsnetz, die zu großen Städten geworden sind, sind z.b. Dakar (Mittelpunktlage zwischen Europa und Südamerika, südlichem Afrika und Nordamerika), Moskau, Aleppo, Kabul, Bombay, Singapur, Jakarta und Hongkong. Novosibirsk, Irkutsk, Nairobi und Lusaka entstanden als günstig gelegene Umschlag- und Bunkerplätze mit dem Bahnbau (transsibirische Eisenbahn, Ugandabahn, Bahn in den Copperbelt).

Der Ausbau der Verkehrswege im 19. und 20. Jahrhundert, insbesondere die Anlage und Führung der Bahnlinien, bedeutete eine Neubewertung der Lage im Siedlungsnetz, ein Impuls für Entwicklung oder Abschließung und Marginalisierung, eine Verstärkung oder Schwächung der Urbanisierungsimpulse.

2. Ein weiterer Entwicklungsfaktor mit starker räumlicher Bedeutung sind *Ressourcen* (Energiequellen, Erze, Wasser, Klima, landschaftliche Reize).

Kohle war z.B. der entscheidende Wachstumsimpuls in Pittsburgh, Birmingham, im Ruhrgebiet und im Donezgebiet, Zinn in Kuala Lumpur, Diamanten in Kimberley, Gold in Johannesburg, Kupfer im Copperbelt Sambias (Ndola, Kitwe) und in der Shabaregion Zaires (Lubumbashi).

In den Räumen Los Angeles und Sydney verstärkt ein günstiges Klima ökonomische und politische Entwicklungsimpulse, ebenso in Nairobi, die Höhe (1600 m) mildert hier die Lage am Äquator (1° südlicher Breite). Das Klima hat erhebliche Auswirkungen auf Lebensweise und Stadtwirtschaft. Bauweise, Lebenshaltungskosten, Transporte, Tourismus werden vom Klima z.B. in Moskau (durchschnittliche Temperaturen im Juli 19 °C, im Januar −10 °C) anders beeinflußt als in Athen (28 °C im August, 10 °C im Januar).

8.1.2 Ökonomische Faktoren der Siedlungsentwicklung

Die Beispiele lassen erkennen, daß räumliche und ökonomische Entwicklungsfaktoren kaum getrennt werden können. Von den vier konkurrierenden Handelsposten an der amerikanischen Ostküste, Boston, New York, Philadelphia und Baltimore, wurde die Entwicklung von Boston und New York durch die Lage begünstigt. Philadelphia blieb z.B. im 19. Jahrhundert hinter New York zurück trotz des Entwicklungsvorsprungs als Hauptstadt der USA bis 1800 und einer höheren Einwohnerzahl. Der Zugang ins Hinterland von Philadelphia (Appalachen) war beschwerlicher als von New York durch das Hudsontal.

Tab. 53 Beispiele günstig gelegener Verdichtungsräume

Verdichtungs-raum	Gründung (Jahrhundert)	Lage	Lage an Fernhandelsstraßen	prägende koloniale Einflüsse
New York	17. (niederländisch)	buchtenreiche Mündung des Hudson, geringe Schwankungen von Ebbe und Flut, eisfreier Hafen		britisch: 1664–1783
Lima	16. (spanisch)	breite Schuttfächer des Rio Rimac, etwa 150 m Höhe, in der Nähe günstige Hafenbucht (Callao)		spanisch: 1535–1821
Santiago de Chile	16. (spanisch)	Schwemmkegel des Rio Mapocho, etwa 550 bis 570 m Höhe, in der Nähe günstige Hafenbucht (Valparaiso)		spanisch: 1541–1818
Salvador (Bahia)	16. (portugiesisch)	Allerheiligen-Bai, bester Hafenplatz an der Ostküste Brasiliens		portugiesisch: 1549–1822
Rio de Janeiro	16. (portugiesisch)	Westufer der Guanarabucht, sehr guter Hafenplatz		portugiesisch: 1566–1822
Oslo	11.	innerste Bucht im Oslofjord		
Stockholm	13.	Inseln und Halbinseln zwischen Mälarsee und Ostsee	x	
London	Keltische Siedlung	Terrassensporn an der Themse	x	
Paris	Gallische Siedlung	Seineinsel, hochwassersicheres Ufer	x	
Berlin	13.	Spreeübergang, Spreeinsel (Cölln)	x	
Rom	8 v. Chr.	Tiberübergang	x	
Moskau	12.	Moskwaübergang	x	
Istanbul (Byzanz/Konstantinopel)	7 v. Chr.	Meerenge des Bosporus und Bucht des Goldenen Horns	x	
Damaskus	18 v. Chr.	günstige topographische Lage	x	römische, arabische und osmanische Einflüsse
Bombay	17.	sehr guter Hafenplatz an der Westküste Indiens	x	britisch: 1661–1947
Jakarta	17.	Mündung des Chiliwung in die Javasee	x	niederländisch: 1610–1950
Beijing	5 v. Chr.	am Rande der Großen Ebene		
Tokyo	8.	am Rande der Kanto Ebene		

Während die Spanier durch Handelsschranken die Entwicklung der Häfen Südamerikas an der Atlantikküste bis 1778 behinderten (H. WILHELMY, A. BORSDORF 1984, S. 54), gründeten die Portugiesen vorrangig Handelsniederlassungen. Mitte des 19. Jahrhunderts begann mit dem Verfall des hierarchisch organisierten kolonialen Städtesystems eine starke Zentralisierung auf die Hauptstädte (Primatstädte) Lateinamerikas als Stützpunkte und Enklaven der von Europa gesteuerten Weltwirtschaft.

Ähnlich wie in Lateinamerika waren viele Städte in Afrika und die meisten großen Städte in Süd- und Südostasien zunächst primär Transport- und Umschlagplätze im Kolonialhandel und im auf Europa zentrierten Weltwirtschaftssystem (Rohstoffe, Güter, in Afrika Sklaven). Industrialisierungsansätze haben die Kolonialmächte aus Furcht vor Konkurrenz meist unterdrückt, z.B. im 19. Jahrhundert die Textilindustrie in Bombay und Dacca.

Städte mit überwiegend gewerblich-industrieller Grundlage weisen erheblich größere wirtschaftliche Brüche und konjunkturelle Schwankungen auf als Städte mit breiter Erwerbsgrundlage im sekundären und tertiären Sektor und Städte mit überwiegend tertiärer Erwerbsgrundlage (Verkehrs-, Handels-, Dienstleistungsfunktionen). Ressourcen geben meist nur eine zeitlang Entwicklungsimpulse. Ehemals stark wachsende Städte mit Bergbau und Montanindustrie mußten große Bevölkerungs- und Arbeitsplatzverluste hinnehmen. Die Anpassungsprobleme altindustrialisierter Verdichtungsräume in Europa und Nordamerika zeigen, daß es zur Umstrukturierung starker politischer und ökonomischer Impulse bedarf, insbesondere wenn ältere gewerbliche Ansätze und überregionale Verwaltungs- und Versorgungsfunktionen fehlen. Im Ruhrgebiet begann die Urbanisierung mit der Industrialisierung etwa um 1840. Bereits seit den 20er Jahren nimmt die wirtschaftliche und gesellschaftliche Bedeutung wieder ab, erkennbar an der Bevölkerungsentwicklung (H. G. STEINBERG 1985, S. 6).

8.1.3 Politische Faktoren der Siedlungsentwicklung

Politische Funktionen können die Siedlungsentwicklung sehr stark beeinflussen, die Zuweisung ebenso wie der Entzug. Ein Beispiel ist Ankara, seit 1923 Hauptstadt der Türkei. Die Stadt hatte im ersten Weltkrieg etwa 25 000 Einwohner, 1980 etwa 1,8 Mio. Einwohner.

Siedlungen mit politischen Funktionen haben meist auch Lagevorteile und ökonomische Funktionen. London, Paris, Berlin und Wien sind Beispiele politischer Zentren in günstiger Lage mit starkem Bevölkerungs- und Wirtschaftswachstum im 19. Jahrhundert, Lagos und Teheran in diesem Jahrhundert. London und Paris waren Zentren großer Kolonialreiche, Berlin und Wien großer Territorialstaaten, Dresden und München, Prag und Budapest Subzentren. Lagos und Teheran sind Hauptstädte energiereicher Länder (Opec-Länder). Aufgrund der politischen Funktion wurden die Regierungs- und Verwaltungseinrichtungen ausgebaut (Parlamentsgebäude, Ministerien), aber auch die Infrastruktur (Bildungs-, Gesundheits-, kulturelle, wissenschaftliche und Verkehrseinrichtungen, u.a. Universität, Krankenhäuser, Theater,

Oper, Museen, Plätze, Achsen). Auch Gewerbe, Handel und Dienstleistungen erhielten durch die politischen Funktionen Entwicklungsimpulse, insbesondere Banken, Versicherungen und Medien. Im Unterschied zu Großbritannien wurde die Wirtschaft in den Landes- und Residenzstädten Deutschlands durch den Hof kräftig gefördert, u.a. in Dresden, Stuttgart und München.

Toronto, New York, Chicago, São Paulo, Bombay, Shanghai, Sydney, Melbourne sind jedoch Beispiele großer, ökonomisch und kulturell führender Städte ohne politisch-administrative Funktionen von überregionaler oder gar nationaler Bedeutung.

Ein Verwaltungssitz war ein starker Entwicklungsimpuls für Kolonialgründungen. Fast alle großen Städte Lateinamerikas wurden im 16. Jahrhundert gegründet, von Spaniern im Unterschied zu den Portugiesen vor allem in zentraler, kontinentaler Lage im Mittelpunkt dichter indianischer Besiedlung. Mexiko Stadt entstand z.B. auf den Ruinen des von Cortez zerstörten Tenochtitlan. Die Stadt war das politische, religiöse und kommerzielle Zentrum des Aztekenreichs. Die archaischen Stadtkulturen Lateinamerikas wurden weitgehend zerstört. Die Neugründungen Mexiko Stadt, Bogotá und Lima wurden als Zentren der Vizekönigreiche gewählt. Wie die antike Stadt verkörpert die spanische Kolonialstadt das Primat der Politik (Gouverneur, Vizekönig, Bischof, oberster Richter) (H. WILHELMY, A. BORSDORF 1984, S. 49).

Eine günstige Lage des Verwaltungszentrums erleichtert die Machtsicherung und Überwachung besetzter und eroberter Räume, Lagevorteile sind jedoch keine Voraussetzung für Entwicklung. So wurden z.B. die Andenstädte Bogotá und Quito trotz ihrer schlechten Erreichbarkeit militärische, politische, kirchliche und kulturelle Zentren in Südamerika. Nahe gelegene Hafenstädte übernahmen die Verbindung zum Mutterland: Cartagena, später Barranquilla und Buenaventura (Bogotá) und Guayaqil (Quito). Die Entwicklung ging entweder von der Küste oder vom Binnenland aus. Gesichtspunkte der Spanier für die Wahl eines Hafenplatzes waren ein gesundes Klima, die Versorgung mit Trinkwasser, eine überschwemmungsfreie Lage und günstige Umschlagmöglichkeiten (H. WILHELMY, A. BORSDORF 1984, S. 51).

Leningrad (1703) ist ein weiteres Beispiel dafür, daß sich weniger günstig gelegene und erreichbare Orte zu großen Städten entwickeln konnten, wenn der Ausbau politisch durchgesetzt wurde (hier von Peter dem Großen).

In Afrika südlich der Sahara gab es im 16. Jahrhundert nur wenige größere Siedlungen und diese fast ausschließlich in Westafrika, u.a. Yoruba- und Haussasiedlungen (z.B. Ife und Kano). Die meisten Städte entstanden erst in der Kolonialphase im 19. Jahrhundert, darunter Monrovia (1822), Dakar (1857), Brazzaville (1883), Kinshasa (1880), Khartoum (1830), Nairobi (1899), Daressalam (1888), Harare (1890). Lusaka und Nouakschott sind Gründungen dieses Jahrhunderts. Koloniale Verwaltungszentren wurden hier wie in Asien meist erst nach dem Zweiten Weltkrieg Hauptstädte oder, wie die vorkolonialen Städte Kairo und Bagdad, erneut Hauptstädte unabhängiger Staaten. Beispiele aus Afrika sind die ehemals britischen Kolonialstädte Kairo (bis 1922), Accra (1957), Lagos (1960), Nairobi (1963), Daressalam (1964) und Lusaka (1964), die französischen Kolonialstädte Dakar und Abidjan

(1960) sowie Kinshasa (1969, belgisch) und Maputo (1975, portugiesisch). Beispiele aus Asien sind die zeitweise britischen Kolonialstädte Bagdad (1932), Colombo (1948), New Delhi (1947) und Rangoon (1948) sowie Jakarta (1949, niederländisch) und Manila (1948, US-amerikanisch).

Bis zur Unabhängigkeit beschränkten sich Investitionen auf koloniale Produktionszonen (Bergbau, Plantagen), Verwaltungs-, Umschlags- und Verkehrseinrichtungen. Danach nahm die Staatstätigkeit stark zu und neue Arbeitsplätze in Behörden, Schulen, Krankenhäusern und Hotels wurden geschaffen.

Ein zeitweiliger oder dauernder Verlust der Hauptstadtfunktion bedeutete meist erhebliche „Verwerfungen" der Bevölkerungs- und Arbeitsplatzentwicklung. Ältere Beispiele für den Bedeutungsverlust politischer Zentren sind Rom und Athen, Babylon und Theben. Jüngere Beispiele sind Salvador (Bahia) (1549 bis 1763 Verwaltungszentrum der portugiesischen Kolonie), Rio de Janeiro (1763 bis 1822 portugiesisch, dann von 1822 bis 1960 Bundeshauptstadt Brasiliens und seit 1960 Hauptstadt des Bundeslandes Rio de Janeiro), Berlin (von 1871 bis 1945 Hauptstadt des Deutschen Reiches), Wien (bis 1918 Hauptstadt der österreich-ungarischen Monarchie, seit 1918 der Republik Österreich), Leningrad (von 1712 bis 1918 Hauptstadt Rußlands), St. Louis (1958 Hauptstadt des Senegal) und Livingstone (von 1911 bis 1935 Verwaltungsort für Nordrhodesien).

Es gibt Städte mit sehr langer ununterbrochener Hauptstadtfunktion und neue Hauptstädte in zentraler Lage. Washington (seit 1800), Guatemala (1775), Caracas (1831), Bogotá (1819), Buenos Aires (1822), Oslo (1814), Stockholm (1634), Kopenhagen (1443), Wien (1533), Athen (1834), Istanbul (395 bis 1922), Teheran (1796), Bangkok (1782), Tokyo (1868, seit 1603 Sitz der Shogunatsregierung) sind Städte mit langer Hauptstadtfunktion. Brasilia (Brasilien), Ankara (Türkei), Yamoussoukro (Elfenbeinküste), Abuja (Nigeria) an der Nahtstelle zwischen islamischem Norden und christlichem Süden, Lilongwe (Malawi), Dodoma (Tansania) sind dagegen Beispiele neuer zentral gelegener Hauptstädte. Politische Funktionen, insbesondere Hauptstadtfunktionen, haben eine starke Wirkung auf die Stadtentwicklung in straff zentralisierten Ländern, wie z.B. Japan, wo alle bedeutenden administrativen Funktionen an Tokyo gebunden sind.

8.2 Agglomerationswirkungen (Vorteile, Nachteile)

Weder Lagevorteile noch ökonomische und politische Funktionen allein können die Konzentration von Betrieben einer Branche und von Produktions- und Versorgungsbetrieben in den Verdichtungsräumen erklären. Es müssen standortspezifische Vorteile hinzukommen, sog. Agglomerations- oder externe Größenvorteile („economies of scale") mit einer allgemeinen, schwer zu quantifizierenden Wirkung auf Standortentscheidungen von Unternehmen und Haushalten.

Zu der Entstehung von Agglomerationsvorteilen können Unternehmen und Haushalte, z.B. als Arbeitskräfte oder Verbraucher sowie Behörden, Verbände, aber auch Infrastruktureinrichtungen, z.b. Forschungs- und Entsorgungseinrichtungen, direkt oder indirekt beitragen. Agglomerationsvorteile entstehen aus der räumlichen Nähe, aus der Nachbarschaft oder nur aus Zugehörigkeit zu einer Bevölkerungs-, Tätigkeits- und Infrastrukturverdichtung.

Im Unterschied zu internen Größenvorteilen, die an ein bestimmtes Unternehmen oder eine bestimmte Einrichtung gebunden sind, streuen externe Größenvorteile. Weder Herkunft noch Empfänger der raumgebundenen Größenvorteile lassen sich eindeutig angeben. Von Unternehmen, Behörden oder Haushalten können auch jeweils nur bestimmte externe Größenvorteile genutzt werden. Vorteile wie Nachteile werden zudem mit der Entfernung vom Entstehungsort schwächer. Innovationen, z.b. neue Informations- und Kommunikationstechnologien, schieben jedoch die Wirkungsgrenzen immer weiter hinaus. Mit der räumlichen Ausweitung der externen Größenvorteile verstärken sich gegenwärtig die interregionalen Ungleichgewichte zwischen den Verdichtungsräumen und den ländlich-peripheren Räumen.

8.2.1 Operationalisierung der Agglomerationswirkungen

Bei der Vielzahl der Verursacher und Betroffenen externer Vorteile oder Nachteile, Nutzen oder Kosten ist eine Messung aller räumlichen Wirkungen einer Bevölkerungs- und Tätigkeitskonzentration nicht möglich, auch nicht bezogen auf einen einzelnen Betrieb. Nur ein Teil der Nutzen und Kosten ist quantifizierbar und läßt sich zuordnen. Noch schwieriger ist eine Bestimmung einzelner Größenwirkungen, Nutzen oder Kosten. Schon die Variablenauswahl (Dienstleistungen, Kontakte, Infrastruktureinrichtungen) ist schwierig. Externe Größenvorteile für kleine Betriebe können durch selbstberrachte Leistungen interne Größenvorteile für große Betriebe oder Unternehmen sein.

Sinnvoll erscheint E. HOOVERS (1937) Unterscheidung der Agglomerationswirkungen in „localization economies" und „urbanization economies", die als Standortersparnisse und Urbanisierungsersparnisse übersetzt werden können.

Unter Standortwirkungen werden Vorteile und Nachteile aus der räumlichen Konzentration gleichartiger Nutzungen verstanden, z.B. von Betrieben einer Branche oder Tätigkeit eines Tätigkeitsbereiches (Industrie, Handwerk, Handel, Versicherungen, private und öffentliche Dienstleistungen).

Urbanisierungswirkungen, Vorteile und Nachteile, entstehen dagegen aus der räumlichen Konzentration verschiedenartiger Nutzungen, Tätigkeiten und Infrastruktureinrichtungen.

8.2.2 Die Bedeutung der Agglomerationswirkungen für Standortentscheidungen

Agglomerationsvorteile oder -nachteile, Nutzen oder Kosten (auch „spill over" Wirkungen oder „Externalitäten" genannt) treffen die Sozialgruppen unterschiedlich. Agglomerationsvorteile werden vor allem von Kapital- und Bodeneigentümern genutzt, sie verbessern die private Nutzen-Kosten-Rechnung und verstärken die Neigung zur Standortpersistenz. Agglomerationsnachteile treffen eher die einkommensschwachen Haushalte als einkommensstarke Haushalte. Die sozialen Zusatzkosten in Verdichtungsräumen mindern nicht nur die Standortqualität für die Wohnbevölkerung, sondern auch für umweltabhängige oder umweltorientierte Tätigkeiten, z.B. für Forschung und Entwicklung.

Viele externe Größenvorteile entstehen nur, weil ein Teil der externen Größennachteile, u.a. Umweltbelastungen, Gesundheitsschäden, von der Allgemeinheit getragen werden. Es wird vermutet, daß diese Kosten mit zunehmender Verdichtung überproportional ansteigen. Da sie von den Verursachern nicht getragen werden, sind die Standortentscheidungen zugunsten der Verdichtungsräume verzerrt. Würden die Kosten den Verursachern zugerechnet, wären Standorte hier weit weniger attraktiv.

Externe Größenvorteile verbessern insbesondere für kleine Unternehmen die Marktstellung. Da diese Unternehmen interne Größenvorteile schwerer erreichen, sind sie mehr als große Unternehmen auf externe Leistungen angewiesen. Die Standortentscheidung ist deshalb für sie wichtiger als für Großunternehmen. Auch eine mit besserer Transport- und Kommunikationstechnologie mögliche größere Standortunabhängigkeit schwächt bisher nicht die Attraktivität der Verdichtungsräume.

Die Standortselektion zugunsten der Verdichtungsräume (wachstumsstarke, konkurrenzfähige Unternehmen) schränkt für Arbeitskräfte die Möglichkeit ein, im ländlichen Raum eine der Ausbildung entsprechende Beschäftigung zu finden und beruflich und sozial aufzusteigen.

In sozialistischen Ländern wird behauptet, Betriebe würden hier so angesiedelt und entwickelt, daß sie auch bei höchsten Anforderungen an Kontakte zu wissenschaftlichen Einrichtungen und an die Qualifikation der Arbeitskräfte Agglomerationsvorteile nutzen können, während in kapitalistischen Ländern arbeitsintensive Betriebe aufgrund der hohen Bodenpreise, Löhne und Steuern aus den Verdichtungsräumen verdrängt würden (G. MOHS, G. JACOB 1977, S. 71).

Durch ökonomische und technische Entwicklungen (u.a. Einkommenssteigerungen, Verbesserungen der Verkehrs- und Kommunikationsmittel und -wege) verliert räumliche Nähe, der wichtigste Konzentrationsfaktor im Urbanisierungsprozeß, für Routinetätigkeiten zunehmend an Bedeutung.

Auch wenn Art und Bedeutung der externen Größenwirkungen nicht annähernd bekannt und operationalisiert sind, wird vermutet, daß Agglomerationsvorteile eine wichtige Variable der Ansiedlungs- und Investitionsentscheidungen von Unternehmen sind. Unternehmerbefragungen stellen diese These scheinbar in Frage. Ihnen ist zu entnehmen, daß die Nähe zu anderen Betrieben, Produktions- und Versorgungsbetrieben zwar Bedeutung habe, jedoch nur eine nachrangige nach Arbeitskräften und Grundstücken. Auch wenn Unternehmerbefragungen die Annahme einer hohen Bedeutung der Agglomerationsvorteile nicht unmittelbar bestätigen, so wird die These doch durch die tatsächlichen Standortentscheidungen und durch die Wachstumsunterschiede zwischen den Verdichtungsräumen gestützt.

Unternehmer in Verdichtungsräumen nennen als wichtigste Standortanforderung zwar zuerst Grundstücksgröße und -preis, Erschließungs- und Investitionsaufwand, doch unterstellen sie offensichtlich als Makrostandort eine größere Stadt oder einen Verdichtungsraum. Sie nennen deshalb nur Anforderungen an den Mikrostandort, die auch eine Verlagerung innerhalb des Verdichtungsraumes bestimmen würden. Ist die Entscheidung über den Makrostandort tatsächlich weitgehend festgelegt und auf wenige Alternativen verkürzt, so würde dies erklären, warum aus Befragungen der Eindruck entsteht, Agglomerationsvorteile spielen bei der Standortwahl eine untergeordnete Rolle. Sie werden „von den Befragten um so eher als wesentlich genannt, je weiter sie von Verdichtungsräumen entfernt sind" (D. FÜRST 1971, S. 208).

Die mangelhafte Operationalisierbarkeit der Agglomerationsvorteile erschwert eine Bestimmung „rationaler" Standorte. Nicht zu erklären ist, welche Ersparnisse ein Standort in einem Verdichtungsraum bringt und welche Bedeutung den nicht meßbaren sozialen Kosten und Nutzen zukommt.

Reaktionen der Haushalte auf Agglomerationswirkungen werden z.T. im Umfang der inter- und intraregionalen Wanderungen der Bevölkerung sichtbar. In Unternehmerbefragungen gewinnt der Wohn- und Freizeitwert umso größere Bedeutung, je mehr die Unternehmer selbst von der Standortwahl betroffen sind und je mehr qualifizierte Arbeitskräfte beschäftigt werden.

Agglomerationsvorteile begünstigen die räumliche Konzentration, Agglomerationsnachteile die Dekonzentration von Bevölkerung und Arbeitsplätzen. Mit zunehmender Größe einer Stadt nimmt die Zuwachsrate des Gesamtnutzens oder der positiven Wirkungen ab, die Zuwachsrate der Gesamtkosten oder negativen Wirkungen wird größer. Vor allem Boden und Umwelt werden immer mehr zu Engpaßfaktoren der Raumentwicklung. Es dürfte deshalb einen Konzentrationsgrad geben, wo die Kostenersparnisse gleich den externen Kosten oder die Grenznutzen gleich den Grenzkosten sind.

Bemühungen, optimale Stadtgrößen oder ein Agglomerations- oder Größenminimum als Voraussetzung für eine eigenständige regionale Entwicklung zu bestimmen, brachten bisher keine befriedigenden Ergebnisse (vgl. z.B. E.v. BÖVENTER 1979). Auch aufwendige ökonomische Studien in den USA zur Produktivität großer Städte konnten keine Effizienzkriterien finden. D. BIEHL, U. A. MÜNZER (1980) versuchten, mit Hilfe des sog. Potentialfaktoransatzes optimale Stadtgrößen zu bestimmen. Dieser Ansatz beruht auf produktionstheoretischen Überlegungen und bezieht insbesondere Ressourcen, darunter naturräumliche Faktoren, ein. Er wird statistisch mit der Regressionsanalyse überprüft. Im Unterschied zu den wiederholt untersuchten Produktionsfaktoren Arbeit und Kapital sind naturräumliche Ressourcen vergleichsweise immobil, d.h. an bestimmte Standorte oder Räume gebunden, sie sind unteilbar wie z.B. die Lage, wenig substituierbar und vielfältig nutzbar (D. BIEHL, U. A. MÜNZER 1980, S. 115—116).

8.2.3   Beispiele für Agglomerationswirkungen

8.2.3.1   Wirkungen der räumlichen Konzentration gleichartiger Nutzungen (Standortwirkungen)

Standortvorteile der räumlichen Konzentration eines Industriezweiges sind z.b. Kostenersparnisse bei der Beschaffung, bei der Produktion oder beim Absatz:

- Lieferanten, Dienstleistungsbetriebe und unteilbare Produktionseinheiten, die sich auf die Bedürfnisse einer Branche spezialisiert haben, bieten Kostenvorteile durch Spezialisierung, Arbeitsteilung und Anpassungsfähigkeit. Sie ermöglichen kurze Bestellzeiten und geringe Lagerhaltung z.b. bei Vorprodukten, Ersatzteilen und Werkzeugen (niedrigere Bezugs- oder Beschaffungskosten).

- Bei erfahrenen und gut ausgebildeten Fachkräften (spezialisierte Arbeitsmärkte) ist die Arbeitsproduktivität höher als bei schlecht ausgebildeten und angelernten Arbeitskräften (niedrige Produktionskosten).

- Durch eine gemeinsame Werbung mit Standort und Produkten kann ein höherer Bekanntheitsgrad und ein positives Herkunftsimage erreicht werden (niedrige Absatzkosten).

Rohstoff- und Metallbörsen sind Beispiele für Standortvorteile im Handel. In Antwerpen wird z.b. mehr als die Hälfte des gesamten Weltumsatzes an geschliffenen Diamanten gehandelt auf einer Fläche kaum größer als ein Quadratkilometer. Hier sind vier der 19 Diamantenbörsen der Erde, mehr als 200 Diamantenschleifereien und Ausrüstungsbetriebe. Das alte Diamantenviertel entstand nach 1945 wieder mit Hilfe der belgischen Regierung (steuerliche Anreize). Andere Welthandelsplätze für Diamanten sind New York, Tel Aviv und Johannesburg.

Geschäftsverbindungen und direkte persönliche Kontakte zwischen in- und ausländischen Unternehmen inmitten großer Märkte sind Vorteile der Konzentration höchstrangiger Dienstleistungen z.b. hochspezialisierter Mode- und Kongreßzentren oder der Bankdienste in New York (Wall Street), São Paulo, London (City), Brüssel, Luxemburg, Frankfurt, Zürich, Bombay, Singapur, Hongkong und Tokyo.

Im Einzelhandel verspricht die Konzentration von Geschäften des mittel- und längerfristigen Bedarfs, z.b. im Bekleidungs- und Schuhhandel, für alle Geschäfte Standortvorteile durch die insgesamt große Auswahl, ein breites Angebot und die Möglichkeit des Leistungsvergleichs, für die Kunden Vorteile durch die große Auswahl und den starken Preis- und Qualitätswettbewerb.

8.2.3.2   Wirkungen der räumlichen Konzentration verschiedenartiger Nutzungen (Urbanisierungswirkungen)

Allgemeine *Urbanisierungsvorteile* großer Städte sind z.b.

- *niedrigere Transportkosten* durch die Nähe zu Lieferanten und Kunden, durch die Nutzung vorhandener Transport- und Umschlageinrichtungen, Verkehrsmittel und -verbindungen im Nah- und Fernverkehr

– *größere Auswahl und Chancen auf den Güter- und Arbeitsmärkten* für Unternehmen und Haushalte, da das Angebot an höherqualifizierten Arbeitskräften und Arbeitsplätzen in großen Verdichtungsräumen erheblich größer ist als außerhalb (vgl. F.-J. BADE 1986)

– *niedrigere Forschungs- und Entwicklungskosten* durch die Konzentration von Kenntnissen, Erfahrungen, Ideen, Anregungen, Know how (Hochschulen, Forschungsinstitute, forschungs- und entwicklungsintensive Unternehmen, hochqualifizierte Arbeitskräfte), Technologietransfer zwischen Forschung, Entwicklung und Produktion

– *niedrigere Ausbildungskosten*, da andere Unternehmen oder der Staat einen Teil der Ausbildungskosten tragen

– *niedrigere Produktionskosten* durch eine hohe Spezialisierung und Kooperationsmöglichkeiten

– *niedrigere Absatzkosten* (Vertriebs-, Kundendienst-, Werbeaufgaben) durch die Nachfrage, das Kaufkraftpotential und den allgemein höheren Bedarf an hochwertigen Gütern und die größere Aufgeschlossenheit für Neuerungen

– *niedrigere Dienstleistungskosten* durch Übertragung von Beratungs-, Wartungs-, Reparatur-, Marktforschungs- oder Werbeaufgaben auf Spezialdienste und von Informationsaufgaben auf Verbände und Interessenvertretungen. Kontakte zu potentiellen Informationsträgern sind in Gebieten mit großer Informationsdichte leichter als außerhalb.

– *geringerer zeitlicher und finanzieller Aufwand* durch die Möglichkeit direkter persönlicher Kontakte zu Lieferanten, Kunden, Behörden, Banken. Die Zentralisierung der politischen, ökonomischen und wissenschaftlichen Steuerungsfunktionen wird z.T. über persönliche Kontakte stabilisiert. Sie begrenzen trotz zunehmender Telekommunikation die räumliche Dezentralisierung der Bürotätigkeiten. Verbindungen über Telefon, Fernschreiber, Fernkopierer, Bildschirm beschleunigen zwar viele Absprachen, ersetzen aber nicht den persönlichen Kontakt.

Stärkere Urbanisierungs- als Standortvorteile sind Grund z.B. für die Konzentration von Unternehmen und Betrieben der Elektro- und Elektronikindustrie in Stuttgart und München (vor dem 2. Weltkrieg in Berlin wegen der Nähe zu Behörden und großen Kunden, u.a. Post, Eisenbahn, Heer, Marine) und für die Konzentration der Bekleidungsindustrie u.a. in Berlin, London, Paris, Mailand, New York, Tokyo (Modezentren, große Absatzmärkte, Arbeitskräfte).

Die Vermutung von Agglomerationsvorteilen in Verdichtungsräumen wird gestützt durch die Standortverteilung

1. der Hauptverwaltungen großer Unternehmen,
2. der staatlichen und privaten Forschungs- und Entwicklungseinrichtungen,
3. der forschungs- und entwicklungsintensiven Industriebetriebe,
4. der kontakt- und informationsintensiven Tätigkeiten,
5. der Auslandsniederlassungen und internationalen Organisationen

1. *Standortverteilung der Hauptverwaltungen großer Unternehmen*
Hauptverwaltungen und Hauptniederlassungen der Groß- und multinationalen Unternehmen (Management- und Kontrollzentren) bevorzugen große Städte, Primatstädte oder Städte der obersten Zentrenhierarchie, in Europa z.b. Stockholm, Kopenhagen, London, Paris, Randstad Holland, Brüssel, Wien, in Lateinamerika z.B. Mexiko Stadt, São Paulo, in Asien z.B. Tokyo, in Australien Sydney und Melbourne. In Ländern mit mehreren etwa gleichrangigen Zentren sind die Hauptverwaltungen weniger konzentriert, z.b. in der Bundesrepublik auf die Räume Rhein-Ruhr (Handel, Industrie), Rhein-Main (Banken), Hamburg, München, Stuttgart, in den USA auf die Räume New York (Industrie, Werbeagenturen), Chicago, Los Angeles, Dallas und Houston (Tab. 54 und 55).

In einigen Verdichtungsräumen kommt es zu starken Konzentrationen von Hauptverwaltungen einer Branche (Urbanisierungs- und Standortvorteile), z.B. sind in Hamburg die meisten Hauptverwaltungen der Erdölkonzerne in der Bundesrepublik, in Düsseldorf der Montankonzerne. Eine Konzentration US-amerikanischer Europaniederlassungen auf London wird durch fehlende Sprachbarrieren, z.B. im Vergleich zu Paris, gefördert.

2. *Standortverteilung der Forschungs- und Entwicklungseinrichtungen*
Forschungs- und Entwicklungseinrichtungen gehen bevorzugt in große Verdichtungsräume. Ein Beispiel aus den USA ist New York, aus der Sowjetunion Moskau, aus Brasilien São Paulo. In den ländlichen Räumen dieser Länder fehlen derartige Einrichtungen und damit auch hochqualifizierte Arbeitsplätze.

In der Bundesrepublik spiegelt die Standortverteilung der Forschungs- und Entwicklungseinrichtungen die Vergabe staatlicher und industrieller Forschungsmittel wieder. Die staatliche Forschungsförderung verstärkt die räumliche und wirtschaftliche Konzentration, wenn sie Forschung und Entwicklung vor allem dort fördert, wo es Initiativen der Industrie gibt: in Verdichtungsräumen und in großen Unternehmen. In peripheren ländlichen Räumen, in denen die Entwicklung und Umsetzung von Innovationen gefördert werden soll, fehlen nicht nur öffentliche Forschungs- und Entwicklungseinrichtungen; hier gibt es Teilräume ohne ein einziges öffentlich gefördertes Forschungs- und Entwicklungsprojekt.

In der ersten Phase des Produktzyklus, Forschung und Produktentwicklung, sind Urbanisierungsvorteile besonders wichtig. Sie verringern die Suchkosten und Risiken. Die starke Entwicklung der Mikroelektronik entlang des Autobahnringes um Boston (R 128) wurde nicht nur durch Forschungs- und Entwicklungseinrichtungen (MIT, Harvard) gefördert, sondern auch durch vorhandene Betriebe der Mikroelektronik, durch die Größe des Marktes sowie durch das Standortimage und den Wohn- und Freizeitwert.

In den USA ist eine Tendenz zur Dekonzentration der Forschungs- und Entwicklungseinrichtungen innerhalb des Zentrensystems von größeren in kleinere Zentren erkennbar, aber nicht in ländliche Räume. Es gibt jedoch bisher keine Hinweise auf einen allgemeinen Dezentralisierungstrend der Forschungs- und Entwicklungseinrichtungen (E. J. MALECKI 1979, J.R.L. HOWELLS 1984).

Tab. 54 Hauptverwaltungen der größten Unternehmen der Bundesrepublik Deutschland 1982

Verdichtungs-räume (1)	Industrie-unternehmen (2)	Dienstleistungs-unternehmen (2)	Handels-unternehmen (2)	Banken (3)	Versicherungen (4)	insgesamt	%
Rhein-Ruhr	77	17	53	11	16	174	29
Rhein-Main	41	7	11	15	6	80	13
Hamburg	25	7	19	3	7	61	10
München	22	3	8	7	7	47	8
Stuttgart	20	5	6	3	3	37	6
Rhein-Neckar	14	6	1	2	–	23	4
Alle Standorte	308	62	130	50	50	600	100

(1) Abgrenzung 1970
(2) Hauptverwaltungen und Verwaltungen der Tochtergesellschaften
    der 500 größten Unternehmen
(3) 50 größte Banken
(4) 50 größte Versicherungen

Quelle: zusammengestellt nach E. SCHMACKE (Hrsg.) 1983

Tab. 55 Hauptverwaltungen der größten Unternehmen der USA 1981

Verdichtungsräume	Industrie	Einzel-handel	Geschäfts-banken	Lebens-versicherungen	Werbe-agenturen	Insgesamt 1981	1970
1. *New York*							
New York City	35	6	11	7	37	103	153
andere Standorte	21	5		2		34	20
2. *Chicago*							
Chicago	11	4	4	1	3	28	37
Suburbs	6	3		1		13	6
3. *Los Angeles*							
Los Angeles	9	3	3	2	3	24	24
Suburbs	4			1		6	6
4. *Dallas*							
Dallas	5	2	3	1	2	18	9
Suburbs							
5. *Houston*							
Houston	6		2	1		17	6
Suburbs							
6. *Philadelphia*							
Philadelphia	2	1	2	2		8	18
andere Standorte	4	1				7	4
7. *Detroit*							
Detroit	3		2			7	14
Suburbs	4	1	1		1	7	3
8. *San Francisco*							
San Francisco	3		3			8	11
andere Standorte	2	2				6	6
Sonstige Städte	85	22	19	32	4	214	183
Alle Standorte	200	50	50	50	50	500	500

Quelle: zusammengestellt nach FORTUNE MAGAZINE 1982

Nicht nur in westlichen Industrieländern und in Schwellen- und Entwicklungsländern sind die Verdichtungsräume Zentren von Forschung und Entwicklung, sondern auch in sozialistischen Ländern, z.B. in der Sowjetunion Moskau (vgl. F.E.I. HAMILTON 1976). In Hochschulen, Forschungsinstituten und Laboratorien Moskaus sind mehr als ein Fünftel aller Beschäftigten der Sowjetunion in Forschung und Entwicklung tätig.

3. *Standortverteilung forschungs- und entwicklungsintensiver Industriebetriebe*
Nicht nur Hauptverwaltungen und Forschungs- und Entwicklungseinrichtungen der Großunternehmen, sondern auch deren Produktionsstätten sind überdurchschnittlich häufig in Verdichtungsräumen, insbesondere die stark wachsende pharmazeutische, die elektrotechnische und die elektronische Industrie. In der Bundesrepublik sind z.B. in Stuttgart nicht nur die Hauptverwaltungen großer Elektro- und Elektronikunternehmen (Bauknecht, Bosch, IBM, Hewlett Packard), sondern auch Produktionsbetriebe dieser Unternehmen. „Allein in den Kerngebieten der sechs größten deutschen Verdichtungsräume in der Bundesrepublik – Hamburg, Ruhr, Rhein, Rhein-Main, Stuttgart und München – sind fast 40 v.H. aller Beschäftigten in Forschung und Entwicklung tätig; der Anteil am Leitenden Verwaltungsbereich betrug sogar 43 v.H. und der an den Beschäftigten in Unternehmensberatung, EDV und Marketing war mit fast 50 v.H. noch höher. Zum Vergleich hatten 25 v.H. aller in der Bundesrepublik Beschäftigten in diesen Verdichtungszentren ihren Arbeitsplatz.

Entsprechend sieht die Wirtschaftsstruktur in diesen Regionen aus. Nur jeder vierte Beschäftigte war dort 1983 im Fertigungsbereich tätig; in den peripher gelegenen und gering verdichteten Regionen der Bundesrepublik war es dagegen jeder zweite." (F.-J. BADE, H. JACOBY 1986, S. 4).

4. *Standortverteilung kontakt- und informationsintensiver Tätigkeiten*
Verdichtungsräume sind bevorzugte Standorte kontakt- und informationsintensiver Tätigkeiten, insbesondere der Banken, Versicherungen, Massenmedien (Verlage, Rundfunk- und Fernsehanstalten), Verbände und Messen. Hier ist der Anteil tertiärer Tätigkeiten der Industrie überdurchschnittlich hoch, ebenso spezialisierter Dienstleistungen, wie z.B. Service- und Beratungszentren der Datenverarbeitung und Einrichtungen der Kommunikations- und Reproduktionstechnik.

New York, London, Paris, Frankfurt, Moskau, Tokyo sind nationale Druck-, Verlags-, Funk- und Fernsehzentren.

Städte sind allgemein Konzentrationspunkte der telefonischen, brieflichen, formellen und informellen Kontakte. Die Intensität dieser Kontakte nimmt mit der Entfernung schnell ab. Nach schwedischen und britischen Untersuchungen ist ein hoher mit der Ortsgröße zunehmender Anteil der Kontakte lokal orientiert. Lokalen Kontakten folgen der Bedeutung nach zwischenstädtische Kontakte, dann Kontakte ins Ausland.

Weltbörsen haben den Standort in großen Verdichtungsräumen, in New York, London, Paris, Frankfurt, Zürich, Tokyo und seit Anfang der 70er Jahre in Sydney. Mit der weltwirtschaftlichen Schwerpunktverlagerung von Europa nach Ostasien nimmt insbesondere die Bedeutung der Tokyo-Börse zu.

Messen entwickeln sich immer mehr von Verkaufsmärkten zu umfassenden Kontakt-, Informations- und Beratungsforen. Großmessen mit weltweiter Beachtung finden u.a. in Hannover (Industriemesse), in Frankfurt (Automobilausstellung) und in Leipzig (Frühjahrsmesse) statt.

Die beiden größten deutschen Kongreßzentren, das ICC in Berlin (seit 1979) und das CCH in Hamburg (1972), ziehen etwa zwei Fünftel aller Kongresse in der Bundesrepublik und Westberlin an.

5. *Standortverteilung der Auslandsniederlassungen und internationaler Organisationen*
Auslandsniederlassungen, internationale Organisationen und die Zahl der Besucher sind Ausdruck der Attraktivität einer Stadt.

Urbanisierungs- und Standortvorteile bestimmen z.b. die Standortverteilung japanischer Unternehmen in der Bundesrepublik. Die meisten japanischen Unternehmen in der Bundesrepublik gibt es in Düsseldorf (hier leben etwa 6 000 Japaner) vor Hamburg und Frankfurt (vor allem Banken). Japanische Vereine, Restaurants, das japanische Handelszentrum und, besonders wichtig, die japanische Schule begünstigen den Zuzug weiterer japanischer Unternehmen. Mehr Auslandsjapaner als in Düsseldorf arbeiten allerdings in New York, Hongkong, São Paulo, Los Angeles, Singapur, Bangkok und Jakarta (E. ZIELKE 1982, S. 85). Düsseldorf ist jedoch der bedeutendste europäische Standort japanischer Unternehmen (zentrale Lage in Europa, Nähe zum Ruhrgebiet und zu Hauptverwaltungen der Montankonzerne, Ansiedlungsförderung).

Hamburg ist der wichtigste europäische Standort im Chinahandel, begünstigt durch lange Handelsbeziehungen (seit 150 Jahren) und Kontakte mit China im Import-, Export- und Transportgeschäft. Hier leben etwa 1800 Chinesen.

In besonderem Maße orientiert an Identifikationspunkten (z.b. am Eiffelturm in Paris, am Kreml in Moskau) und Urbanisierungsmerkmalen ist der Weltstadttourismus. Vergnügungsbetriebe, Kneipen, Hotels, gastronomisches Angebot (von der lokaltypischen Küche bis zu Spitzenleistungen der internationalen Küche), Museen, kulturelle Veranstaltungen, das Image und das unverwechselbare Flair der Städte leiten die Touristen- und Besucherströme. Beispiele touristisch besonders attraktiver Verdichtungsräume sind San Francisco, Rio de Janeiro, London, Kopenhagen, Berlin, Leningrad, Paris, München, Rom, Wien, Budapest, Istanbul und Tokyo. Tokyo erfährt z.B. gegenwärtig einen starken Bauboom neuer Groß- und Luxushotels.

8.2.3.3 Urbanisierungsvorteile für die Wohnbevölkerung

Urbanisierungsvorteile werden unterschiedlich wahrgenommen. Urbanisierungsvorteile aus der Sicht der Bewohner eines Verdichtungsraumes sind z.B. ein breites Arbeitsplatzangebot, vielfältige Aus- und Weiterbildungsmöglichkeiten, relativ hohe Einkommen (vgl. Tab. 56), ein breites Güter- und Dienstleistungsangebot,

„Weltstadtatmosphäre". Viele große Verdichtungsräume sind herausragende Kulturzentren (Theater, Konzerte, Museen, Ausstellungen, Galerien), z.B. New York, Los Angeles, Mexiko Stadt, London, Paris, Dakar, Moskau, Beijing, Tokyo.

Tab. 56   Räumliche Unterschiede der Einkommen und Baulandpreise
in der Bundesrepublik Deutschland (Durchschnittswerte)

	Monatseinkommen der Industrie- beschäftigten in der Bundesrepublik		Baulandpreise in der Bundesrepublik	
	1981 DM	1970–1981 %	1981 DM	1970–1981 %
Regionen mit großen Verdichtungsräumen				
Kernstädte	3 289	+ 143	283	+ 218
Hochverdichtetes Umland	3 034	+ 146	171	+ 298
Sonstiges Umland	2 765	+ 143	88	+ 319
Ländlich geprägte Regionen	2 599	+ 140	64	+ 205

Quelle: BUNDESFORSCHUNGSANSTALT FÜR LANDESKUNDE UND RAUMORDNUNG, BONN

Religiöse Funktionen sind eng mit kulturellen Funktionen verbunden und stärken zusätzlich die Attraktivität eines Raumes, z.B. in Rom (Weltzentrum des Katholizismus).

Betriebswirtschaftlich gesehen sinkt die Bedeutung der Urbanisierungsvorteile, da die Umweltbeziehungen der Unternehmen immer mehr standardisiert und routiniert und dadurch auch räumlich leichter dezentralisiert werden können. Volkswirtschaftlich gesehen bleiben Urbanisierungsvorteile wichtig, da die knappen finanziellen Mittel rational verwendet werden müssen, u.a. für den Ausbau und die Unterhaltung der Infrastruktur.

8.2.3.4   Urbanisierungsnachteile für Wirtschaft und Bevölkerung

Auch Urbanisierungsnachteile werden von Unternehmen und Haushalten unterschiedlich wahrgenommen. In Untersuchungen und Berichten werden u.a. genannt:

– *Überfüllung (Übernutzung)* und *Infrastrukturengpässe.*

– *Hoher Flächenverbrauch durch Siedlungen und Infrastruktur* (Verlust an guten landwirtschaftlichen Böden, an Grün- und Freiflächen, Bäumen und Biotopen).

Der Flächenverbrauch ist verbunden mit hohen und steigenden Grundstückspreisen (vgl. Tab. 56, Beispiel Bundesrepublik) und Mieten (starke Flächenkonkurrenz trotz Hochbauten und Verlagerung von flächenextensiven Tätigkeiten in den suburbanen Raum). In Entwicklungsländern nimmt vor allem um große Städte durch Abholzung (Brenn- und Bauholz) die Vegetationsverarmung und Bodenerosion zu, am Rande der Trockenräume die Desertifikation (tiefe Eingriffe in das ökologische System).

— *Hoher Wasserverbrauch durch Übernutzung der Reserven* (benachbarte Räume werden dadurch zu Wassermangelgebieten).

Naturnahe Ökosysteme, landwirtschaftliche Nutzflächen und die Bodenstruktur werden geschädigt durch eine Absenkung des Grundwasserspiegels und Umleitung großer Wassermengen aus dem bisherigen Systemverbund. Großflächige Bodensenkungen aufgrund des hohen Wasserverbrauchs erforderten z.b. in London, Bangkok, Shanghai, Osaka und Tokyo Schutzdeiche gegen Hochwasser und Überflutung.

— *Zunahme des privaten und Abnahme des öffentlichen Verkehrs.*

Durch die Zunahme des Individualverkehrs erhöht sich der zeitliche und finanzielle Aufwand für Arbeitskräfte, Lieferanten, Kunden und Besucher (Stauungen, geringere Durchschnittsgeschwindigkeit, Park- und Zufahrtsprobleme, höheres Unfallrisiko).

— Höhere Kommunalsteuern und Abgaben aufgrund des hohen *Finanzbedarfs und der hohen Verschuldung der Städte.* (Folgekosten der Infrastrukturinvestitionen, Sozialleistungen aufgrund der unausgewogenen Bevölkerungsstruktur).

Strittig ist, ob der ländliche Raum die Städte subventioniert (vgl. J. F. LINN 1982, S. 646).

— Für Unternehmen *höhere Arbeitskosten* (höheres Lohn- und Gehaltsniveau aufgrund der starken Konkurrenz um Fachkräfte).

— Für die Bevölkerung die *Konzentration umweltbelastender und risikoreicher Anlagen und Betriebe* (Flughäfen, Kraftwerke, Raffinerien, Industrie).

Emissionen durch Kraftwerke, Industrie, Gewerbe, Verkehr und Hausbrand (Luft- und Gewässerverschmutzung) und Lärm mindern die Umweltqualität. Hinweise auf mikroklimatische Veränderungen sind z.b. höhere Temperaturen in der Stadt gegenüber dem Umland (vgl. Abb. 67), eine Zunahme der Nebel- und Regentage und eine Verringerung der Strahlungsintensität und des Windaustausches. Windwirbel hinter Hochhäusern können ein Aufsteigen von Staub und Abgasen in die Hochatmosphäre verhindern (vgl. R. NEUWIRTH 1974). Wie zwischen Dichte und Wahrnehmung der Dichte ist zwischen Schall und Lärm zu unterscheiden. Schall ist meßbar, Lärm wird wie Dichte subjektiv erfahren. Allgemein ist die Sensibilisierung für Umweltschäden gestiegen.

— Für die Bevölkerung auch die hohe *Nutzungsdichte.*

Dichte wird als Streß und Belastung empfunden. Mögliche Folgen sind Krankheiten, Drogenabhängigkeit und Kriminalität. Die Befunde über den Zusammenhang von Dichte, physischen und psychischen Krankheiten, Kriminalität und sozialem Verhalten sind widersprüchlich. In Tokyo ist z.B. trotz im Durchschnitt höherer Bevölkerungsdichte als in New York (144 Einw. bzw. 91 Einw. je ha 1980) die Gewalttätigkeit (u.a. Mord, Raubüberfall) weit geringer. Auch das Drogenproblem ist in Tokyo geringer. Variablen der Bewertung der Nutzungsdichte sind u.a. der Sozialstatus und die Art der Bebauung. Slumgebiete z.B. in Boston, New York, Philadelphia haben eine vergleichsweise geringe Bevölkerungsdichte. Mehr als von der Bevölkerungsdichte wird die Raumbewertung von der Nutzungsmischung bestimmt.

Mit großen Städten wird sowohl Uniformität, Anonymität, Entfremdung, Verlust von emotionaler Bindung an die Kommune assoziiert als auch die Möglichkeit, sich sozialer Kontrolle und Handlungszwängen entziehen zu können.

Mexiko Stadt, London, Athen, Ankara und Manila sind einige Verdichtungsräume mit sehr starker Umweltbelastung. In Athen z.b. verursacht die „Wolke" („de nepos"), ein Gemisch aus Giftgas und Schadstoffen, Beschwerden bei Menschen und Schäden an Gebäuden. Hohe Industrieemissionen und unzureichende Abgaskontrolle bei Fahrzeugen und Heizungen verstärken hier die Luftverschmutzung einer

Stadt in Kessellage mit häufiger Inversionswetterlage. In Halle nahm vor allem aufgrund der Industriekonzentration die Zahl der jährlichen Nebeltage von 13,5 im Zeitraum 1891 bis 1900 auf 59,5 im Zeitraum 1961 bis 1970 zu (K. BILLWITZ, H. KUGLER 1980, S. 30).

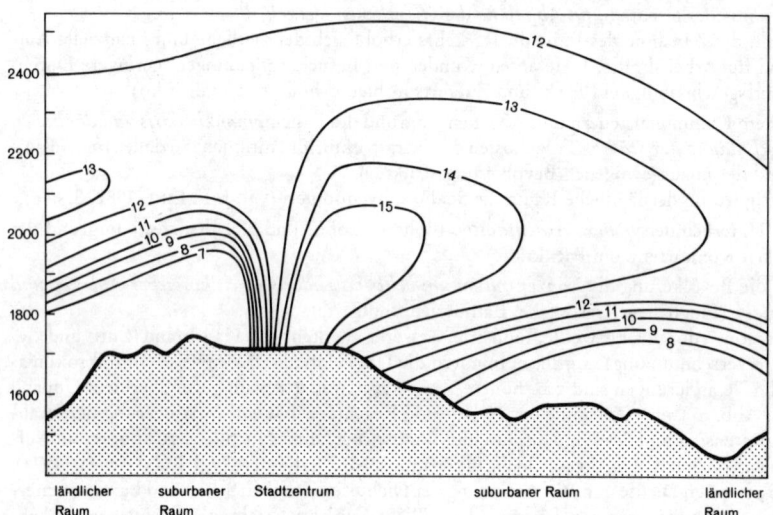

Abb. 67   Temperaturunterschiede im Raum Johannesburg (P. D. TYSON u.a. 1972, S. 540)

Tab. 57   Urbanisierungsvorteile und -nachteile in Verdichtungsräumen (Beispiele)

	Urbanisierungsvorteile				Urbanisierungsnachteile		
	bedeutender Industriestandort	internationales Handelszentrum	Finanzzentrum	Forschungs- und Entwicklungszentrum	Kulturzentrum	hohe Umweltbelastungen	großer Wohnungsmangel	sehr hohe Kriminalität und Gewalttätigkeit
New York	x	x	x	x	x	x	x	x
Los Angeles	x			x		x	x	x
Mexiko Stadt	x				x	x	x	x
São Paulo	x	x	x	x		x	x	x
Athen	x				x	x	x	
Bombay	x			x		x	x	x
Singapur	x	x	x			x	x	
Shanghai	x					x	x	
Hongkong	x	x	x			x	x	
Lagos	x					x	x	x

Daß bei entschlossener Minderung der Emissionsquellen relativ schnell deutliche Verbesserungen der Luftqualität erreicht werden können, zeigt das Beispiel Tokyo. Tab. 57 nennt für einige große Verdichtungsräume sowohl bedeutende Urbanisierungsvorteile (Industrie-, Handels-, Finanz-, Forschungs-, Entwicklungs-, kulturelle Tätigkeiten) als auch z.T. gravierende Urbanisierungsnachteile, die die Lebens- und Tätigkeitsbedingungen stark einschränken (hohe Umweltbelastungen, großer Wohnungsmangel, sehr hohe Kriminalität und Gewalttätigkeit).

Tab. 58   Preis- und Lohnniveau in 49 großen Städten der Industrie-, Schwellen- und Entwicklungsländer 1985

Preisniveau mit Miete Zürich = 100		Lohnniveau netto Zürich = 100		Jahreseinkommen Primarschullehrer	
(1)		(2)		(3)	1 000 Fr.
1. Abu Dhabi	212	1. Los Angeles	128	1. Abu Dhabi	55,0
2. New York	207	2. New York	126	2. Genf	53,9
3. Tokyo	201	3. Chicago	126	3. New York	52,4
4. Lagos	195	4. Houston	119	4. Zürich	51,6
5. Dschidda	172	5. Tokyo	104	5. Toronto	48,3
6. Manama (Bahrain)	171	6. Toronto	102	6. Los Angeles	47,8
7. Chicago	165	7. Zürich	100	7. Dschidda	46,4
8. Panama	144	8. Dschidda	80	8. Montreal	44,4
9. Los Angeles	141	9. Oslo	80	9. Chicago	43,3
10. Houston	140	10. Abu Dhabi	78	10. Houston	43,1
.					
.					
.					
42. Bombay	79	42. Rio de Janeiro	20	42. Rio de Janeiro	6,2
43. Luxemburg	78	43. Lissabon	17	43. Bangkok	4,9
44. Amsterdam	74	44. Bangkok	14	44. Bogotá	4,8
45. São Paulo	72	45. Istanbul	13	45. Manila	2,7
46. Rio de Janeiro	62	46. Jakarta	12	46. Istanbul	2,6
47. Lissabon	61	47. Kairo	11	47. Jakarta	2,6
48. Istanbul	60	48. Manila	9	48. Kairo	2,5
49. Bangkok	59	49. Bombay	8	49. Bombay	2,0

(1) Kosten eines nach den Verbrauchsgewohnheiten gewichteten Warenkorbes mit 126 Gütern und Dienstleistungen, darunter 7 Mietpreisen
(2) Effektive Stundenlöhne von 12 Berufen (u.a. Primarschullehrer, Autobusfahrer, Automechaniker, Koch), gewichtet nach der Berufsverteilung; netto: nach Abzug von Steuern und Beiträgen an gesetzlich vorgeschriebene oder ortsübliche Sozialversicherungen
(3) seit etwa 10 Jahren im staatlichen Schuldienst, etwa 35 Jahre alt, verheiratet, ohne Kinder (nach Abzug der Steuern und Sozialabgaben)
Umfrage in der 1. Hälfte 1985, insgesamt etwa 20 000 Preis- und Lohnangaben

Quelle: R. ENZ, E. MÄDER 1985 (SCHWEIZER BANKGESELLSCHAFT, ZÜRICH

Kriterien für Urbanisierungsvorteile sind das BIP (Bruttoinlandsprodukt) pro Kopf und das Lohn- und Einkommensniveau, Kriterien für Urbanisierungsnachteile die Bodenpreise und das Preisniveau (Lebenshaltungskosten). Tab. 58 zeigt, daß die Lohn- und Einkommensunterschiede zwischen den verglichenen 49 Städten wesentlich größer sind als die Unterschiede im Preisniveau. Ein etwa zehn Jahre im Schuldienst tätiger Primärschullehrer verdient z.b. in Abu Dhabi, Genf, New York und Zürich mehr als zwanzigmal soviel (umgerechnet in Schweizer Franken) wie ein Kollege in Bombay, Kairo, Jakarta, Istanbul und Manila. Das Preisniveau ist dagegen in Abu Dhabi nur etwa drei- bis viermal so hoch wie in den untersuchten Städten mit dem niedrigsten Preisniveau (Bangkok, Istanbul).

8.2.3.5 Urbanisierungswirkungen in den Räumen Frankfurt und London

1. *Frankfurt/Main*

Frankfurt ist die Stadt mit der höchsten *Produktionsleistung* pro Kopf (1982) in der Bundesrepublik und dem zweithöchsten Beschäftigtenanteil im tertiären Sektor (AZ 1970: Hamburg 64 %, Frankfurt 62 %, AZ 1977: Frankfurt 68 %). Die Stadt ist seit Jahrhunderten *Verkehrsknoten, Banken- und Handelsplatz*. Die territoriale Entwicklung in Deutschland und der Funktionsverlust von Berlin nach dem 2. Weltkrieg haben die Lage- und Standortvorteile noch verbessert. Frankfurt ist ein bedeutender Schnittpunkt im europäischen Straßen-, Bahn-, Flug- und Fernmeldenetz. Hier ist der größte Personenbahnhof, die größte Paketumschlagstelle, der größte Flughafen und das größte Fernmeldeamt der Bundesrepublik. Die zunehmende Internationalisierung der Stadt als Verkehrs- und Bankenplatz wird in Bürohochhäusern, Spitzenmieten und Expansionsplänen sichtbar.

Nach New York Kennedy, Chicago O'Hare, Los Angeles International ist Frankfurt der viertgrößte Umschlagplatz von Luftfracht (1980) vor Tokyo Narita, Paris Charles de Gaulle, Miami, London Heathrow, Amsterdam und Hongkong. Nach Passagieren folgt Frankfurt an zweiter Stelle in Europa hinter Heathrow. 1980 entfielen 72 % der Luftfracht, 59 % der Luftpost und 35 % der Passagiere der Bundesrepublik auf Frankfurt.

In Frankfurt befinden sich jedoch nicht nur die bedeutendsten Umschlageinrichtungen des nationalen und internationalen Güter- und Personenverkehrsnetzes, sondern auch die Verwaltungszentralen und Interessenvertretungen der Verkehrswirtschaft: die Hauptverwaltung der Deutschen Bundesbank, die Bundesanstalt für Flugsicherung, Vertretungen ausländischer Eisenbahnen, mehr als 100 internationale Luftverkehrsgesellschaften, Spitzenverbände des Straßenverkehrs, mehr als 50 ausländische Fremdenverkehrsvertretungen und zahlreiche internationale Speditionen. Frankfurt baut die Stellung als ein europäisches Bankenzentrum aus. Hier hatten Anfang 1987 mehr als 400 Kreditinstitute und Repräsentanzen, davon etwa 250 aus dem Ausland, einen Standort. Sie konzentrierten sich auf das Viertel rund um den Opernplatz. Zu den herausragendsten Instituten gehören die Deutsche Bundesbank, die Hauptverwaltungen der privaten und öffentlichen Großbanken, Genossenschafts- und Geschäftsbanken aus allen Erdteilen mit weltweitem Servicenetz. Mehr als die Hälfte aller Bankgeschäfte der Bundesrepublik mit dem Ausland wird in Frankfurt getätigt. In Frankfurt hat auch die größte deutsche Wertpapierbörse (gegründet 1585) und die fünftgrößte Börse der Welt ihren Standort. Vor allem das internationale Wertpapiergeschäft ist auf Frankfurt konzentriert. Auf die Frankfurter Börse entfällt etwa die Hälfte der Umsätze der acht deutschen Wertpapierbörsen und drei Viertel der Umsätze mit ausländischen Wertpapieren. Fast 5 900 in- und ausländische Wertpapiere werden hier gehandelt, darunter 400 Aktien.

Frankfurt ist jedoch nicht nur ein bedeutender Verkehrs- und Bankenplatz. Hier ist auch der Standort von etwa 150 Versicherungsunternehmen, etwa 200 Werbeagenturen, 130 Verlagen und von Messen mit internationaler Bedeutung, u.a. der Automobilausstellung, der Buch- und Pelzmesse. Eine Herbstmesse gibt es bereits seit dem 12. Jahrhundert in Frankfurt, eine zweite jährliche Messe seit dem 14. Jahrhundert. Werbeagenturen, werbevorbereitende Unternehmen, wie Markt- und Meinungsforschungsinstitute, Hersteller und Gestalter von Werbemitteln, u.a. Graphiker, Texter, Druck- und Klischeeanstalten, bilden einen eng verbundenen und räumlich zusammendrängenden Tätigkeitskomplex. In Frankfurt befinden sich auch bedeutende Groß- handelsunternehmen und mehr als 30 Bundesverbände des Handels.

Die Industriestruktur bestimmen insbesondere kapital- und forschungsintensive Industriebe- triebe der chemischen Industrie, der Elektroindustrie, des Maschinen- und Anlagenbaus und der Ernährungsindustrie. Diese Branchen beschäftigen fast drei Viertel der Industriearbeitskräfte und haben am Industrieumsatz einen Anteil von vier Fünfteln (1984). Frankfurt haben auch die Fachverbände dieser Branchen als Standort gewählt, der Verband der Chemischen Industrie, der Zentralverband der elektrotechnischen Industrie und der Verein Deutscher Maschinenbauan- stalten. Der Exportanteil am Industrieumsatz ist mit 43 % weit höher als in Stuttgart, München, Düsseldorf und Köln und zeigt die Leistungsstärke und starke weltwirtschaftliche Einbindung der Frankfurter Industrie.

Frankfurt ist Standort bedeutender Institute der Industrieforschung u.a. des größten kommer- ziellen Forschungsinstituts der Bundesrepublik, Battelle, und bedeutender Fachinformations- und Dokumentationsstellen, Verkaufsbüros und Repräsentanten nationaler und internationaler Unternehmen.

Die Urbanisierungs- und Standortvorteile werden durch Urbanisierungs- und Standortnach- teile beeinträchtigt, z.T. kompensiert, u.a. durch den hohen Flächenverbrauch, die hohe Ver- kehrs- und Bebauungsdichte, die Emissionen, hohe Kommunalsteuern, Abgaben und Arbeits- kosten und die hohe Verschuldung. Nach den Stadtstaaten Bremen, Berlin (West), Hamburg war Frankfurt 1982 pro Kopf am stärksten verschuldet (4 795 DM). Die sozialen Kosten treffen auch das Umland, u.a. die Schäden durch Grundwasserabsenkungen im Hessischen Ried und im Nidda-Wetteraukreis.

2. London

London kann neben Paris als der europäische Verdichtungsraum mit Weltgeltung angesehen werden. In London konzentrieren sich auf wenigen Quadratkilometern die bedeutendsten bri- tischen Banken und mehr als 450 Auslandsbanken (1960: 73, 1970: 158, 1982: 428, M. BATEMAN 1985, S. 77), Kapitalanlagegesellschaften, Makler, Versicherungen, Handels- und Investmentge- sellschaften. Zwei Drittel des Weltfrachtgeschäftes werden in London versichert. Die Lloyd- Versicherung, vor 300 Jahren gegründet, heute im Eigentum von über 17 000 Privatanlegern, ist in Syndikaten organisiert, von denen etwa 70 auf Schiffahrtslinien, 20 auf Fluglinien spezialisiert sind.

Die Londoner Rohstoff- und Metallbörse ist ein Zentrum des Welthandels u.a. mit Zinn, Kup- fer, Gold, Diamanten, Kaffee, Kakao, Zucker, Sisal, Kautschuk, Wolle (Finanzierung, Versiche- rungen, Organisation der Lagerung, Beratung, Terminierung). In London werden die Welt- marktpreise u.a. für Gold und Diamanten festgelegt. Das Monopolbüro von De Beers verkauft 80 % der Weltdiamantenförderung.

In London ist der größte Geldmarkt der Erde entstanden. Der Tagesumsatz der Londoner De- visenbörse wurde Ende 1985 auf etwa 49 Mrd. Dollar geschätzt (der New Yorker Devisenbörse auf 35 Mrd. Dollar, der Züricher auf 20 Mrd. und der Frankfurter Devisenbörse auf 17 Mrd. Dollar, FAZ 27.11.1985). Der Aktienhandelsplatz London folgt nach New York und Tokyo an dritter Stelle.

Ein besonderer Standortvorteil am Banken-, Versicherungs- und Arbeitsplatz London ist im Unterschied zu Paris die englische Sprache. Englisch ist das internationale Verständigungsmedium. Ein weiterer Standortvorteil ist die Stellung im internationalen Verkehrsnetz. Keine europäische Stadt ist besser als London in das internationale Flugnetz eingebunden.

Die außerordentliche Konzentration national und international bedeutsamer Handelsbetriebe und Dienstleistungen belegen wenige Beispiele:

1. Mitten in London sind mehr als 3 000 der 4 000 britischen Gerichtsanwälte (barristors) tätig, von denen auch die etwa 400 höheren und höchsten Richterämter des Landes besetzt werden, eine nahezu geschlossene Gesellschaft in klösterlicher Isolation. Die vier „Inns of Court" im Westen der City: Inner Temple, Middle Temple, Lincoln's und Gray's Inn sind Arbeits-, Ausbildungsstätte, berufsständische Organisation und Club.

2. Seit mehr als 100 Jahren gibt es die außerordentliche Konzentration von Ärzten in der Londoner Harley Street. Etwa 1 400 Allgemeinmediziner und Fachärzte sind hier in Praxen, Kliniken und Beratungszentren tätig. Fast alle Häuser gehören einer Immobiliengesellschaft.

3. International bekannte Auktionshäuser, u.a. Sotheby und Christie's, haben hier ihren Standort.

London ist wie New York und Paris ein Weltzentrum der bildenden und darstellenden Kunst mit weltbekannten Museen, u.a. dem Britischen Museum, und ein Weltzentrum des Tourismus (ein internationales Kultur-, Unterhaltungs- und Einkaufszentrum).

4. Die bisher schon sehr starke Konzentration der Forschungs- und Entwicklungstätigkeiten auf den Raum London (1976 57 % aller Tätigkeiten) hat noch zugenommen, insbesondere in den weniger verdichteten Randgebieten (J.R.L. HOWELLS 1984). Bevorzugte Standorte liegen nahe attraktiven Wohngebieten und den Hauptverwaltungen großer Unternehmen.

Trotz Streuungstendenzen konzentriert sich die Elektro- und Elektronikindustrie immer noch sehr auf die Region South East. 1980 waren hier zwei von fünf Arbeitsplätzen in diesem Industriezweig. Fast die Hälfte aller Forschungs- und Entwicklungseinrichtungen der Industrie sind in diesem Raum, insbesondere im Außenring (vgl. Abb. 19).

Auch im Raum London ist die Umwelt stark belastet, trotz abnehmender Luftverschmutzung und Smoggefahr. Durch Bodenabsenkungen (Grundwasserentzug in den letzten 150 Jahren) besteht z.B. Überflutungsgefahr.

9 Erklärungen interregionaler Entwicklungsunterschiede

Verdichtungsräume zeigen, daß eine räumlich ausgewogene wirtschaftliche und soziale Entwicklung die Ausnahme ist. Nicht nur in Ländern mit Primatstadtstruktur, auch in Ländern mit einem ausgewogeneren Siedlungsmuster, wie in den USA und in der Bundesrepublik, bestehen große interregionale Unterschiede im Entwicklungsniveau und in den Wachstumsraten. Unterschiede bestehen nicht nur zwischen dem ländlichen Raum und den Städten, sondern auch zwischen Verdichtungsräumen, z.b. in der Bundesrepublik zwischen dem Raum Stuttgart und dem Ruhrgebiet (Süd-Nord-Gefälle), in den USA zwischen den Räumen Houston und Detroit (Gefälle zwischen „sun belt" und „frost belt"). Die räumlichen Auswirkungen eines sektoralen Strukturwandels und branchenspezifischer Anpassungsprozesse können in verschiedenen Räumen sehr unterschiedlich sein, sie sind abhängig von der Wirtschaftsstruktur (dem Anteil expansiver, stagnierender und rezessiver Branchen) und von der Siedlungsfunktion des jeweiligen Raumes.

Es gibt eine Reihe von Modellen, sog. Polarisationsmodelle, die die ungleichgewichtige räumliche Entwicklung zu erklären suchen und die sich trotz der Unschärfe der analytischen Kategorien auch auf Verdichtungsräume übertragen lassen. Diese Modelle entstanden in kritischer Auseinandersetzung mit klassischen und neoklassischen Gleichgewichtsmodellen, die die langanhaltenden und zunehmenden räumlichen Entwicklungsunterschiede nicht erklären können. Die Gleichgewichtsannahme, der Marktmechanismus tendiere durch Faktorwanderungen (Wanderungen von Arbeitskräften und Kapital) zu einem Ausgleich sektoraler und interregionaler Entwicklungsunterschiede, ist empirisch widerlegt.

Bausteine der Polarisationsmodelle sind Wachstumsmodelle, Innovationsmodelle und Modelle zur Erklärung der Siedlungsstruktur. Es sind zunächst voneinander unabhängige und isoliert gesehene theoretische Konzepte, die jedoch rasch aufgegriffen, weiterentwickelt und zusammengeführt wurden.

9.1 Sektorale Polarisation

Wichtigste Erklärungsfaktoren des sektoral ungleichgewichtigen wirtschaftlichen Wachstums sind bei französischen Wachstumspoltheoretikern, insbesondere bei F. PERROUX (1955), wie bei J. SCHUMPETER (1912), Innovationen und interindustrielle Verflechtungen. Wachstum wird als eine durch Innovationen ausgelöste Folge von sektoralen Ungleichgewichten verstanden, verbunden mit der Entstehung führender Branchen (motorische Einheiten). Diese motorischen Einheiten sind nach PERROUX gekennzeichnet durch eine bedeutende Größe, ein überdurchschnittliches Wachstum, starke interindustrielle Verflechtungen und einen hohen Grad an Dominanz, die durch die Größe, die Marktmacht und die Stellung im Wirtschaftssystem wirksam wird (vgl. I. SCHILLING-KALETSCH 1976, S. 7−26, L. SCHÄTZL 1978, S. 125−127).

Dieses Modell der sektoralen Polarisation, ein induktiver Beschreibungs- und Erklärungsansatz aus der Sicht der Industrieländer, ist unzureichend zur Erklärung der räumlichen Polarisation. Es berücksichtigt nur Wirkungen mobiler Agglomerationsvorteile. Wirtschaftliche Verflechtungen sind aber ebenso wenig wie Standort- oder Branchenvorteile eine notwendige oder eine hinreichende Bedingung für die räumliche Polarisation. Die für die Frühphase der Industrialisierung typischen sektoralen Polarisationen, insbesondere der Eisen- und Stahlindustrie, verlieren bei relativ sinkenden Transportkosten an Bedeutung. Andere Beispiele für Tätigkeiten mit starken wirtschaftlichen Verflechtungen im räumlichen Verbund sind die chemische und petrochemische Industrie. Die Erklärung der Entstehung von sektoralen Entwicklungsunterschieden setzt die Einbeziehung immobiler Agglomerationsvorteile voraus.

Sektorale Polarisationen werden durch die räumliche Struktur entscheidend beeinflußt. Motorische Tätigkeiten im Sinne von PERROUX ziehen nicht nur komplementäre Tätigkeiten an, sondern werden in ihrer Standortwahl selbst von teilweise oder völlig immobilen Faktoren angezogen, z.B. von der Lage und von Urbanisierungsvorteilen. Die Erklärung der Entstehung von Entwicklungsunterschieden sollte der Erklärung der Zunahme der Entwicklungsunterschiede vorausgehen.

Das PERROUX-Konzept ist abgeleitet aus einer bestimmten historischen Phase der wirtschaftlichen Entwicklung in Europa und in den USA. Diese Phase ist gekennzeichnet durch die Gleichzeitigkeit von Industrialisierung in Form ungleichgewichtiger wirtschaftlicher Entwicklung (aufgrund sektoraler Polarisierung) und Urbanisierung in Form ungleichgewichtiger räumlicher Entwicklung (aufgrund räumlicher Polarisierung) (I. SCHILLING-KALETSCH 1976, S. 176–177). Arbeitsplatz- und Bevölkerungszunahme der Städte verstärkten sich gegenseitig. Die Gleichzeitigkeit von Industrialisierung und Urbanisierung in den Industrieländern im 19. Jahrhundert führte Wachstumstheoretiker wie PERROUX zu der Annahme, die wirtschaftliche Entwicklung sei zwar raumbedeutsam, aber nicht raumabhängig, sie sei Ergebnis der räumlichen Konzentration, aber nicht Voraussetzung für eine räumliche Konzentration (I. SCHILLING-KALETSCH 1976, S. 177). Für Schwellen- und Entwicklungsländer gilt jedoch weder die Gleichzeitigkeit noch die Interdependenz von Industrialisierung und Urbanisierung.

9.2 Räumliche Polarisation

Ähnlich kritisch wie von PERROUX werden Gleichgewichtsmodelle in anderen Arbeiten zur Erklärung räumlich ungleichgewichtigen wirtschaftlichen Wachstums eingeschätzt, so durch G. MYRDAL (1957) und A. O. HIRSCHMAN (1958), die sich beide auf Entwicklungsländer beziehen.

Der schwedische Sozialwissenschaftler G. MYRDAL nahm an, daß sozialökonomische Systeme keine Tendenz zur Selbststabilisierung aufweisen, sondern daß im Gegenteil einmal entstandene regionale Entwicklungsunterschiede dazu tendieren, sich selbst zu verstärken. Er erklärt dies durch das Prinzip der zirkulären und kumulativen Verursachung, das für wirtschaftliche und soziale Prozesse gelten soll und Bestandteil aller Polarisationsmodelle wurde. Danach entsteht räumlich polarisierte Entwicklung zwischen Verdichtungsräumen und peripheren Räumen dadurch, daß einige Wachstumsfaktoren ganz oder teilweise immobil sind, Tätigkeiten anziehen und zusätzliche Nachfrage, Arbeitsplätze und Einkommen schaffen. Wanderungen, Handels- und Kapitalströme verstärken die räumlichen Ungleichgewichte (kummulative Wachstums- und Schrumpfungsprozesse). Für HIRSCHMAN ist Polarisierung nicht Ergebnis des gesamtwirtschaftlichen Wachstumsprozesses wie für MYRDAL, sondern eine Bedingung für Wachstum. Hinsichtlich der räumlichen Ausbreitungswirkungen ist HIRSCHMAN optimistischer als MYRDAL. Er denkt dabei an Diffusionsprozesse, die den Polarisationstrend umkehren können, an politische Maßnahmen, die regionale Konflikte auflösen, und an zunehmende Agglomerationsnachteile. Die politischen Implikationen der Modelle von HIRSCHMAN und MYRDAL sind gegensätzlich, nach HIRSCHMAN bedarf es bei wirtschaftlicher und Bevölkerungskonzentration keiner staatlichen Gegensteuerung, da ein Ausgleich erfolgen wird („polarization reversal" nach H. W. RICHARDSON 1977, 1980, vgl. die eingehende Darstellung und Kritik bei K. KOSCHATZKY 1987), nach MYRDAL ist eine staatliche Gegensteuerung zwingend notwendig.

Die beiden konträren regionalen Wirkungsmechanismen werden unterschiedlich, aber im wesentlichen entsprechend bezeichnet, von PERROUX als Anstoß- und Bremswirkungen (effets d'entraînement, effets de stoppage), von MYRDAL als Entzugs- und Ausbreitungswirkungen (backwash effects, spread effects), von HIRSCHMAN als Polarisierungs- und Sickerwirkungen (polarization effects, trickle down effects).

Die Polarisationsmodelle von PERROUX, MYRDAL und HIRSCHMAN haben vor allem heuristischen Wert, sie sind aber unscharf und z.T. widersprüchlich und nicht operational formuliert.

9.3 Weiterentwicklung der Wachstumspolmodelle

Die Polarisationsmodelle von PERROUX, MYRDAL und HIRSCHMAN wurden in einer Vielzahl von Arbeiten aufgegriffen und weitergeführt. Eine wesentliche Ergänzung ist der Einbezug räumlicher Merkmale.

J. R. LASUEN (1969) und J. FRIEDMANN (1972) versuchen, die Entwicklungsprozesse über die räumlichen Wirkungen der sektoralen Polarisation zu erklären, LASUEN argumentiert stärker als FRIEDMANN innovationstheoretisch, FRIEDMANN stärker dependenztheoretisch. LASUEN erklärt die räumliche Polarisation durch die Wirkungen von Innovationen auf die Siedlungsstruktur und die industrielle Organisationsstruktur, d.h. durch den Zusammenhang von wirtschaftlicher Entwicklung und Urbanisierung, FRIEDMANN durch Autoritäts- und Abhängigkeitsbeziehungen zwischen Zentrum und Peripherie. Autorität ist als gesellschaftlich legitimierte Macht definiert, als Verfügungsmacht über Innovationen, die einen Vorteil gegenüber der Peripherie sichern (I. SCHILLING-KALETSCH 1976, S. 139–175, L. SCHÄTZL 1978, S. 137–141, 145–147). FRIEDMANN sieht die Verschärfung regionaler Gegensätze in unterentwickelten Ländern als Ergebnis einer zumindest in Marktwirtschaften grundsätzlich räumlich polarisiert verlaufenden Entwicklung zwischen Zentren und Peripherie, die sich auch auf die Stadt-Land-Beziehungen in Industrieländern übertragen läßt (T. RAUCH 1985, S. 164).

RAUCH (1985) bezeichnet als Schwäche der Polarisationsmodelle, daß sie nicht die Wirtschafts- und Gesellschaftsstruktur als eine erklärende Variable der sich verschärfenden regionalen Gegensätze berücksichtigen. Der Polarisierungsprozeß zwischen Städten und ländlichem Raum beruhe auf konkreten, historisch-spezifischen Bedingungen, in Industrieländern auf einem Strukturwandel einer durchkapitalisierten Wirtschaft, in den Entwicklungsländern auf einem Marginalisierungsprozeß der peripheren ländlichen Räume.

Arbeiten unter Beachtung der Siedlungsstruktur zeigen, daß sowohl Lagemerkmale als auch funktionale Merkmale der Zentrendifferenzierung wesentliche Erklärungselemente der räumlich ungleichgewichtigen wirtschaftlichen Entwicklung sind. Die Theorien der Siedlungsstruktur, vor allem die noch zu dynamisierende Theorie der zentralen Orte, könnten der Wachstumspoltheorie eine standorttheoretische Begründung geben. Die Innovationstheorie enthält Hypothesen zur Erklärung der sektoralen und der regionalen Entwicklung.

Sektorale Polarisationen entstehen im Stadtsystem und sind räumlich-sektorale Polarisationen. Innovationen sind an die hohe Kommunikations- und Interaktionsdichte größerer Städte gebunden und werden hier zuerst aufgenommen (G. TÖNNIES 1981, S. 19). Besondere Bedeutung für die Entstehung innovationsfördernder räumlicher Pole haben Initialvorteile (A. PRED 1965, H. S. PERLOFF, L. WINGO Jr. 1961, E. L. ULLMAN 1958). Faktoren, die Wachstum und räumliche Entwicklung stark beeinflussen, sind immobile Ressourcen, zu Beginn der Industrialisierung u.a. Kohle und Erze, später Erdöl, landschaftliche Reize und ein günstiges Klima. Andere Selektionsfaktoren der räumlichen Entwicklung sind mobile Produktionsfaktoren, Standort- und Urbanisierungsvorteile (Unternehmer, qualifizierte Arbeitskräfte, Kapital, Märkte, Forschungs- und Entwicklungseinrichtungen) und günstige soziokulturelle Bedingungen. Sehr günstige historische Bedingungen (Initialvorteile) erklären z.b., warum São Paulo früher und stärker als andere brasilianische Städte gewachsen ist. Der Aufbau einer räumlich begrenzten Exportökonomie auf agrarischer Basis (Kaffeeanbau) wurde begünstigt durch die Entstehung einer agroindustriellen Unternehmerschicht, den staatlichen Ausbau der Verkehrswege, die Ansätze einer Konsum- und Produktionsgüterindustrie und das Arbeitskräftepotential. Diese Faktoren erklären die außerordentliche Konzentration auf São Paulo trotz der Konkurrenz der Hauptstadt (vgl. U. MENZEL, D. SENGHAAS 1985, S. 33). Erst seit Mitte der 70er Jahre gibt es Hinweise auf ein „polarization reversal" (M. STORPER 1984, S. 145), verursacht u.a. durch zunehmende Agglomerationsnachteile und die gestiegene Attraktivität größerer Sekundärzentren (vgl. P. M. TOWNROE, A. M. HAMER 1984).

Die Perspektive des Studienbuches ist ausgerichtet und begrenzt auf Entwicklungen, die in Verdichtungsräumen und ihren Teilräumen Kernstadt und Umland zu beobachten sind. Der Hinweis auf Polarisationsmodelle eröffnet einen weiteren Interpretationshorizont, da sie Verdichtungs- und Wachstumsprozesse in einem größeren räumlichen Kontext zu erfassen suchen. Der einzelne Verdichtungsraum wird gesehen in einem System von Räumen unterschiedlicher Wachstumsdynamik. Groß- und kleinmaßstäbliche Untersuchungsperspektiven lassen sich nur getrennt verfolgen und analytisch aufschließen. Struktur und Entwicklung räumlicher Einheiten, hier des Verdichtungsraumes, verstehen wir allerdings umso besser, je besser es gelingt, die Untersuchungsperspektiven aufeinander zu beziehen.

Literaturverzeichnis

ADAMS, J.S. (Hrsg.): Contemporary Metropolitan America. 4 Bd. Cambridge/Mass. 1976.

ADAMS, J.S.: Residential Structure of Midwestern Cities. Annals of the Association of American Geographers 60 (1970), S. 37–62.

AGEL, P.: Marginale Siedlungen im Urbanisierungsprozeß. Das Beispiel Colombo/Sri Lanka. Ein Beitrag zur Analyse des sozialen Wandels in Südasien. Frankfurt a.M. 1982 = Frankfurter Wirtschafts- und Sozialgeographische Schriften H. 43.

AKADEMIE FÜR RAUMFORSCHUNG UND LANDESPLANUNG (Hrsg.): Stadtregionen in der Bundesrepublik Deutschland 1970. Hannover 1975 = Forschungs- und Sitzungsberichte Bd. 103.

AKADEMIE FÜR RAUMFORSCHUNG UND LANDESPLANUNG (Hrsg.): Stadtregionen in der Bundesrepublik Deutschland. Bremen 1960 = Forschungs- und Sitzungsberichte Bd. 14.

AMATO, P.W.: Elitism and Settlement Patterns in the Latin American City. Journal of the American Institute of Planners 36 (1970), S. 96–105.

ANAS, A., L.N. MOSES: Transportation and Land Use in the Mature Metropolis. In: C.L. LEVEN (Hrsg.): The Mature Metropolis. Lexington/Mass., Toronto 1978, S. 149–168.

ANTOINE, P., C. HERRY: La population d'Abidjan dans ses murs. Dynamique urbaine et évolution des structures démographiques entre 1955 et 1978. In: P. HAERINGER (Hrsg.): Abidjan au coin de la rue. Éléments de la vie citadine dans la métropole ivoirienne. Paris 1983 = Cahiers ORSTOM, série Sciences Humaines 19, S. 371–395.

ARMSTRONG, R.B.: National Trends in Office Construction, Employment and Headquarter Location in US Metropolitan Areas, In: P.W. DANIELS (Hrsg.): Spatial Patterns of Office Growth and Location. Chichester u.a. 1979, S. 61–93.

ASEMANN, K.: Arbeitsstätten und Beschäftigte in Frankfurt a.M. 1977. Frankfurt a.M. 1979 = frankfurter statistische berichte N.F. 41 (1979) Sonderheft 34.

BADE, F.-J.: Überlegungen zur Weiterentwicklung der Erklärungsansätze räumlicher Strukturen. In: K. BRAKE (Hrsg.): JOHANN HEINRICH VON THÜNEN und die Entwicklung der Raumstruktur-Theorie. Beiträge aus Anlaß der 200. Wiederkehr seines Geburtstages. Oldenburg 1985, S. 53–74.

BADE, F.-J.: Der Beitrag von Standortveränderungen zum Abbau regionaler Unterschiede. Informationen zur Raumentwicklung (1978) H.7, S. 555–568.

BADE, F.-J., H. JACOBY: Regionale Einkommensunterschiede in der Bundesrepublik Deutschland 1976–1982. Vorläufige Fassung. 2. Teilstudie zum Gutachten „Die Regionale Verteilung wirtschaftlicher Aktivitäten". Berlin 1986 (Deutsches Institut für Wirtschaftsforschung).

BÄHR, J.: Groß Buenos Aires. Zur Bevölkerungsentwicklung der argentinischen Metropole. In: Fragen geographischer Forschung. Festschrift des Instituts für Geographie zum 60. Geburtstag von ADOLF LEIDLMAIR. Innsbruck 1979 = Innsbrucker Geographische Studien Bd. 5, S. 151–172.

BÄHR, J.: Neuere Entwicklungstendenzen lateinamerikanischer Großstädte. Geographische Rundschau 28 (1976) 4, S. 125–133.

BÄHR, J., P. GANS: Barcelona. Entwicklungsphasen und gegenwärtige Struktur der katalonischen Metropole. Geographische Rundschau 38 (1986) 1, S. 9–18.

BÄHR, J., G. MERTINS: Bevölkerungsentwicklung in Groß-Santiago zwischen 1970 und 1982. Eine Analyse von Zensusergebnissen auf Distriktbasis. Erdkunde 39 (1985) 3, S. 218–238.

BÄHR, J., G. MERTINS: Idealschema der sozialräumlichen Differenzierung lateinamerikanischer Großstädte. Geographische Zeitschrift 69 (1981) 1, S. 1–33.

BÄHR, J., A. SCHRÖDER-PATELAY: Die südafrikanische Großstadt. Ihre funktional- und sozialräumliche Struktur am Beispiel der „Metropolitan Area Johannesburg". Geographische Rundschau 34 (1982) 11, S. 489–497.

BANIK-SCHWEITZER, R.: Berlin – Wien – Budapest. Zur sozialräumlichen Entwicklung der drei Hauptstädte in der zweiten Hälfte des 19. Jahrhunderts. In: W. RAUSCH (Hrsg.): Die Städte Mitteleuropas im 19. Jahrhundert. Linz/Donau 1983 = Beiträge zur Geschichte der Städte Mitteleuropas VII, S. 139–154.

BASTIÉ, J.: Géographie du Grand Paris. Paris u.a. 1984 = Collection géographie.

BATEMAN, M.: Office Development. A Geographical Analysis. London, Sydney 1985.

BATER, J.H.: The Soviet City. Ideal and Reality. London 1980 = Explorations in Urban Analysis.

BERÉNYI, I.: Abgrenzung der Zonen des Ballungsgebietes Budapest auf Grund der Flächennutzungsstruktur. Petermanns Geographische Mitteilungen 125 (1981) 2, S. 103–106.

BERG, L. VAN DEN u.a.: Urban Europe: A Study of Growth and Decline Vol.1. Oxford 1982.

BERG, L. VAN DEN u.a.: Synthesis and Conclusions. In: L.H. KLAASSEN, W.T.M. MOLLE, J.H.P. PAELINCK (Hrsg.): Dynamics of Urban Development. Aldershot 1981, S. 251–267.

BERG, L. VAN DEN, J. VAN DEN MEER (1981): Urban Change in the Netherlands. In: L.H. KLAASSEN, W.T.M. MOLLE, J.H.P. PAELINCK (Hrsg.): Dynamics of Urban Development. Aldershot 1981, S. 137–169.

BERRY, B.J.L.: Inner City Futures: An American Dilemma Revisited. In: The Institute of British Geographers. Transactions New Series 5 (1980), S. 1–28.

BERRY, B.J.L.: The Counterurbanization Process: Urban America since 1970. In: B.J.L. BERRY (Hrsg.): Urbanization and Counterurbanization. Beverly Hills, London 1976 = Urban Affairs Annual Reviews 11, S. 17–30.

BERRY, B.J.L.: The Human Consequences of Urbanisation. Divergent Paths in the Urban Experience of the Twentieth Century. London, Basingstoke 1973.

BERRY, B.J.L. u.a.: Chicago: Transformations of an Urban System. In: J.S. ADAMS (Hrsg.): Nineteenth Century Inland Centers and Ports. Cambridge/Mass. 1976 = Contemporary Metropolitan America 3, S. 181–283.

BERRY, B.J.L. u.a.: Urban Population Densities: Structure and Change. The Geographical Review 53 (1963), S. 389–405.

BIEHL, D., U.A. MÜNZER: Agglomerationsoptima und Agglomerationsbesteuerung – Finanzpolitische Konsequenzen aus der Existenz agglomerationsbedingter sozialer Kosten. Hannover 1980 = Forschungs- und Sitzungsberichte Bd. 134, S. 113–150.

BILLWITZ, K., H. KUGLER: Zur Eignung von Agglomerationsräumen für die landschaftsgebundene Erholung der Bevölkerung. In: Hallesches Jahrbuch für Geowissenschaften Bd. 5 (1980), S. 23–37.

BLUMENFELD, H.: Metropolis ... and Beyond. Selected Essays. New York 1979.

BLUMENFELD, H.: The Tidal Wave of Metropolitan Expansion. Journal of American Institute of Planners 20 (1954), S. 3–14.

BÖVENTER, E. VON: Standortentscheidung und Raumstruktur. Hannover 1979 = Abhandlungen Bd. 76.

224   Literaturverzeichnis

BOHLE, H.-G.: Probleme der Verstädterung in Indien. Elendssiedlungen und Sanierungspolitik in der südindischen Metropole Madras. Geographische Rundschau 36 (1984) 9, S. 461−469.

BONACKER, M., E. SPIEGEL: Stadt-Umland-Wanderungen von Ausländern in den Verdichtungsräumen Frankfurt a.M. und München. Informationen zur Raumentwicklung (1985) H. 6, S. 511−525.

BORCHERDT, C.: Geschäftszentren im Stuttgarter Stadtgebiet. Stuttgart 1982a (Manuskript vervielfältigt).

BORCHERDT, C.: „Landschaftsverbrauch". Ein Begriff, die dahinterstehende Realität und ihre Bedeutung. Der Bürger im Staat 32 (1982b) 2, S. 129−136.

BOUSTEDT, O.: Grundriß der empirischen Regionalforschung. Teil III: Siedlungsstrukturen. Hannover 1975 = Taschenbücher zur Raumplanung Bd. 6.

BOUSTEDT, O.: Die Stadtregionen in der Bundesrepublik Deutschland. In: Stadtregionen in der Bundesrepublik Deutschland. Bremen 1960 = Forschungs- und Sitzungsberichte Bd. 14, S. 5−29.

BREDE, H., C. OSSORIO-CAPELLA: Begriff und Abgrenzung der Region, unter besonderer Berücksichtigung der Agglomerationsräume. München 1967 = Wirtschaftliche und soziale Probleme des Agglomerationsprozesses Bd. 1.

BRENNER, M.: London. In: J. FRIEDRICHS (Hrsg.): Stadtentwicklungen in West- und Osteuropa. Berlin, New York 1985, S. 149−254.

BRIGGS, A.: Victorian Cities. Harmondsworth, Ringwood 1963.

BRÜCHER, W., G. MERTINS: Intraurbane Mobilität unterer sozialer Schichten, randstädtische Elendsviertel und sozialer Wohnungsbau in Bogotá/Kolumbien. In: G. MERTINS (Hrsg.): Zum Verstädterungsprozeß im nördlichen Südamerika. Marburg/Lahn 1978 = Marburger Geographische Schriften H. 77, S. 1−130.

BRUSH, J.E.: Spatial Patterns of Population in Indian Cities. In: D.J. DWYER (Hrsg.): The City in the Third World. London, Basingstoke 1974, S. 105−132.

BUCHHOFER, E.: Stadtplanung am Rande der Agglomeration von Mexiko-Stadt: Der Fall Nezahualcoyotil. Geographische Zeitschrift 70 (1982) 1, S. 1−34.

BUCHHOLZ, H.J., P. SCHÖLLER: Hongkong. Finanz- und Wirtschafts-Metropole. Entwicklungspol für Chinas Wandel. Braunschweig 1985.

BUNCE, V.J.: Revolution in the High Street? The Emergence of the Enclosed Shopping Centre. Geography 68 (1983), S. 307−318.

BUTZIN, B.: Zentrum und Peripherie im Wandel. Erscheinungsformen und Determinanten der „Counterurbanization" in Nordeuropa und Kanada. Paderborn 1986 = Münstersche Geographische Arbeiten H. 23.

CAMPBELL, A.K.: Metropolitan Governance and the Mature Metropolis. In: C.L. LEVEN (Hrsg.): The Mature Metropolis. Lexington/Mass., Toronto 1978. S. 189−206.

CARTER, H.: An Introduction to Urban Historical Geography. London 1983.

CLARK, C.: Population Growth and Land Use. 2. Aufl. New York 1977.

CLARK, C.: Urban Population Densities. Journal of the Royal Statistical Society 114 (1951) IV, S. 490−496.

COLE, D.B.: Gentrification, Social Character, and Personal Identity. The Geographical Review 75 (1985) 2, S. 142−155.

CONZEN, M.P.: Amerikanische Städte im Wandel. Die neue Stadtgeographie der achtziger Jahre. Geographische Rundschau 35 (1983) 4, S. 142−150.

CONZEN, M.R.G.: Zur Morphologie der englischen Stadt im Industriezeitalter. In: H. JÄGER (Hrsg.): Probleme des Städtewesens im industriellen Zeitalter. Köln, Wien 1978 = Städteforschung. Reihe A: Darstellungen Bd. 5, S. 1−48.

Cox, K.R.: Capitalism and Conflict around the Communal Living Space. In: M. Dear, A.J. Scott (Hrsg.): Urbanization and Urban Planning in Capitalist Society. London, New York 1981, S. 431–455.

Czeike, F.: Wachstumsprobleme in Wien im 19. Jahrhundert. In: H. Jäger (Hrsg.): Probleme des Städtewesens im industriellen Zeitalter. Köln, Wien 1978 = Städteforschung. Reihe A: Darstellungen Bd. 5, S. 229–272.

Dangschat, J. u.a.: Phasen der Landes- und Stadtentwicklung. In: J. Friedrichs (Hrsg.): Stadtentwicklungen in West- und Osteuropa. Berlin, New York 1985, S. 1–148.

Dangschat, J.: Soziale und räumliche Ungleichheit in Warschau. Hamburg 1985 = Beiträge zur Stadtforschung Bd. 10.

Decker, H.: Standortverlagerungen der Industrie in der Region München. Kallmünz/Regensburg 1984 = Münchner Studien zur Sozial- und Wirtschaftsgeographie Bd. 25.

Delobez, A.: The Development of Shopping Centres in the Paris Region. In: J.A. Dawson, J.D. Lord (Hrsg.): Shopping Centre Development: Policies and Prospects. London u.a. 1985, S. 126–160.

Dennis, R.: The Decline of Manufacturing Employment in Greater London: 1966–1974. Urban Studies 15 (1978), S. 63–73.

Dennis, R., H. Clout: A Social Geography of England and Wales. Oxford u.a. 1980.

Dent, B.D.: Atlanta and the Regional Shopping Mall: The Absence of Public Policy. In: J.A. Dawson, J.D. Lord (Hrsg.): Shopping Centre Development: Policies and Prospects. London u.a. 1985, S. 75–104.

Dicken, P., P.E. Lloyd: Die moderne westliche Gesellschaft. New York 1984 = UTB Große Reihe.

Domański, R.: Development of the Urban System of Poland. In: L.H. Klaassen, W.T.M. Molle, J.H.P. Paelinck (Hrsg.): Dynamics of Urban Development. Aldershot 1981, S. 90–116.

Doxiadis, C.A.: The Prospect of an International Megalopolis. In: M. Wade (Hrsg.): The International Megalopolis. Toronto 1969, S. 3–32.

Drewett, R., J. Goddard, N. Spence: Urban Britain: Beyond Containment. In: B.J.L. Berry (Hrsg.): Urbanization and Counterurbanization. Beverly Hills, London 1976 = Urban Affairs Annual Reviews 11, S. 43–79.

Dwyer, D.J.: Attitudes Towards Spontaneous Settlement in Third World Cities. In: D.J. Dwyer (Hrsg.): The City in the Third World. London, Basingstoke 1974, S. 204–218.

Eckey, H.-F.: Das Suburbanisierungsphänomen in Hamburg und seinem Umland. In: Beiträge zum Problem der Suburbanisierung (2. Teil). Ziele und Instrumente der Planung im suburbanen Raum. Hannover 1978 = Forschungs- und Sitzungsberichte Bd. 125, S. 185–210.

Ehlers, E.: Ägypten. Zur Urbanisierung einer agraren Gesellschaft. Geographische Rundschau 36 (1984) 5, S. 220–228.

Engeli, C.: Stadterweiterungen in Deutschland im 19. Jahrhundert. In: W. Rausch (Hrsg.): Die Städte Mitteleuropas im 19. Jahrhundert. Linz/Donau 1983 = Beiträge zur Geschichte der Städte Mitteleuropas VII, S. 47–72.

Enz, R., E. Mäder: Preise und Löhne rund um die Welt. Ein internationaler Kaufkraftvergleich. Zürich 1985 = SBG-Schriften zu Wirtschafts-, Bank- und Währungsfragen. Nr. 97.

Escher, F.: Berlin und sein Umland. Zur Genese der Berliner Stadtlandschaft bis zum Beginn des 20. Jahrhunderts. Berlin 1985 = Einzelveröffentlichungen der Historischen Kommission zu Berlin Bd. 47.

Estall, R.C.: The Decentralization of Manufacturing Industry. Recent American Experience and Perspective. Geoforum 14 (1983), S. 133–147.

EVERS, R.: Verdichtungsraum Mittlerer Neckar. Praxis Geographie 16 (1986) 4, S. 18–21.

FLÜCHTER, W.: Die Bucht von Tōkyō. Neulandausbau, Strukturwandel, Raumordnungsprobleme. Wiesbaden 1985 = Schriften des Instituts für Asienkunde in Hamburg Bd. 46.

FRIEDMANN, J.: A General Theory of Polarized Development. In: N.M. Hansen (Hrsg.): Growth Centers in Regional Economic Development. New York 1972, S. 82–107.

FRIEDMANN, J.: Regional Development Policy: A Case Study of Venezuela. Cambridge/Mass., London 1966.

FRIEDLANDER, D.: London's Urban Transition 1851–1951. Urban Studies 11 (1974), S. 127–141.

FRIEDRICHS, J. (Hrsg.): Stadtentwicklungen in West- und Osteuropa. Berlin, New York 1985a.

FRIEDRICHS, J.: Die Zukunft der Städte in der Bundesrepublik. In: J. FRIEDRICHS (Hrsg.): Die Städte in den 80er Jahren. Demographische, ökonomische und technologische Entwicklungen. Opladen 1985b, S. 2–22.

FRIEDRICHS, J.: Steuerungsmaßnahmen und Theorie der Suburbanisierung. In: Beiträge zum Problem der Suburbanisierung (2. Teil). Ziele und Instrumente der Planung im suburbanen Raum. Hannover 1978 = Forschungs- und Sitzungsberichte Bd. 125, S. 15–33.

FRIEDRICHS, J.: Stadtanalyse. Soziale und räumliche Organisation der Gesellschaft. Reinbek bei Hamburg 1977 = rororo studium Sozialwissenschaft.

FÜRST, D., K. ZIMMERMANN: Standortwahl industrieller Unternehmen. Ergebnisse einer Unternehmerbefragung. Bonn 1973 = Schriftenreihe der Gesellschaft für Regionale Strukturentwicklung Bd. 1.

FÜRST, D.: Die Standortwahl industrieller Unternehmer: Ein Überblick über empirische Erhebungen. In: Jahrbuch für Sozialwissenschaft 22 (1971), S. 189–220.

GAD, G.: Die Dynamik der Bürostandorte – Drei Phasen der Forschung. Kallmünz/Regensburg 1983. In: Münchener Geographische Hefte Nr. 50, S. 29–59.

GAD, G.: Face-to-Face Linkages and Office Decentralization Potentials: A Study of Toronto. In: P.W. DANIELS (Hrsg.): Spatial Patterns of Office Growth and Location. Chichester u.a. 1979, S. 277–323.

GAEBE, W., J. MAIER: Industriegeographie. München 1984. In: Sozial- und Wirtschaftsgeographie 3, S. 113–279.

GATZWEILER, H.-P., K. SCHLIEBE: Suburbanisierung von Bevölkerung und Arbeitsplätzen – Stillstand? Informationen zur Raumentwicklung (1982) H.11/12, S. 883–913.

GAUBE, H., E. WIRTH: Aleppo. Historische und geographische Beiträge zur baulichen Gestaltung, zur sozialen Organisation und zur wirtschaftlichen Dynamik einer vorderasiatischen Fernhandelsmetropole. Wiesbaden 1984 = Beihefte zum Tübinger Atlas des Vorderen Orients. Reihe B (Geisteswissenschaften) Nr. 58.

GEIST, J.F.: Passagen. Ein Bautyp des 19. Jahrhunderts. 2. Aufl. München 1978.

GIESE, E.: Transformation of Islamic Cities in Soviet Middle Asia into Socialist Cities. In: R.A. FRENCH, F.E.I. HAMILTON (Hrsg.): The Socialist City. Spatial Structure and Urban Policy. Chichester u.a. 1979, S. 145–165.

GILBERT, A.G., P.M. WARD: Residential Movement Among the Poor: The Constraints on Housing Choice in Latin American Cities. Institute of British Geographers. Transactions New Series 7 (1982) 2, S. 129–149.

GLICKMAN, N.J., M.J. WHITE: Urban Land-use Patterns: An International Comparison. Environment and Planning A 11 (1979) 1, S. 35–49.

GORMSEN, E.: Die Städte im spanischen Amerika. Ein zeit-räumliches Entwicklungsmodell der letzten hundert Jahre. Erdkunde 35 (1981), S. 290—303.

GOTTMANN, J.: Megalopolitan Systems around the World. Ekistics 243 (1976), S. 109—113.

GOTTMANN, J.: Megalopolis. The Urbanized Northeastern Seaboard of the United States. New York 1961.

GREENWOOD, M.J.: Migration and Economic Growth in the United States. National, Regional and Metropolitan Perspectives. New York u.a. 1981 = Studies in Urban Economics.

GROTZ, R.: Die Wirtschaft im Mittleren Neckarraum und ihre Entwicklungstendenzen. Geographische Rundschau 28 (1976) 1, S. 14—26.

GROTZ, R.: Entwicklung, Struktur und Dynamik der Industrie im Wirtschaftsraum Stuttgart. Eine industriegeographische Untersuchung. Stuttgart 1971 = Stuttgarter Geographische Studien Bd. 82.

HAACK, A., M. ZIRWES: Hamburg. In: J. FRIEDRICHS (Hrsg.): Stadtentwicklungen in West- und Osteuropa. Berlin, New York 1985, S. 255—346.

HAGGETT, P., A.D. CLIFF, A. FREY: Locational Models. Vol.1, 2. Aufl. London 1977.

HAGGETT, P.: Geographie. Eine moderne Synthese. New York 1983 = UTB Große Reihe.

HAHN, R.: Der Verdichtungsraum Moskau. Entwicklungstendenzen einer kommunistischen Weltstadt. In: C. BORCHERDT, R. GROTZ (Hrsg.): Festschrift für WOLFGANG MECKE-LEIN. Stuttgart 1979 = Stuttgarter Geographische Studien Bd. 93, S. 267—278.

HALL, J.: Entwicklungsprobleme von Groß-London. Geographische Rundschau 37 (1985) 3, S. 148—155.

HALL, P., D. HAY: Growth Centres in the European Urban System. London u.a. 1980.

HAMILTON, F.E.I.: The Moscow City Region. London 1976 = Oxford University Press.

HAMM, B.: Einführung in die Siedlungssoziologie. München 1982.

HAMNETT, C.: Housing Change and Social Change. In: R.L. DAVIES, A.G. CHAMPION (Hrsg.): The Future for the City Centre. London u.a. 1983 = Institute of British Geographers, Special Publication No. 14, S. 145—163.

HARRIS, N.: Economic Development, Cities and Planning: The Case of Bombay. Bombay 1978 = Oxford University Press.

HARTOG, R.: Stadterweiterungen im 19. Jahrhundert. Stuttgart 1962 = Schriftenreihe des Vereins zur Pflege Kommunalwissenschaftlicher Aufgaben e.V. Berlin Bd. 6.

HARTSHORN, T.A. u.a.: Metropolis in Georgia: Atlanta's Rise as a Major Transaction Center. In: J.S. ADAMS (Hrsg.): Twentieth Century Cities. Cambridge/Mass. 1976 = Contemporary Metropolitan America 4, S. 151—225.

HAWLEY, A.H.: Urban Society. An Ecological Approach. New York 1971.

HAY, R. Jr.: Patterns of Urbanization and Socio-Economic Development in the Third World: An Overview. In: J. ABU-LUGHOD, R. HAY Jr. (Hrsg.): Third World Urbanization. New York, London, Toronto 1979, S. 71—101.

HEIN, W.: Staatsklasse, Umverteilung und die Überwindung von Unterentwicklung. Peripherie 18/19 (1985), S. 172—186.

HEINEBERG, H.: Stadtgeographie. Paderborn u.a. 1986 = Grundriß Allgemeine Geographie Teil X.

HEINEBERG, H.: Regional- und Stadtentwicklung in Großbritannien. Trends und Probleme im Überblick. Geographische Rundschau 37 (1985) 3, S. 102—115.

HEINEBERG, H.: Geographische Aspekte der Urbanisierung: Forschungsstand und Probleme. In: H.J. TEUTEBERG (Hrsg.): Urbanisierung im 19. und 20. Jahrhundert. Historische und geographische Aspekte. Köln, Wien 1983a, S. 35—63.

HEINEBERG, H.: Großbritannien. Stuttgart 1983b = Klett/Länderprofile. Geographische Strukturen, Daten, Entwicklungen.

HEINEBERG, H.: Zentren in West- und Ost-Berlin. Untersuchungen zum Problem der Erfassung und Bewertung großstädtischer funktionaler Zentrenausstattungen in beiden Wirtschafts- und Gesellschaftsystemen Deutschlands. Paderborn 1977 = Bochumer Geographische Arbeiten Sonderreihe 9.

HEINEBERG, H., A. MAYR: Shopping-Center im Zentrensystem des Ruhrgebietes. Erdkunde 38 (1984), S. 98–114.

HEINRITZ, G., D. KLINGBEIL: Zur Entwicklung der Münchner Suburbia. München 1984. Mitteilungen der Geographischen Gesellschaft in München Bd. 69, S. 39–67.

HEINRITZ, G., E. LICHTENBERGER: Wien und München – Ein stadtgeographischer Vergleich. Berichte zur deutschen Landeskunde Bd. 58 (1984) 1, S. 55–95.

HENCKEL, D., E. NOPPER, N. RAUCH: Informationstechnologie und Stadtentwicklung. Stuttgart u.a. 1984 = Schriften des Deutschen Instituts für Urbanistik Bd. 71.

HENNING, F.-W.: Landwirtschaft und ländliche Gesellschaft in Deutschland. Bd. 2 1750–1976. Paderborn 1978 = UTB 774.

HERBERT, D.T., C.J. THOMAS: Urban Geography. A First Approach. Chichester u.a. 1982.

HERDEN, W.: Ansätze zu Theorien der Suburbanisierung. In: H. HAGEDORN, K. GIESSNER (Hrsg.): Tagungsbericht und wissenschaftliche Abhandlungen. Wiesbaden 1983 = Verhandlungen des Deutschen Geographentages Bd. 43, S. 432–435.

HIRSCHMAN, A.O.: The Strategy of Economic Development. New Haven 1958.

HÖHFELD, V.: Gecekondus. Dörfer am Rande türkischer Städte? Geographische Rundschau 36 (1984) 9, S. 444–450.

HOFMANN, W.: Wachsen Berlins im Industriezeitalter. Siedlungsstruktur und Verwaltungsgrenzen. In: H. JÄGER (Hrsg.): Probleme des Städtewesens im industriellen Zeitalter. Köln, Wien 1978 = Städteforschung. Reihe A: Darstellungen Bd. 5, S. 159–173.

HOFMEISTER, B.: Alt-Berlin – Groß-Berlin – West-Berlin. Versuch einer Flächennutzungsbilanz 1786–1985. In: B. HOFMEISTER u.a. (Hrsg.): Berlin. Beiträge zur Geographie eines Großstadtraumes. Festschrift zum 45. Deutschen Geographentag in Berlin. Berlin 1985a, S. 251–274.

HOFMEISTER, B.: Die us-amerikanischen Städte in den achtziger Jahren – Probleme und Entwicklungstendenzen. In: B. BACKÉ, M. SEGER (Hrsg.): Festschrift für ELISABETH LICHTENBERGER. Klagenfurt 1985b = Klagenfurter Geographische Schriften H.6, S. 53–71.

HOFMEISTER, B.: Die Stadt in Australien und USA – Ein Vergleich ihrer Strukturen. In: A. KOLB, G. OBERBECK (Hrsg.): Beiträge zur Stadtgeographie I. Städte in Übersee. Hamburg 1982a = Mitteilungen der Geographischen Gesellschaft in Hamburg Bd. 72, S. 3–35.

HOFMEISTER, B.: Stadtstruktur im interkulturellen Vergleich. Geographische Rundschau 34 (1982b) 11, S. 482–488.

HOFMEISTER, B.: Stadtgeographie. 4. Aufl. Braunschweig 1980 = Das Geographische Seminar.

HOMMEL, M.: Raumnutzungskonflikte am Nordrand des Ruhrgebietes. Erdkunde 38 (1984), S. 114–124.

HOOVER, E.M.: Location Theory and the Shoe and Leather Industries. Cambridge/Mass. 1937.

HOWELLS, J.R.L.: The Location of Research and Development: Some Observations and Evidence from Britain. Regional Studies 18 (1984) 1, S. 13–29.

HWA, C.S.: Demographic Trends. In: P.S.J. CHEN (Hrsg.): Singapore. Development Policies and Trends. Oxford u.a. 1983, S. 65–86.

ISENBERG, G.: Die Ballungsgebiete in der Bundesrepublik. Bad Godesberg 1957 = Institut für Raumordnung. Vorträge H.6.

JÄGER, H. (Hrsg.): Probleme des Städtewesens im industriellen Zeitalter. Köln, Wien 1978 = Städteforschung. Reihe A: Darstellungen Bd. 5.

JOHNSTON, R.J.: The Political Element in Suburbia. A Key Influence on the Urban Geography of the United States. Geography 66 (1981), S. 286−296.

KAINRATH, W.: Der Einfluß der Stadt- und Bezirksgrenzen auf die Stadtentwicklung. der aufbau 37 (1982) 2/3, S. 107−112.

KANTROWITZ, N.: Ethnic and Racial Segregation in New York Metropolis 1960. The American Journal of Sociology 74 (1968/69), S. 685−695.

KERN, W.: Athen. Studien zur Physiognomie und Funktionalität der Agglomeration, des Dimos und der Innenstadt. Salzburg 1986 = Salzburger Geographische Arbeiten Bd. 14.

KIEHL, K.: Budapest. In: J. FRIEDRICHS (Hrsg.): Stadtentwicklungen in West- und Osteuropa. Berlin, New York 1985, S. 575−762.

KITAGAWA, E., D.J. BOGUE: Suburbanisation of Manufacturing Activity within Standard Metropolitan Areas. Miami 1955.

KNAUSS, E.: Räumliche Strukturen als Determinanten der städtischen Bevölkerungsverteilung: regressionsanalytische Untersuchungen am Beispiel der Stadt Stuttgart. Diss. Univ. Stuttgart 1979.

KÖLLMANN, W.: Bevölkerung in der industriellen Revolution. Studien zur Bevölkerungsgeschichte Deutschlands. Göttingen 1974 = Kritische Studien zur Geschichtswissenschaft Bd. 12.

KOHL, I.G.: Der Verkehr und die Ansiedelungen der Menschen in ihrer Abhängigkeit von der Gestaltung der Erdoberfläche. Dresden, Leipzig 1841.

KOLB, A.: Groß-Manila. Die Individualität einer tropischen Millionenstadt. Hamburg 1978 = Hamburger Geographische Studien H.34.

KOPPENHÖFER, L.: The Case Study Nairobi, Kenya. In: Städtebauliches Institut der Universität Stuttgart (Hrsg.): Wohnprobleme in der Dritten Welt. Theoretische Grundlage, Methodologie und vier Fallstudien in Bogotá, Jakarta, Nairobi und Kasama. Stuttgart 1982, S. 217−301.

KOSCHATZKY, K.: Trendwende im sozioökonomischen Entwicklungsprozeß West Malaysias? Theorie und Realität. Hannover 1987 = Jahrbuch der Geographischen Gesellschaft zu Hannover Sonderheft 12.

KRESZE, J.-M.: Die Industriestandorte in mitteleuropäischen Großstädten. Ein entwicklungsgeschichtlicher Überblick anhand der Beispiele Berlin sowie Bremen, Frankfurt, Hamburg, München, Nürnberg und Wien. Berlin 1977 = Berliner Geographische Studien Bd. 3.

KRONER, G.: Sozio-ökonomische Agglomerationsräume und planungs-/problemorientierte Verdichtungsräume. Gemeinsamkeiten und Unterschiede zweier Modellansätze. In: Agglomerationsräume in der Bundesrepublik Deutschland. Ein Modell zur Abgrenzung und Gliederung. Hannover 1984 = Forschungs- und Sitzungsberichte Bd. 157, S. 125−137.

KRONER, G.: Das Untersuchungskonzept der Bundesforschungsanstalt für Landeskunde und Raumordnung zur Neuabgrenzung der Verdichtungsräume. Informationen zur Raumentwicklung (1974) H. 4, S. 151−156.

KRONER, G. u.a.: Fortschreibung der Verdichtungsräume. Informationen zur Raumentwicklung (1974) H.10/11, S. 389−394.

LANDSBERG, O.: Eingemeindungsfragen. Breslau 1912 = Schriften des Verbandes deutscher Städtestatistiker H.2.

LANGE, N. DE: Standortverhalten ausgewählter Bürogruppen in Innenstadtgebieten westdeutscher Metropolen. In: Münchener Geographische Hefte Nr. 50, S. 61−100.

LANGEWIESCHE, D.: Wanderungsbewegungen in der Hochindustrialisierungsperiode. Regionale, interstädtische und innerstädtische Mobilität in Deutschland 1880−1914. Vierteljahresschrift für Sozial- und Wirtschaftsgeschichte 64 (1977) 1, S. 1−40.

LARSON, C.J., S.R. NIKKEL: Urban Problems. Perspectives on Corporations, Governments and Cities. Boston u.a. 1979.

LASAUEN, J.R.: On Growth Poles. Urban Studies 6 (1969) 2, S. 137–161.

LAUX, H.-D.: Dimensionen und Determinanten der Bevölkerungsentwicklung preußischer Städte in der Periode der Hochindustrialisierung. In: W. RAUSCH (Hrsg.): Die Städte Mitteleuropas im 20. Jahrhundert. Linz/Donau 1984 = Beiträge zur Geschichte der Städte Mitteleuropas VIII, S. 87–112.

LEE, M.: Property Development in the 1980s. In: R.L. DAVIES, A.G. CHAMPION (Hrsg.): The Future for the City Centre. London u.a. 1983 = Institute of British Geographers. Special Publication No. 14, S. 29–39.

LEVEN, C.L. (Hrsg.): The Mature Metropolis. Lexington/Mass., Toronto 1978.

LEVER, W.F.: The Inner City Employment Problem in Great Britain, 1952–76: A Shift-Share Approach. In: J. REES u.a. (Hrsg.): Industrial Location and Regional Systems. New York, London 1981, S. 171–196.

LEYDEN, F.: Groß-Berlin. Geographie der Weltstadt. Breslau 1933.

LICHTENBERGER, E.: Stadtgeographie. Bd. 1 Begriffe, Konzepte, Modelle, Prozesse. Stuttgart 1986 = Teubner Studienbücher der Geographie.

LICHTENBERGER, E.: Die europäische und die nordamerikanische Stadt – ein interkultureller Vergleich. Österreich in Geschichte und Literatur 25 (1981) 4, S. 224–251.

LICHTENBERGER. E.: Wachstumsprobleme und Planungsstrategien von europäischen Millionenstädten in der zweiten Hälfte des 19. Jahrhunderts – Das Beispiel Wien. In: H. JÄGER (Hrsg.): Probleme des Städtewesens im industriellen Zeitalter. Köln, Wien 1978 = Städteforschung. Reihe A: Darstellungen Bd. 5, S. 197–217.

LINN, J.F.: The Costs of Urbanization in Developing Countries. Economic Development and Cultural Change 30 (1982), S. 625–648.

LOWRY, J.H.: World City Growth. London 1975.

MABOGUNJE, A.L.: Urbanization in Nigeria. London 1968.

MAHER, C.A.: Population Turnover and Spatial Change in Melbourne, Australia. Urban Geography 3 (1982), S. 240–257.

MALECKI, E.J.: Locational Trends in R & D by Large US Corporations, 1965–1977. Economic Geography 55 (1979), S. 309–323.

MARCUSE, P.: Abandonment, Gentrification, and Displacement. The Linkages in New York City. In: N. SMITH, P. WILLIAMS (Hrsg.): Gentrification of the City. London, Sydney 1986, S. 153–177.

MATTHIESSEN, C.W.: Trends in the Urbanization Process. The Copenhagen Case. Occasional Papers Denmark 6 (1980), S. 98–101.

MAY, H.-D.: Junge Industrialisierungstendenzen im Untermaingebiet unter besonderer Berücksichtigung der Betriebsverlagerungen aus Frankfurt am Main, Frankfurt/Main. 1968 = Rhein-Mainische Forschungen H.65.

McKENZIE, R.D.: The Metropolitan Community. New York 1933.

MELAMID, A.: New York. Stadt und Region. Köln 1985 = Problemräume der Welt Bd. 5.

MENZEL, U., D. SENGHAAS: Europas Entwicklung und die Dritte Welt. Eine Bestandsaufnahme. Frankfurt am Main 1986 = es 1393.

MERGLER, G.J.: Spatial Patterns and Processes of Gentrification. 1984 (The Ohio State University).

MÖLLER, I.: Hamburg. Stuttgart 1985 = Klett/Länderprofile. Geographische Strukturen, Daten, Entwicklungen.

MOHS, G. unter Mitarbeit von G. JACOB: Einführung in die Produktionsgeographie. Gotha, Leipzig 1977 = Studienbücherei. Geographie für Lehrer Bd. 3.

MORRILL, R.L., R. SINCLAIR, D.R. DIMARTINO: The Settlement System of the United States. In: L.S. BOURNE u.a. (Hrsg.): Urbanization and Settlement Systems. International Perspectives. Oxford 1984 = Oxford University Press, S. 23−48.

MOSELEY, M.J.: Strategic Planning and the Paris Agglomeration in the 1960s and 1970s: The Quest for Balance and Structure. In: Geoforum 11 (1980), S. 179−223.

MÜLLER, H.: Berlin (West) und Berlin (Ost). Sozialräumliche Strukturen einer Stadt mit unterschiedlichen Gesellschaftssystemen. Geographische Rundschau 37 (1985) 9, S. 437−441.

MURATA, K., A. TAKEUCHI: Regional Division of Labour of Machinery Industry. Micro-Elektronics Based Industry and Research and Development Function in Japan. Montpellier 1984 (Paper für die IGU Commission on Industrial Systems).

MURPHY, R.E., J.E. VANCE Jr,: Delimiting the C.B.D.. Economic Geography 30 (1954) 3, S. 189−222.

MYRDAL, G.: Economic Theory and Underdeveloped Regions. London 1957.

NELLNER, W.: Das Konzept der Stadtregionen und ihre Neuabgrenzung 1970. In: Stadtregionen in der Bundesrepublik Deutschland 1970. Hannover 1975 = Forschungs- und Sitzungsberichte Bd. 103, S. 1−26.

NELLNER, W.: Die Abgrenzung von Agglomerationen im Ausland. In: Zum Konzept der Stadtregionen. Hannover 1970 = Forschungs- und Sitzungsberichte Bd. 59, S. 91−149.

NELLNER, W. u.a.: Modell zur äußeren Abgrenzung und inneren Gliederung von Agglomerationsräumen. In: Agglomerationsräume in der Bundesrepublik Deutschland. Ein Modell zur Abgrenzung und Gliederung. Hannover 1984 = Forschungs- und Sitzungsberichte Bd. 157, S. 30−40.

NELSON, H.J., W.A.V. CLARK: The Los Angeles Metropolitan Experience. In: J.S. ADAMS (Hrsg.): Twentieth Century Cities. Cambridge/Mass. 1976 = Contemporary Metropolitan America 4, S. 227−295.

NEUTZE, M.: Urban Development in Australia. A Descriptive Analysis. Sydney, London 1977.

NEUWIRTH, R.: Bioklima. In: W. PEHNT (Hrsg.): Die Stadt in der Bundesrepublik Deutschland. Lebensbedingungen, Aufgaben, Planung. Stuttgart 1974, S. 214−237.

NISSEL, H.: Bombay. Untersuchungen zur Struktur und Dynamik einer indischen Metropole. Berlin 1977 = Berliner Geographische Studien Bd. 1.

O'CONNOR, A.: The African City. London u.a. 1983.

OLSEN, D.J.: The Growth of Victorian London. London 1976.

OUDART, P.: Les grandes villes de la couronne urbaine de Paris de la Picardie à la Champagne. Amiens 1983.

PACHNER, H.: Hüttenviertel und Hochhausquartiere als Typen neuer Siedlungszellen der venezuelanischen Stadt. Stuttgart 1982 = Stuttgart Geographische Studien H.99.

PAESLER, R.: Räumliche Auswirkungen des Urbanisierungsprozesses − Beispiele für den Geographie-Unterricht. Geographie und Schule 4 (1982) 18, S. 11−17.

PAIN, M.: Kinshasa. La ville et la cité. Paris 1984 = Études Urbaines. Editions de L'ORSTOM.

PALMER, M.E.: Houston. In: J.S. ADAMS (Hrsg.): Twentieth Century Cities. Cambridge/Mass. 1976 = Contemporary Metropolitan America 4, S. 107−149.

PAPAIOANNOU, J.G. MEGALOPOLISES: A First Definition. Athen 1967. (ACE Publication Series. Research Report No. 2).

PERLOFF, H.S., L. WINGO Jr.: Natural Resource Endowment and Regional Economic Growth. In: J.J. SPENGLER (Hrsg.): Natural Resources and Economic Growth, Washington 1961, S. 191−212.

PERROUX, F.: Note sur la notion de „pole de croissance". Économie appliquée 8 (1955) 1–2, S. 307–320.

PHILLIP, P.D., S.D. BRUNN: New Dynamics of Growth in the American Metropolitan System. In: S.D. BRUNN u.a. (Hrsg.): The American Metropolitan System: Present and Future. London 1980, S. 1–20.

PRED A.: Industrialization, Initial Advantage, and American Metropolitan Growth. Geographical Review 55 (1965) 2, S. 158–185.

RAUCH, T.: Peripher-kapitalistisches Wachstumsmuster und regionale Entwicklung. Ein akkumulationstheoretischer Ansatz zur Erklärung räumlicher Aspekte von Unterentwicklung. In: F. SCHOLZ (Hrsg.): Entwicklungsländer. Beiträge der Geographie zur Entwicklungsländer-Forschung. Darmstadt 1985 = Wege der Forschung Bd. 553, S. 163–191.

REED, R.R.: Colonial Manila. The Context of Hispanic Urbanism and Process of Morphogenesis. Berkeley, Los Angeles 1978 = University of California Publications in Geography Vol.22.

RICHARDSON, H.W.: Polarization Reversal in Developing Countries. In: Papers of Regional Science Association (1980) 45, S. 67–85.

RICHARDSON, H.W.: City Size and National Strategies in Developing Countries. Washington DC 1977 = World Bank Staff WP 252.

ROBERT, S., W.G. RANDOLPH: Beyond Decentralization: The Evolution of Population Distribution in England and Wales, 1961–1981. Geoforum 14 (1983), S. 75–102.

RÖLL, W.: Indonesien. Entwicklungsprobleme einer tropischen Inselwelt. Stuttgart 1979 = Klett/Länderprofile. Geographische Strukturen, Daten, Entwicklungen.

ROHR, H.-G. VON: Industriestandortverlagerungen im Hamburger Raum. Hamburg 1971 = Hamburger Geographische Studien H.25.

ROJAHN, G. u.a.: Der Einfluß von industriellen Großunternehmen auf die raum- und siedlungsstrukturelle Entwicklung im Verdichtungsraum Rhein-Ruhr. Opladen 1984 = Forschungsberichte des Landes Nordrhein-Westfalen Nr. 3176.

ROSTOW, W.W.: The Process of Economic Growth. New York 1952.

ROTHBLATT, D.N., D.J. GARR: Suburbia. An International Assessment. London, Sydney 1986.

RUPPERT, H.: Beirut. Eine westlich geprägte Stadt des Orients. In: Mitteilungen der Fränkischen Geographischen Gesellschaft 15/16 (1969), S. 313–448.

RYKIEL, Z.: Intra-Metropolitan Migration in the Warsaw Agglomeration. Economic Geography 60 (1984) 1, S. 55–70.

SANDER, H.-J.: Mexiko-Stadt. Köln 1983 = Problemräume der Welt Bd. 3.

SANDNER, G.: Die Hauptstädte Zentralamerikas. Wachstumsprobleme, Gestaltswandel, Sozialgefüge. Heidelberg 1969.

SANDNER, G., H.-A. STEGER: Lateinamerika. Frankfurt/Main 1973 = Fischer Länderkunde.

SARFALVI, B.: Die Agglomeration von Budapest. In: Industrialisierung und Urbanisierung in sozialistischen Staaten Südosteuropas. München 1981 = Münchner Studien zur Sozial- und Wirtschaftsgeographie Bd. 21, S. 141–151.

SCHÄTZL, L.: Wirtschaftsgeographie 1. Theorie. Paderborn 1978.

SCHAFFER, R., N. SMITH: The Gentrification of Harlem? Annals of the Association of American Geographers 76 (1986) 3, S. 347–365.

SCHILLING-KALETSCH, I.: Konsistenzprobleme offizieller Raumordnungskonzeptionen – speziell ihrer Theorieelemente – in der Bundesrepublik Deutschland. In: K. PAFFEN, R. STEWIG (Hrsg.): Die Geographie an der Christian-Albrechts-Universität 1879–1979. Kiel 1979 = Kieler Geographische Schriften Bd. 50, S. 279–291.

SCHILLING-KALETSCH, I.: Wachstumspole und Wachstumszentren. Untersuchungen zu einer Theorie sektoral und regional polarisierter Entwicklung. Hamburg 1976 = Arbeitsberichte und Ergebnisse zur wirtschafts- und sozialgeographischen Regionalforschung.

SCHLIEBE, K.: Raumordnung und Raumplanung in Stichworten. Unterägeri 1985 = Hirt's Stichwortbücher.

SCHLIEBE, K.: „Großstädtische Agglomerationen" im Jahre 1910. Die Anfänge des Verdichtungsprozesses und ihr Vergleich mit der jüngsten Entwicklung. Informationen 20 (1970) 5, S. 125—137.

SCHMACKE, E.: Die großen 500. Deutschlands führende Unternehmen und ihr Management. Neuwied 1983.

SCHÖLLER, P.: Städtepolitik, Stadtumbau und Stadterhaltung in der DDR. Stuttgart 1986 = Erdkundliches Wissen H.81.

SCHÖLLER, P.: Die Großstadt des 19. Jahrhunderts — ein Umbruch der Stadtgeschichte. In: H. STOOB (Hrsg.): Die Stadt. Gestalt und Wandel bis zum industriellen Zeitalter. 2. Aufl. Köln, Wien 1985 = Städtewesen. Werkstücke für Studium und Praxis 1, S. 275—313.

SCHÖLLER, P.: Kulturwandel und Industrialisierung in Japan. In: F. MONHEIM, A. BEUERMANN (Hrsg.): Tagungsbericht und wissenschaftliche Abhandlungen. Wiesbaden 1966 = Verhandlungen des Deutschen Geographentages Bd. 35, S. 55—84.

SCHOTT, S.: Die großstädtischen Agglomerationen des Deutschen Reiches 1871—1910. Breslau 1912 = Schriften des Verbandes deutscher Städtestatistiker H.1.

SCHUBERT, K.: Wien. In: J. FRIEDRICHS (Hrsg.): Stadtentwicklungen in West- und Osteuropa. Berlin, New York 1985, S. 347—574.

SCHULZE, G.: Die Entwicklung der Industrie Leipzigs von 1800—1945, eine industriegeographische Untersuchung. In: Wissenschaftliche Veröffentlichungen des Deutschen Instituts für Länderkunde. Leipzig 1964, N.F. 21/22, S.381—394.

SCHUMPETER, J.: Theorie der wirtschaftlichen Entwicklung (Eine Untersuchung über Unternehmergewinn, Kapital und Konjunkturzyklus). 1. Aufl. Leipzig 1912.

SCHWIPPE, H. J.: Zum Prozeß der sozialräumlichen innerstädtischen Differenzierung im Industrialisierungsprozeß des 19. Jahrhunderts. Eine faktorialökologische Studie am Beispiel der Stadt Berlin 1875—1910. In: H.J. TEUTEBERG (Hrsg.): Urbanisierung im 19. und 20. Jahrhundert. Historische und geographische Aspekte. Köln, Wien 1983, S. 241—307.

SCOTT, A.J.: Production System Dynamics and Metropolitan Development. Annals of the Association of American Geographers 72 (1982), S. 185—200.

SEEN-KONG, C.: Ethnicity and National Integration: The Evolution of a Multi-ethnic Society. In: P.S.J. CHEN (Hrsg.): Singapore. Development Policies and Trends. Oxford u.a. 1983, S. 29—64.

SEGER, M.: Strukturelemente der Stadt Teheran und das Modell der modernen orientalischen Stadt. Erdkunde 28 (1975), S. 21—38.

SITTE, W.: Wien. Praxis Geographie 16 (1986) 3, S. 14—19.

SMITH, N.: Gentrification and Uneven Development. Economic Geography 58 (1982), S. 139-155.

SPIEGEL, E.: Historische Aspekte der Stadt-Umland-Wanderung. In: P.P. AHRENS u.a. (Hrsg.): Stadt-Umland-Wanderung und Betriebsverlagerung in Verdichtungsräumen. Dortmund 1981 = Dortmunder Beiträge zur Raumplanung Bd. 23, S. 13—17.

SPYK, R.P. VAN: Urbanization and Suburbanization in Utrecht, The Netherlands: A Social Geography of Urban Growth. Diss. University of Oregon 1976.

STADT FRANKFURT (Hrsg.): Stadtflucht aus Frankfurt? Einige Zahlen zur Erläuterung des Einwohnerrückgangs in unserer Stadt. Frankfurt 1977.

STADT STUTTGART (Hrsg.): Arbeitsplatz Stuttgart 1990. Band 1: Bestand und Projektion. Stuttgart 1979/80 = Beiträge zur Stadtentwicklung 14.

STATE OF NEW YORK (Hrsg.): Annual Labor Area Report. New York City. Fiscal Year 1985. New York 1984.

STEINBERG, H.G.: Das Ruhrgebiet im 19. und 20. Jahrhundert. Ein Verdichtungsraum im Wandel. Münster 1985 = Siedlung und Landschaft in Westfalen. Landeskundliche Karten und Hefte 16.

STOOB H.: Frühneuzeitliche Städtetypen. In: H. STOOB (Hrsg.): Die Stadt. Gestalt und Wandel bis zum industriellen Zeitalter. 2. Aufl. Köln, Wien 1985 = Städtewesen. Werkstücke für Studium und Praxis 1, S. 191–223.

STORPER, M.: Who Benefits from Industrial Decentralization? Social Power in the Labour Market, Income Distribution and Spatial Policy in Brazil. Regional Studies 18 (1984) 2, S. 143–164.

TAKEUCHI, A.: The Industrial System of the Tokyo Metropolitan Area. Tokyo 1980 (Paper für die IGU Commission on Industrial Systems).

TAUBMANN, W.: Stadtentwicklung in der Volksrepublik China. Verlauf und gegenwärtige Probleme. Geographische Rundschau 38 (1986) 3, S. 114–123.

TAUBMANN, W.: Gesellschaftliche und räumliche Organisationsformen in chinesischen Städten. Geographische Zeitschrift 71 (1983), S. 193–217.

TEUTEBERG, H.J. (Hrsg.): Urbanisierung im 19. und 20. Jahrhundert. Historische und geographische Aspekte. Köln, Wien 1983.

THARUN, E.: Bemerkungen zur Lage gehobener Wohnviertel im städtischen Raum. In: W. FRICKE, K. WOLF (Hrsg.): Neue Wege in der geographischen Erforschung städtischer und ländlicher Siedlungen. Festschrift für ANNELIESE KRENZLIN zu ihrem 70. Geburtstag. Frankfurt/Main 1975 = Rhein-Mainische Forschungen H.80, S. 153–160.

THOMI, W.: Zur räumlichen Segregation und Mobilität alter Menschen in Kernstädten von Verdichtungsräumen: Das Beispiel Frankfurt am Main. In: Studien zur Regionalen Wirtschaftsgeographie. JOSEPH MATZNETTER zur Emeritierung gewidmet. Frankfurt/Main 1985 = Frankfurter Wirtschafts- und Sozialgeographische Schriften H.47, S. 15–58.

THÜRAUF, G.: Industriestandorte in der Region München. Geographische Aspekte des Wandels industrieller Strukturen. Kallmünz/Regensburg 1975 = Münchner Studien zur Sozial- und Wirtschaftsgeographie Bd. 16.

TÖNNIES, G.: Zur Neuabgrenzung der Verdichtungsräume als Problemregionen. Raumforschung und Raumordnung 40 (1982) 3, S. 85–100.

TÖNNIES, G.: Die Verdichtungsräume in der Bundesrepublik Deutschland. Entwicklung, Neuabgrenzung und regionale Belastungsanalyse. Frankfurt/Main 1981 = Europäische Hochschulschriften Reihe 5 Bd. 340.

TÖNNIES, G.: Die Entwicklung von Bevölkerung und Wirtschaft in den nordwestdeutschen Stadtregionen. Hamburg 1979. = Mitteilungen der Geographischen Gesellschaft in Hamburg Bd. 69.

TÖRNQVIST, G.: Contact Systems and Regional Development. Lund 1970 = Lund Studies in Geography Ser. B No. 35.

TOWNROE, P.M., A.M. HAMER: Who Benefits from Industrial Decentralization? Response to Storper. Regional Studies 18 (1984) 4, S. 339–344.

TYSON, P.D. u.a.: Temperature Structure above Cities: Review and Preliminary Findings from the Johannesburg Urban Heat Island Project. Atmospheric Environment 6 (1972), S. 533–542.

ULLMAN, E.L.: Regional Development and the Geography of Concentration. Papers and Proceedings of the Regional Science Association 4 (1958), S. 179−198.

U.S. DEPARTMENT OF COMMERCE (Hrsg.): Patterns of Metropolitan Area and County Population Growth: 1980 to 1984. Washington 1985 = Current Population Reports. Population Estimates and Projections. Series P−25 No. 976.

VANCE, J.E. Jr.: The American City: Workshop for a National Culture. In: J.S. ADAMS (Hrsg.): Cities of the Nation's Historic Metropolitan Core. Cambridge/Mass. 1976 = Contemporary Metropolitan America 1, S. 1−49.

VINING, D.R. Jr., T. KONTULY: Population Dispersal from Major Metropolitan Regions: An International Comparison. International Regional Science Review 3 (1978) 1, S. 49−73.

VOGELSANG, R., T. KONTULY: Counterurbanisation in der Bundesrepublik Deutschland. Ein Begriff zur Umschreibung gegenwärtiger regionaler Bevölkerungsveränderungen. In: Geographische Rundschau 38 (1986) 9, S. 461−468.

VOLLMAR, R.: Bevölkerungsgeographische und soziale Veränderungen in den USA. Der Census von 1980. Geographische Rundschau 35 (1983) 4, S. 152−160.

VOLLMAR, R.: ,Urban Renewal' in Boston/USA. Ein Beispiel für außereuropäische Stadterneuerung. Geographische Rundschau 33 (1981) 1, S. 2−11.

VORLAUFER, K.: Wanderungen zwischen ländlichen Peripherie- und großstädtischen Zentralräumen in Afrika. Eine migrationstheoretische und empirische Studie am Beispiel Nairobi. Zeitschrift für Wirtschaftsgeographie 28 (1984) 3/4, S. 229−261.

VORLAUFER K.: Die Frankfurter City. Entwicklung − Funktion − Struktur. In: Das Rhein-Main-Gebiet. Materialien für den Geographieunterricht. Frankfurt a.M. 1981 = Frankfurter Beiträge zur Didaktik der Geographie 4, S. 106−139.

WALKER, R.A.: The Transformation of Urban Structure in the Nineteenth Century and the Beginnings of Suburbanization. In: K. COX (Hrsg.): Urbanization and Conflict in Market Societies. London 1978, S. 165−212.

WARD, D.: The Industrial Revolution and the Emergence of Boston's Central Business District. Economic Geography 42 (1966) 2, S. 152−171.

WEBBER, M.J.: Location of Manufacturing Activity in Cities. Urban Geography 3 (1982) 3, S. 203−233.

WEBER, A.F.: The Growth of Cities in the Nineteenth Century. A Study in Statistics. Ithaca, New York 1899 = Cornell University Press (2. Nachdruck 1965).

WEHLING, H.-W.: Revitalisierung der Londoner Docklands. Planungsprozesse und Planungsprobleme unter dem Einfluß gewandelter sozio-ökonomischer Bedingungen. Erde 117 (1962) 2, S. 97−114.

WELLMANN, K.F.: Suburbanismus. Lebensform und Krankheit der amerikanischen Mittelklasse. Deutsche Medizinische Wochenzeitschrift 84 (1959), S. 2031−2037.

WERNER, F.: Zur räumlichen Entwicklung Berlins in den letzten Jahrzehnten. In: B. Hofmeister u.a. (Hrsg.): Berlin. Beiträge zur Geographie eines Großstadtraumes. Festschrift zum 45. Deutschen Geographentag in Berlin. Berlin 1985, S. 223−241.

WERNER, F.: Stadt, Städtebau und Architektur in der DDR. Aspekte der Stadtgeographie, Stadtplanung und Forschungspolitik. Erlangen 1981.

WHEELER, J.O.: Corporate Spatial Links with Financial Institutions: The Role of the Metropolitan Hierarchy. Annals of the Association of American Geographers 76 (1986) 2, S. 262−274.

WHITE, P.: The West European City: A Social Geography. London, New York 1984.

WIEL, P.: Wirtschaftsgeschichte des Ruhrgebiets. Tatsachen und Zahlen. Essen 1970 (Hrsg.: Siedlungsverband Ruhrkohlen-Bezirk).

WILHELMY, H., A. BORSDORF: Die Städte Südamerikas. Teil 1. Wesen und Wandel. Berlin, Stuttgart 1984 = Urbanisierung der Erde Bd. 3/1.

WILHELMY, H., A. BORSDORF: Die Städte Südamerikas. Teil 2. Die urbanen Zentren und ihre Regionen. Berlin, Stuttgart 1985 = Urbanisierung der Erde Bd. 3/2.

WILHELMY H.: Die Großstadt im Kulturbild Südamerikas. In: Geographische Forschungen in Südamerika. Ausgewählte Beiträge von HERBERT WILHELMY. Zusammengestellt von G. KOHLHEPP. Berlin 1980 = Kleine Geographische Schriften Bd. 1, S. 48−64.

WINSBOROUGH, H.H.: An Ecological Approach to the Theory of Suburbanization. American Journal of Sociology 68 (1963) 5, S. 565−570.

WIRTH, E.: Zum Problem des Bazars (sūq, çarşi). Versuch einer Begriffsbestimmung und Theorie des traditionellen Wirtschaftszentrums der orientalisch-islamischen Stadt. Der Islam 51 (1974) 2, S. 203−260.

WIRTH, E.: Die orientalische Stadt in der Eigengesetzlichkeit ihrer jungen Wandlungen. In: F. MONHEIM, E. MEYNEN (Hrsg.): Tagungsbericht und wissenschaftliche Abhandlungen. Wiesbaden 1969 = Verhandlungen des Deutschen Geographentages Bd. 36, S. 166−178.

WOOD, P.A.: Urban Manufacturing: A View from the Fringe. In: J.H. JOHNSON (Hrsg.): Suburban Growth. Geographical Processes at the Edge of the Western City. London u.a. 1974, S. 129−154.

YEATES, M., B. GARNER: The North American City. 3. Aufl. San Francisco u.a. 1980.

YEATES, M.: North American Urban Patterns. London 1980.

ZAHNENBENZ, G.: Stuttgart als Industriestandort 1850 bis 1982. (Dissertation der Fakultät für Wirtschafts- und Sozialwissenschaften der Universität Hohenheim 1984).

ZAUGG, K.-D.: Bogotá/Kolumbien. Formale, funktionale und strukturelle Gliederung. Bern 1983 = Geographica Bernensia P 9.

ZIELKE, E.: Die Japaner in Düsseldorf. Manager-Mobilität − Voraussetzungen und Folgen eines Typs internationaler geographischer Mobilität. Düsseldorf 1982 = Düsseldorfer Geographische Schriften H.19.

ZIMM, A.: Die Entwicklung des Industriestandortes Berlin. Tendenzen der geographischen Lokalisation bei den Berliner Industriezweigen von überörtlicher Bedeutung sowie die territoriale Stadtentwicklung bis 1945. Berlin 1959.

Sachregister

Agglomerations|raum 17f., 184ff.
- Nachteile 66, 109f., 194, 200ff.
- Vorteile 99, 103, 111, 118, 120, 195, 199ff.
- Wirkungen 21, 32, 194, 199ff.
Altindustrialisierte Räume 142, 144, 147
Arbeits|markt 97, 155, 204
- platzdichte 32, 155
Ballungsgebiet 17, 188
Bausubstanz 64, 66, 74
Bazar 116f.
Bebauungs|dichte 64
- entwicklung 32, 163, 166ff.
Beschäftigungsentwicklung 122ff., 159ff.
Beschäftigung in der Industrie 99ff.
- im tertiären Sektor 120ff.
Bevölkerungs|dichte 32, 48, 61, 64, 69f., 72, 88, 154, 169ff.
- feld 175
- gradient 171ff.
Bevölkerungs|entwicklung 26ff., 68ff., 144ff., 159ff.
- suburbanisierung 20, 60ff.
Bildungseinrichtungen 64, 67
Bodennutzungsmodelle 63
Branchenviertel 114, 126, 130
Büroflächen 126ff., 150, 155

Citybildung 113f., 122
„commercial blight" 115, 130
„Consolidated Metropolitan Statistical Area" (CMSA) 188ff.
„conurbation" 17, 147, 176, 188
„counterurbanization" 142, 152

Dekonzentration der Beschäftigung 46, 142
- - Bevölkerung 46, 60, 68, 70f., 74, 78, 86, 142, 147
- - Industrie 95, 111
- des tertiären Sektors 112f., 122ff.

Deglomeration 68
Demographische Entwicklung 38 ff.
Desindustrialisierung 95, 142
Desurbanisierung 20, 141, 147, 159ff.
Desurbanisierungsphase 25, 141ff., 159ff.
Dezentralisierung 45, 60
Dezentralisierungspolitik 110, 118f., 137
Diffusionsprozeß
  (Ausbreitung städtischer Siedlungs-, Lebens- und Wirtschaftsformen) 22, 30f.
Doppelzentren 139
Durchgangszone („transition zone") 81, 95

„economies of scale" 199
Eingemeindungen 26f., 38, 48ff., 68ff.
Einkaufs|passagen 116, 158
- straßen 116, 120f., 130, 137
- zentren 116, 119, 124, 126, 129ff., 138, 153
Einkommensentwicklung 64, 66
Einwanderung 36, 38, 43, 75f., 78
Einwohner|konzentrationsgrad 184
- zahl 25ff.
Entwicklungs|länder 23, 29, 32, 40ff., 47, 56, 90ff., 97, 111ff., 138ff., 153, 163
- stand 32ff.
Erreichbarkeit 64, 67, 97f., 117ff.
Exurbanisierung 141

Finanzausstattung 63
Flächenbedarf 97f.
Flächenextensive Tätigkeiten 113, 115
Flächenintensive Tätigkeiten 115
Forschungs- und Entwicklungseinrichtungen 205, 208
Fortzüge 64ff., 73ff.
Freizeitangebot 64, 67
Funktionalregion 18, 191
Funktions|differenzierung 113ff.
- mischung 31, 110

Gemarkungsfläche 48ff., 68ff.
„gentrification" 61, 154, 157
Gesellschaftliche Reformen 34
Gewerbeflächen 97, 99, 118f.
„großstädtische Agglomeration" 69f.,
    177f.
Grundstückskosten 97f., 117f.

Hauptgeschäftszentrum (CBD) 86, 113ff.,
    153
Hauptverwaltungen 120, 204ff.
Hüttensiedlungen 62, 91f.

„industrial blight" 96, 109
Industrialisierung 34ff.
Industrie|länder 23, 26ff., 32ff., 40ff., 47,
    56, 68ff., 97, 99ff., 120ff., 144ff., 155,
    163ff.
– suburbanisierung 20, 95ff.
Infrastruktur|ausbau 35, 64
– auslastung 62, 117
Innovationen 30f., 34, 97f.
Innovationszentrum 17, 31

Kaufkraftpotential 117ff.
Kernstadt 18, 20, 45ff., 58f., 61ff., 97ff.,
    113ff., 153, 184
Kolonialgründung 195ff.
Konzentration der Bevölkerung 45, 68, 71,
    78
– – Industrie 100
– des tertiären Sektors 113ff., 118, 120

Lagevorteile 194f.
Lebenszyklus 61, 65

Megalopolis 190f.
„Metropolitan Statistical Area" (MSA) 46,
    188f.
Millionenstadt 18, 30
Mittelschichtwohngebiete 32, 62, 78, 81,
    85, 91ff., 154f., 157
Modell des demographischen Übergangs
    36ff.
– – ökonomischen Übergangs 36ff.

Natürliche   Bevölkerungsentwicklung
    38ff., 60, 144, 146, 159, 161f.
Neue Technologien 99, 103, 106, 143, 201,
    204
– Zentren 118, 120
Neulandgewinnung 60
„nonmetropolitan area" 150f.
Nutzungs|beschränkungen 97f., 118f.
– mischung 31, 45, 95f.
– trennung 48, 96

Oberschichtwohngebiete 32, 60ff., 66ff.,
    71ff., 75, 78, 81f., 85f., 89ff., 108, 115,
    154, 157

Polarisationsmodelle 217ff.
Primärer Sektor 35ff.
„Primary Metropolitan Statistical Area"
    (PMSA) 83, 149, 188ff.
Primatstadt 197

Räumliche Disparitäten 21, 142
Reorganisation 48, 95, 113
„residential blight" 61, 85
Ressourcen 194f.
Reurbanisierung 20, 153, 159ff.
Reurbanisierungsphase 153ff., 159ff.

Schwellenländer 29, 40f., 47, 56, 90ff., 97,
    111ff., 138ff., 155, 163ff.
Segregation, Branchen 95f., 114ff.
– demographische 60ff., 68, 73ff., 82, 84f.,
    89, 154
– ethnische 82, 84f., 154
– funktionale 48, 75, 95f., 100, 113ff.
– soziale 48, 62, 89, 154
– sozioökonomische 61, 68, 73ff., 82, 84f.,
    90
– Tätigkeiten – 95
Sekundärer Sektor 35ff., 99ff.
Siedlungsfläche 48, 61, 163, 166ff.
Sozialgradient 32, 78, 92
Sozialistische Länder 27f., 41, 47, 56, 88ff.,
    111, 136f., 155

Stadt|befestigung 54ff.
- bevölkerung 22ff.
- entwicklungsphasen 38
- erneuerung 153ff.
- erweiterung 54ff.
- funktion 32, 194ff.
- modelle 63
- region 17f., 46, 146, 177, 179ff., 186f., 190
- teilzentren 116
- umbau 153ff.
- Umland-Beziehungen 17, 32, 48, 68, 192
- Umland-Wanderungen 60ff., 68, 144
„städtische Agglomeration" 17, 19
„Standard Consolidated Statistical Area" (SCSA) 188ff.
„- Metropolitan Area" (SMA) 189
„- - Labour Area" (SMLA) 188
„- - Statistical Area" (SMSA) 46, 82ff., 108, 130ff., 151, 188ff.
Standort|persistenz 62, 96, 100, 155
- präferenz 64, 67
- wirkungen 200, 203
Strukturregion 18
Suburbaner Raum 46, 59, 61ff., 96ff., 114ff., 184
Suburbanisierung 20, 45f., 159ff.
- des tertiären Sektors 20, 112ff.
Suburbanisierungs|phase 45ff., 159ff.
- prozeß 20
Subzentren 116, 128ff.

Tätigkeitsspezialisierung 34, 48
Tertiärer Sektor 35 ff., 122 ff.
Transportkosten 97, 99, 203

Umland 18ff., 45ff., 70
Unterschichtwohngebiete 32, 54, 61ff., 68, 71ff., 75f., 78, 80f., 89ff., 154, 157
„urban sprawl" 85, 143
Urbanisierung 17, 20, 22ff., 147, 159ff.

Urbanisierungs|nachteile 210ff.
- phase 22ff., 159ff.
- prozeß 22, 31
- vorteile 203ff.
- wirkungen 200, 203ff.

Verbrauchermärkte 116, 119
Verdichtungsraum 17ff., 46f., 58f., 177f., 179, 181ff., 187, 190
- Abgrenzung 21, 46, 58, 176ff.
- Entwicklungsphasen 19f., 22, 48, 159ff., 175
- forschung 19
- Gliederung 21, 176ff.
Verkehrsvolumen 63
Verlagerungsdistanzen 96
Verstädterung 22ff.
Verstädterungs|grad 22ff., 32f., 38
- phasen 23f.
- rate 22ff.
Villenkolonien 68, 72f.
Vororte 45, 56, 91
Vorstädte 54, 56, 91

Wachstumspolmodelle 219ff.
Wanderungen 38ff., 61ff., 73f., 141ff., 154, 159, 161f.
Wanderungsvolumen 42
Weltmarkt 97f.
Weltstadt 17
Wirtschaftspolitik 35
Wohnumwelt 64, 66, 73
Wohnungs|angebot 64 ff.
- markt 62f.

Zentraler Standort 97f., 118f.
Zuzüge 64, 66ff., 72ff.